"十二五"国家重点图书出版规划项目

段　进/主编

空间的消费

——消费文化视野下城市发展新图景

**Consumption of Space: Urban Development
in the Perspective of Consumer Culture**

季　松　著
段　进

东南大学出版社
·南京·

内容提要

消费社会是继工业社会之后人类社会发展的最新阶段,在此背景下,以大众消费和符号消费为特征的消费文化已成为中国局部消费社会——发达地区城市发展的主要文化语境之一。本书通过对消费文化相关理论的引介,结合当代中国城市的转型建立起了"消费文化—消费空间—空间消费—中国城市"的研究体系。研究首先从典型现象入手梳理了城市空间消费化的发展态势,即空间中的消费正在向空间的消费转变,空间使用价值的消费正在向符号价值的消费转变,城市空间及城市本身正日益成为商品;其次,从价值诉求、审美取向、时空体验和社会结构四个层面具体解析了消费文化是如何影响中国城市空间发展的;最后,揭示了空间的差异消费、视效消费、体验消费、认同消费以及时尚消费正在成为城市空间发展的新机制,这些机制也为中国城市发展带来了新的机遇与挑战。

本书可供城市规划、都市文化研究、城市建设及城市管理人员学习参考,也可供高等院校城市规划相关专业师生阅读。

图书在版编目(CIP)数据

空间的消费:消费文化视野下城市发展新图景/ 季松,段进著. —南京:东南大学出版社,2012.6
(空间研究丛书/段进主编)
ISBN 978 - 7 - 5641 - 3420 - 4

Ⅰ.①空… Ⅱ.①季… ②段… Ⅲ.①消费文化—影响—城市空间—空间规划—研究—中国 Ⅳ.①TU984.2

中国版本图书馆 CIP 数据核字(2012)第 065944 号

书　　名:空间的消费——消费文化视野下城市发展新图景
著　　者:季 松　段 进
责任编辑:徐步政　　　　　编辑邮箱:xubzh@seu.edu.cn

出版发行:东南大学出版社
社　　址:南京市四牌楼 2 号　　　　邮　　编:210096
网　　址:http://www.seupress.com
出 版 人:江建中

印　　刷:南京玉河印刷厂
排　　版:南京新洲排版公司
开　　本:787mm×1092mm　1/16　印张:17　字数:392 千
版　　次:2012 年 6 月第 1 版　　2012 年 6 月第 1 次印刷
书　　号:ISBN 978 - 7 - 5641 - 3420 - 4
定　　价:59.00 元

经　　销:全国各地新华书店
发行热线:025 - 83790519　83791830

空间序

　　空间研究的内容很广泛,其中人与其生存空间的关系问题是涉及城乡空间的学科和研究的基本问题。在原始社会,这个问题比较简单,人类与其生存空间的主要关系仅发生在相对隔离的族群与自然环境之间,因此古代先民与生存空间的关系直接体现为聚落社会与具有"自然差异"的空间的相互关系,人类根据需求选择适合生存的自然空间。随着技术的进步和社会的发展,这种主要关系不断发生变化。技术的进步使改造自然成为可能,自然界的空间差异不再举足轻重;而劳动分工使社会内部以及社会之间的相互依存性和差异性得以强化。因此,普遍认为,现代人类生存空间最重要的是空间的"社会差异",而不再是空间的"自然差异";同时,现代人与生存空间的主要关系也不再是人与自然界的关系,而变成了人与人之间的关系,现代人的生活时时刻刻处于社会的空间之中。这种转变使人与生存空间的关系变得错综复杂,自然的、历史的、文化的、政治的、经济的等等各种力量交织在一起。

　　现代人与生存空间的这种复杂关系,使我们很容易产生这样的判断,即空间本身不再重要,空间的形态与模式只是社会与经济的各种活动在地域上的投影。这个判断受到了普遍的认同,却带来了不良的后果。在理论研究方面,空间的主体性被忽视,研究的方法是通过经济和社会活动过程的空间落实来解析空间的形式,空间的研究被经济的和社会的研究所取代,客观上阻碍了对空间自身发展规律的深入探讨。由此导致了一系列的假定:空间使用者是"理性的经济人";空间的联系是经济费用的关系;经济是城市模型的基础;空间的结构与形态就是社会与经济发展的空间化;人类的行为是经济理性和单维的,而不是文化和环境的;物质空间形态,即我们所体验和使用的空间,本身并不重要;等等。不可避免,根据这样的假定所建立的空间是高度抽象的,忽视了空间的主体性,与现实中物质空间的需求也相去甚远。并且由于缺乏对空间发展自身规律的认识,对空间发展与经济建设、社会发展的关系研究等,使城市规划学科的空间主体性与职业领域变得越来越模糊,越来越失去话语权。在城市建设实践中,空间规划的重要性不能受到应有的重视。理论上学术界的简单判断,为社会、经济规划先行的合理性提供了理论依据,形成了空间规划在社会发展、经济建设和空间布置三大规划之中的被动局面,空间规划成为社会发展与经济建设规划后的实施落实。最终,空间规划与设计不能发挥应有的作用,空间发展规律得不到应有的重视,在城乡建设实践中产生许多失误。

　　因此,人与其生存的空间究竟是什么关系,简单的社会与经济决定论不能令人满意,并有可能产生严重的后果。尽管在现代社会中,社会与经济的力量在塑造生存空间中起着重要作用,但我们绝不能忽视空间本身主体性和规律性的作用,只有当我们"空间"地去思考社会发展和经济发展,达到社会、经济和空间三位一体有机结合时,人类与其生存的空间才能和谐、良性地发展。这就需要我们进行空间研究,更好地了解空间,掌握规律。需要进行研究的空间问题很多。在空间发展理论方面,诸如:什么是空间的科学发展观;空间与社会、经济的相互关系;空间发展的影响因素和作用方式;空间发展的基本规律;相对应的规划设计方法论;等等。在空间分析方面,诸如:空间的定义与内涵是什么;空间的构成要素是什么;空间的结构如何解析;人们如何通过空间进行联系;如何在空间中构筑社会;建成的物质空间隐含着什么规律;空间的意义、视觉和行为规范的作用;采取什么模型和方法进行空间分析;等等。在空间规划与设计方面,诸如:什么是正确的空间规划理念;空间的规律如何应用于规划设计;规划与设计如何更有效地促进城市发展和环境改善;规划与设计的方法与程序如何改进;等等。

这些问题的探讨与实践其实一直在进行。早在 19 世纪末 20 世纪初,乌托邦主义者和社会改革派为了实现他们所追求的社会理想,就提出通过改造原有的城市空间来达到改造社会的目的。霍华德的"田园城市"、柯布西耶的"光明城市"和赖特的"广亩城市"是这一时期富有社会改革精神的理论与实践的典型。第二次世界大战后,由于建设的需要,物质空间规划盛行,城市规划的空间艺术性在这期间得到了充分的展现。同时,系统论、控制论和信息科学的兴起与发展为空间研究提供了新的分析方法,空间研究的数理系统分析与理性决策模型出现,并运用于实践参与控制和管理城市系统的动态变化。这期间,理性的方法使人们认为空间规律的价值中立。随后,20 世纪 60 年代国际政治环境动荡,民权运动高涨,多元化思潮蓬勃发展,普遍出现了对物质空间决定论的批判。尤其是 20 世纪 70 年代,新马克思主义学派等"左派"思潮盛行,它们对理想模式和理性空间模型进行了猛烈的抨击,认为在阶级社会中,空间的研究不可能保持价值中立,空间研究应该介入政治经济过程。对于空间规划实践则成为一种试图通过政策干预方式来改变现有社会结构的政治行动。这促使 20 世纪 70 年代末空间规划理论与实践相脱离,一些理论家从空间的研究转向对政治经济和社会结构的研究。空间研究的领域也发生了很大的变化,它逐渐脱离了纯物质性领域,进入了社会经济和政治领域,形成了很多分支与流派,如空间经济学、空间政治经济学、空间社会学、空间行为学、空间环境学等等。进入 20 世纪 80 年代,新自由主义兴起,政府调控能力削弱,市场力量的重新崛起,促使空间公众参与等自主意识受到重视。20 世纪 90 年代,全球化、空间管治、生态环境、可持续发展等理论思潮的涌现,使空间研究呈现出更加多元化蓬勃发展的局面。空间研究彻底从单纯物质环境、纯视觉美学、"理性的经济人"等理想主义圈圈里走出来。20 世纪空间研究的全面发展确定了现代城市空间研究的内涵是在研究了社会需求、经济发展、文化传统、行为规律、视觉心理和政策法律之后的综合规律研究和规划设计应用。空间研究包含了形态维度、视觉维度、社会维度、功能维度、政策维度、经济维度等多向维度。空间的重要性也重新受到重视,尤其在 20 世纪末,全球社会与人文学界都不同程度地经历了引人注目的"空间转向",学者们开始对人文生活中的"空间性"另眼相看,把以往投注于时间和历史、社会关系和社会经济的青睐,纷纷转移到空间上来,这一转向被认为是 20 世纪后半叶知识和政治发展的最重要事件之一。

尽管空间研究的浪潮此起彼伏,研究重点不断转换,但空间的问题一直是城市规划学科的核心问题。从标志着现代意义城市规划诞生的《明日的田园城市》开始,城市规划从物质空间设计走向社会问题研究,经过一百余年的发展,西方现代城市规划理论在宏观整体上发生过几次重大转折,与城市规划核心思想和理论基础的认识相对应的是从物质规划与设计发展为系统与理性过程再转入政治过程。经历了艺术、科学、人文三个不同发展阶段和规范理论、理性模式、实效理论和交往理论的转变,城市规划师从技术专家转变为协调者,从技术活动转向带有价值观和评判的政治活动。但从开始到现在,从宏观到微观始终没有能够离开过空间问题。不管城市规划师的角色发生什么变化,设计者、管理者、参谋、决策精英还是协调者,城市规划师之所以能以职业身份参与并拥有发言权,是因为规划师具有对空间发展规律、对规划技术方法、对空间美学原理的掌握。只有具有空间规划方面的专门知识,才可以进行城市规划的社会、经济、环境效益的评估,才能够进行规划决策的风险分析和前瞻研究,才能够真正地或更好地发挥规划师的作用。现代城市规划的外延拓展本质上是为了更完整、更科学地掌握空间的本体和规律,通过经济规律、社会活动、法律法规、经营管理、政治权力、公共政策等各种途径,更有效、更公平、更合理地进行空间资源配置和利用,并规范空间行为。城市规划的本体仍是以空间规划为核心,未来城市规划学科的发展方向也应是以空间为核心的多学科建设。目前中国城市化快速发展阶段的实践需求更应如此。

在国内,空间研究也一直在不同的学科与领域中进行,许多专家学者在不同的理论与实践中取得了重要成果。多年来,在东南大学从建筑研究所到城市规划设计研究院,我们这个小小的学术团队一直坚持在中国城市空间理论与城市规划设计领域开展研究工作。我们将发展理论与空间研究相结合,首先提出了在我国城乡建设中城市空间科学发展观的重要性和七个城市发展新观念[城市发展研究,1996(05)];提出了城市空间发展研究的框架和基本理论,试图以空间为主体建立多学科交叉整合的研究方法[城市规划,1994(03)];出版了《城市空间发展论》、《城镇空间解析》等专著。并先后完成国家自然科学基金重点项目、青年科学基金面上项目、回国人员基金以及部省级科研等十多项有关城市空间的科研课题,同时结合重要城市规划与设计任务进行实践探索。在这些研究、实践与探索过程中,我们取得过一些成绩:曾获得过国家教委科学技术进步一等奖、二等奖;国家级优秀规划设计一等奖、银奖;省部级优秀规划设计一等奖多项;在市场经济竞争环境中,在许多重要国际、国内规划与设计竞赛中获第一名。我们同样也面对着研究的困惑与挫折、实践的失败与教训。我们希望有一个交流平台,使我们的研究与探索引起更多人的关注,得到前辈、同行和关注者的认同、批评和帮助;我们也需要通过这个平台对以往的研究探索进行总结、回顾与反思;我们更希望通过它吸引更多的人加入空间研究这个领域。

2005年东南大学城市空间研究所的成立为该领域的研究和探索组成了一个新的团队,这个开放性的研究所将围绕空间这个主题形成跨学科的研究,不分年龄、不分资历、不分学派、不分国别,吸纳各种学术思想,活跃学术氛围,开拓学术领域,深化研究成果,共同分享空间研究探索的苦乐。这套丛书正是我们进行学术研究与探索的共享平台,也是我们进行交流、宣传、争鸣和学习的重要窗口。

段　进

前 言

消费社会是继工业社会之后人类社会发展的新阶段,它对当今世界的最显著影响就在于消费文化的全球性扩张。随着消费文化渗透到城市社会的方方面面,影响城市空间的发展因素也随之呈现出多元、复杂的态势。美国著名建筑师莱姆·库哈斯(Rem Koolhaas)针对这一现象指出:消费时代,城市的密度、尺度和速度正在抛弃传统的形式与规律,只有承认传统建筑学以外的更宏大的力量,才能从各种限制中寻求新的发展机会。当代城市空间在市场化和商品化的背景下表现出了明显的商品生产—消费的印记,这无疑体现了这些"宏大力量"的影响。当前,中国在自身社会文化转型以及西方文化渗透的双重影响下,以大众消费和符号消费为特征的消费文化已成为中国局部消费社会——发达地区城市发展的重要文化语境之一,加上快速的城市化,迫切需要我们厘清消费文化是如何影响城市空间的。本书正是以此为出发点,从商品和消费文化的视角来考察城市空间,以期更全面地认识消费时代城市发展的规律。

本书以消费文化对城市空间的影响因素与作用机制为研究的核心,实际上是从文化角度出发来研究和探讨空间,而以往本学科的研究,一般是从空间的角度来探讨文化,由于缺乏深厚和系统的理论支持,研究在深度和广度上往往有所欠缺。立足于文化的维度,从"文化到空间"的思路进行研究,并结合符号学、社会学、地理学、美学等相关学科的成熟和系统的理论,这样便于发挥跨学科的优势对城市空间进行系统的解析。另外,从实践上看,对消费文化如何影响城市空间的研究,是全球化和消费文化背景下中国城市空间健康有序发展的新需要。从理论上看,也可以丰富中国城市空间的发展理论,对城市由生产型社会向消费型社会的顺利转型具有一定的指导意义。

总之,本书的撰写,希望能拓宽视野,丰富城市空间发展的规律。作为全新领域的一次跨学科的尝试性研究,我们也真诚地希望得到业界人士的批评指正。

季 松

2011 年 9 月于南京东南大学

目录

1 导论

1.1 研究的缘起与背景

1.1.1 西方消费社会

第二次世界大战之后,西方发达国家进入稳步而快速的发展阶段,各种技术、管理体制和运营方式的不断革新,尤其是近年来信息技术方面的革命性突破以及全球政治经济一体化的快速发展,为西方社会的发展提供了物质上的基础;而20世纪中叶开始的各种社会运动和文化思潮尤其是后现代思潮的兴起,为西方社会的变革提供了思想上的基础。科技的飞速发展,经济的持续繁荣,社会、经济结构的不断变革,世界观、价值观和审美观的转变……针对这些西方社会所发生的深刻变化,学者们从各自的角度提出了富裕社会、信息社会、后现代社会、后工业社会、晚期资本主义社会、奇观社会、消费社会等种种说法和理论,试图概括20世纪中叶至今西方社会发展的特点,并以此区别于之前的工业社会。虽然说法众多,但是大家比较公认的事实是,社会正在转型,我们正面临着一个全面卷进消费狂潮的后工业社会,不再是以生产为主导特色的工业社会,而变成了消费社会。由于物资匮乏的消除,西方社会的经济结构中心逐渐由生产转向消费,消费逐渐成为生活的重心。连锁店、品牌专营店、购物中心、超级商场、主题公园、娱乐休闲中心等各种消费空间的不断出现,信用卡、分期付款、电视购物、网购等新消费手段的不断推出,服务业尤其是旅游业、娱乐休闲业、信息服务业等迅猛发展,通俗小说、电视剧、电影、流行歌曲、电子游戏、网络游戏等大众文化产品的普及和流行,广播与电视广告、电话推销、网络广告、手机短信广告等广告媒体的不断鼓噪……这一切再加上琳琅满目的商品,既激发和诱导着人们的消费欲望,又使得消费变得越发简单和便捷。人们日益卷入一个充满商品和消费的社会。与此同时,当代的消费也表现出新的特征,它不再停留在生理需求满足的层面上,而是具有了更多的社会文化色彩,成为了身份区分、情感体验、自我价值建构的文化活动。随着西方社会的进一步发展,根源于消费活动的消费文化也逐渐成为社会的主流文化形态,并伴随全球化的发展扩张到世界各地。如今,随处可见的麦当劳与肯德基、可口可乐、迪士尼等产品和商品符号成为西方消费文化全球扩张的有力佐证。

1.1.2 消费文化在中国的扩散

当前,以西方为代表的消费文化既作为一种大众化和流行化的文化态势,同时也代表着一种文化态度、价值观念和生活方式,伴随着全球一体化的发展而呈快速蔓延的态势,并逐渐渗透进入改革开放以来的中国社会。目前,在传统文化与现代文化、本土文化

图 1-1　消费文化是当前中国不得不面对的话题

与西方文化冲突融合的过程中,中国社会呈现出一种多元文化并存的复杂文化特质,其中新型的消费文化对人们日常生活的影响作用日益凸显出来。由于中国市场经济的不断发展和开放的社会姿态,以及加入 WTO 之后日益融入全球化的发展态势,使得中国的文化姿态开始与西方社会趋同发展。在这种趋势下,社会文化变迁的动因由曾经狂热的崇高精神与理想主义的感召,转变为更加务实而世俗的实利驱动,这为消费文化在中国的发展提供了精神上的力量;另一方面,由于社会经济的快速发展,人民生活水平不断提高,社会物资日趋丰盛,使得人们消费的层次和范围以及方式不断地提升,这为消费文化发展提供了物质上的保障;最后,全球化的今天,由于电视、电影、通信、互联网等信息媒体技术的不断完善,以及广告媒体的不断宣传及营销手段的渗透,为消费文化在中国的快速扩张提供了技术上的支持。与此同时,传统的制度、法规、价值观、习俗和生活方式等本土化的文化因素,对西方消费文化起到了主要的抵制作用。在这种文化冲突融合的过程中,涂抹上全球化和地方适应双重印记的消费文化正逐渐成为中国社会的主流文化形态之一(图 1-1)。

1.1.3　中国城市化进程中的消费化现象

当前,中国正处在快速的城市化阶段,城市及其空间作为人类文化活动的产物,避免不了社会文化尤其是凸显出来的文化形态——消费文化的影响。沃尔玛、家乐福、百安居、苏宁电器等国内外大型连锁卖场在各个城市的不断开业,上海正大广场和南京德基广场等大型高档综合性商业娱乐空间的不断出现,上海"新天地"和宁波"天一"广场等新型休闲商业空间的不断涌现,博览会、主题园与欢庆节日和活动在各个城市的竞相举办,巨型广告牌和霓虹灯在城市中的不断竖立,以北京"天子大酒店"为代表的艳俗建筑的出现,"长城脚下的公社"的热炒,明星建筑师的作品展和相关研讨热潮……这些现象似乎预示着城市生活与城市发展正在发生新的变化(图 1-2)。如果细细琢磨,透过这些现象我们不难发现消费文化作用的痕迹。

1.1.4　从消费文化的维度研究城市空间

那么消费文化是如何影响中国城市空间的呢?建筑理论学家阿摩斯·拉普卜特(Amos Rapoport)认为社会文化是城市空间最基本的决定因素之一[①]。从广义来看,城市建设也是一种人类的文化活动,因此,正逐渐成为主流文化之一的消费文化必然潜移默化地影响着人们有关空间认知、理解、实践的一系列活动。城市空间在其发展过程中必然已烙上了消费文化的印记。尤其是 20 世纪 90 年代以来,伴随着消费文化的发展与扩张,中国城市建设与发展也进入了新的阶段。消费空间的拓展,消费空间类型的增加,

---

① 【美】阿摩斯·拉普卜特.建成环境的意义——一种非语言表达方法[M].黄兰谷,等译.北京:中国建筑工业出版社,2003:16

城市功能的转变,城市空间结构的重构等等,这一系列现象的背后势必蕴藏着新的文化驱动机制。因此,弄清楚消费文化如何作用于城市空间,并在消费文化的语境中如何营造出品质优良的城市空间,便成为我们亟待解决的问题。在中国经济与城市高速发展的大背景下,通过对消费文化与城市空间的关系研究,揭示消费文化对城市空间实践的内在影响规律,为消费时代的中国城市空间发展提供切实可行和相对合理的发展建议,以实现城市的优化发展,这正是本书研究的目的。

图 1-2   中国城市化进程中的消费化现象

当前,对消费文化与城市空间的相互关系研究,尤其是结合我国实际情况的研究还处于起步阶段。本书立足于城市空间发展的文化维度,以"消费文化对空间的影响因素与机制"的探讨与研究为出发点,结合消费符号学、消费社会学、后现代地理学、政治经济学、城市文化学等相关理论,发挥多学科交叉综合研究的优势,试图较全面地认识消费文化作用下的中国城市空间发展的态势、影响因素与机制,并促进城市规划跨学科研究的发展。

1.2　消费文化及相关理论综述

1.2.1　国外研究综述

不可否认,消费文化的发展离不开资本主义经济的不断发展,西方社会针对消费及其文化的研究从来就没有间断过。由于相关研究众多,表1-1只对具有代表性的学者及其理论进行简要的梳理。

表 1-1　国外有关消费社会及消费文化的主要理论

主要的相关理论	代表性学者	相关主要论点及影响
(1)"生产—消费"理论	卡尔·马克思(Karl Marx)	在资本主义生产关系的研究中提出社会经济运行过程的四个环节——生产、分配、交换、消费;其中生产决定着消费的对象和消费的性质,同时消费也能够反作用和制约生产的发展①。此后,"消费"作为商品流通中的重要环节和一种经济活动成为许多经济学家和政治学家所关注的对象
	约翰·凯恩斯(John M. Keynes)	在自由市场经济供求均衡的理论②的基础上,提出消费比生产增长缓慢是造成经济危机的主要原因,刺激消费是促进经济增长的有力手段。这一理论应用到罗斯福新政中,将美国经济从大萧条中拯救出来,从此凯恩斯主义走上西方资本主义政治经济舞台的中心,这也为西方大众消费社会的到来铺平了道路
(2)"炫耀性消费"理论	托斯丹·本德·凡勃伦(Thorstein B. Veblen)	针对当时社会上的美国新兴富豪的消费行为进行研究,提出了"炫耀性消费"理论,即新兴"暴发户"在消费和生活方式上竭力模仿欧洲的贵族,通过浪费式的消费让人们了解到其拥有的金钱力量、权力和地位身份,从而获得荣耀和自我满足。消费已成为当时有闲阶级巩固与展现其新社会地位的方式与策略之一。这一理论可以说为后来的消费社会学的兴起开启了大门

---

① 马克思的有关研究是对早期资本主义社会的社会经济关系的本质揭露,由于当时社会的主要任务还是生产和积累,因此他认为生产在整个社会经济体系中处于主导作用。然而,随着资本主义的发展,消费的作用将越来越大,甚至取代生产成为社会经济的主导力量(详见下文)。

② 自由市场经济供求均衡的理论主要有:亚当·斯密的国民财富增长理论,"供给自动创造需求"的萨伊定律和李嘉图"储蓄自动等于投资"的理论。

主要的相关理论	代表性学者	相关主要论点及影响
（3）"时尚消费"理论	格奥尔格·齐美尔（Georg Simmel）	提出了著名的时尚消费理论。他指出，本性驱使人们既追求个性，又追求共性；没有前者无趣味可言，个性过度又觉压力太大。时尚①正好满足这种心理需求，它体现了个性，又有少数同好陪伴。时尚的生灭过程是：从小到大，膨胀后破灭，因为太普及、太流行就不称其为时尚，就会被其他新的时尚所取代。由于人们有追求时尚的需求，现代社会中的各种时尚也随之更替得越来越快。因此，时尚是消费最大的机制之一——在商人追逐利润而制造时尚与消费者渴望并实践时尚的"合谋"下，促进了大众消费的发展
（4）"文化工业"批判理论	法兰克福学派②	瓦尔特·本雅明（Walter Benjamin）认为由于工业技术的发展，特别是复制技术在文化生产中的运用，使得艺术的"崇拜价值"逐渐让位于"展览价值"，文化消费和文艺欣赏不再是少数受过良好教育者的特权，而变成人民大众的日常活动，审美的日常化成为了现实可能，这也造就了大众文化和流行文化消费的兴起。而马克斯·霍克海默（M. Max Horkheimer）和阿多尔诺（Theodor W. Adorno）则更进一步地认为，由电影、电视、唱片、无线广播、大众传媒构成的庞大的文化工业体系的主要特征是产品的批量化和标准化，这取消了文化与艺术的崇高特性。在大众消费主义泛滥的现实中，由于文化工业追逐利润，其必须遵循商品原则和市场法则，从而把艺术降低为"消遣"和"娱乐"，造成了文学、艺术的庸俗化，并使人堕入物的诱惑和享受之中。法兰克福学派对"文化工业"进行了深刻的批判，为消费社会及其文化的研究提供了一种文化批判的思路

---

① 时尚，英文为 fashion，是在特定时段内率先由少数人实验、预认为后来将为社会大众所崇尚和仿效的生活样式。简单地说，顾名思义，时尚就是"时间"与"崇尚"的相加，即短时间里一些人所崇尚的生活（包括这种时尚涉及生活的各个方面，如衣着打扮、饮食、行为、居住、甚至情感表达与思考方式等）。

② 法兰克福学派：一种社会批判理论学派，因其主要成员就职于德国法兰克福社会研究所而得名。代表人物有霍克海默、马尔库塞、阿多诺、弗洛姆、哈贝马斯、本雅明、洛贝塔尔等。所谓批判，是对科学技术为基础的现代工业社会的种种弊端进行分析和批判。其哲学基础是否定，主要功能是批判，是围绕文化这一主题展开对资本主义的批判。

主要的相关理论	代表性学者	相关主要论点及影响
（5）消费社会学①理论	马克斯·韦伯（Max Weber）	在 20 世纪初，就将消费及消费方式纳入了社会学的研究范畴，并提出按照消费关系来划分社会群体，特定的消费实践或生活方式成为不同社会群体成员对内凝聚和对外排斥的重要机制之一
	皮埃尔·布迪厄（Pierre Bourdieu）	从社会学的角度出发，提出了"消费趣味学"。他认为消费是一种社会区分与认同的手段，消费趣味与习性（habitus）成为社会群体进行区分或认同的重要标准，消费也是消费者的文化资本、社会资本、经济资本之间相互转换的重要渠道。这一理论极大促进了消费社会学的发展
（6）"符号消费"理论	让·波德里亚（Jean Baudrillard）	从符号学的研究角度提出的"符号消费"这一学说，在各个领域产生了重要而广泛的影响，并奠定了之后消费文化相关研究的理论基础。他在马克思学说的基础上，认为商品除了具有使用价值外，还具有象征价值，即"符号价值"。这个概念的提出更加完善了马克思的商品理论，揭示了当代商品的生产、交换以及消费中的文化意义。他认为，在消费社会中，商品的生产和消费不再停留于使用价值，而更注重符号价值的生产和消费。对消费品的购买、拥有、使用或享受只是消费的前提条件，而不是真正意义上的"消费"。物、图像或信息被用作"意义"符号，消费的实质是一种符号活动，是一种充满"意义"的符号操纵行为。因此，在当代社会，消费的主要目的不是商品的实际功用和效能，而是通过商品形象、格调、蕴涵的地位和身份信息等符号价值的消费来获得某种文化资本和生活品位，实现个人的文化权利和价值归属。符号意义的消费才是当代消费的真正目的。这一理论批判了马克思主义理论以来的经济学和社会学理论领域中以"需求"为出发点的消费理论，他认为"只有把'消费'看作是一种系统化的符号操作行为或总体性的观念实践，才能够走出传统经济学以'经济人'为概念基石的需求消费理论的逻辑困境"②。他的《消费社会》（1970）一书堪称划时代的经典之作。书中以消费现象为中心分析了西方社会，指出当代的消费是以符码消费为逻辑的特点，并对消费文化的种种"暴力"进行了批判

---

① 消费社会学是研究个人、群体和社会的生活消费行为、消费模式及消费与经济、政治、社会、文化诸因素相互关系的社会学分支学科。

② 转引自 包亚明. 后现代性与地理学的政治[C]. 上海：上海教育出版社，2001：62-63

主要的相关理论	代表性学者	相关主要论点及影响
(7)"体验消费"理论	克里斯蒂安·米昆达(Christian Mikunda)等人	对体验经济、体验消费空间及其创意进行了研究和论述,认为当代社会已进入体验经济的时代,各种体验消费活动及其空间已成为当代消费社会发展的重要特征
(8)"图像消费"理论	居伊·德波(Gay Debord)	深入地探讨了影像与形象作为商品的特性,认为当代社会就是将一切转化为形象的景观(Spectacle)①,生产和消费都和景观密切相关——即当前社会已经是"视觉成为社会现实主导形式"的"景观社会"(也有译为"奇观社会",society of the Spectacle)。景观社会是一个通过图像定义现实,视"外观"优于"存在",视"看起来"优于"是什么"的社会。由于消费文化的蔓延,景观的商品化,人们愈来愈多地对景观入迷而丧失自我,当代资本家则依靠控制景观的生成、变换和销售来操纵整个社会生活,在这一过程中人类的本质走向了异化②
	让·波德里亚(Jean Baudrillard)	认为由于消费社会是建立在符号系统之上的图像消费,尤其是"超真实"的拟像,成为消费社会的重要特征。他在《仿象与仿真》(1981)一书中指出,在后现代社会中符号并不一定反映真实,这种"拟像"本身就是一种真实,甚至是"超真实"③

①　景观(Spectacle):是指一种被展示出来的可视的客观景色、景象,也意指一种主体的、有意识的表演和作秀。居伊·德波认为,"景观"是当代资本主义新特质,即当代社会存在的主导性本质主要体现为一种被展现的图景性,它也是一种"少数人演出,多数人默默观赏的某种表演。景观并不是一种外在的强制手段,它既不是暴力性的政治意识形态,也不是商业过程中看得到的强买强卖,但却潜移默化地影响并控制着当代社会人们的行为和思想"。

②　异化(alienation):哲学和社会学的概念。从马克思主义观点看,异化作为社会现象同阶级一起产生,是人的物质生产与精神生产及其产品变成异己力量,反过来统治人的一种社会现象。私有制是异化的主要根源,社会分工固定化是它的最终根源。异化概念所反映的,是人们的生产活动及其产品反对人们自己的特殊性质和特殊关系。在异化活动中,人的能动性丧失了,遭到异己的物质力量或精神力量的奴役,从而使人的个性不能全面发展,只能片面发展,甚至畸形发展。

③　波德里亚认为从前现代社会到后现代社会(消费社会),符号(影像)与现实世界的关系经历了四个阶段:前现代社会,它是一种某种基本现实的反映;现代社会(古典时期),它掩饰和扭曲某种基本的现实;现代社会(工业时期),它对某种基本现实的缺席进行了掩饰;后现代社会,它不再与任何现实发生关联,它纯粹是它自身的仿像。参见 Jean Baudrillard. Simulacra and simulation[M]. translated by Sheila Faria Glaser. Michigen: the University of Michigen Press,1994

续表 1-1

主要的相关理论	代表性学者	相关主要论点及影响
（9）其他相关理论	迈克·费瑟斯通（Mike Featherstone）	在《消费文化与后现代主义》（1991）一书中,基于后现代相关理论探讨了消费文化与后现代主义的关系,以及两者是如何兴起,并成为当代社会中一种凸显出来的和富有影响的文化意向
	西瑞亚·卢瑞（Celia Lury）	《消费文化》（1996）一书在前人的基础上,探讨了消费文化与物质文化的关系,并从家庭、种族、性别、年龄、政治等方面对消费文化进行了全面的考察和分析

　　20 世纪 60 年代之后,西方学者对消费文化及其相关话题的研究和探讨的重点从最初的经济学角度逐渐过渡到社会学和文化符号学的角度,并扩展到美学、地理学、城市文化学、政治经济学、营销学、传媒学等更广泛的领域(图 1-3)。在这一过程中,消费符号学和消费社会学始终是当代消费文化研究的基础。另外,需要强调的是,虽然当代学者对消费文化或消费社会的研究是多层次、多角度的,但是从论题背景来看这些相关的理论都有着以下共同的特征(图 1-4)。

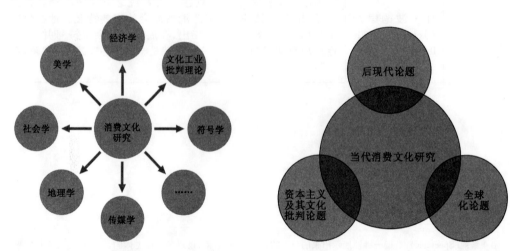

图 1-3　当代消费文化的研究涉及多领域学科　　**图 1-4　当代消费文化研究的三个主要的论题背景**

　　首先,对消费文化的研究脱离不了后现代思潮这一背景。一般认为 20 世纪中叶以来的消费及其文化现象明显有别于之前的工业社会或生产型社会,因此这一点常被认为是后现代社会最突出的文化现象。波德里亚认为后现代社会就是消费社会,齐格蒙特·鲍曼(Zygmunt Bauman)认为现代社会与工作相对应,而后现代社会与消费相对应[①]。大卫·莱昂(David Lyon)认为消费社会隐含着理解后现代性和后现代主义的关键线索[②]。一方面,后现代思潮所提供的语境和思想理论,为消费社会和消费文化的研究和批判提

---

① 参见【美】乔治·瑞泽尔. 后现代社会理论[M]. 谢立中,等译. 北京:华夏出版社,2003:225
② 参见【加】大卫·莱昂. 后现代性[M]. 第二版. 郭为桂译. 长春:吉林人民出版社,2004:17

供了思想上的动力。另一方面,消费现象和消费文化也是后现代思想家和学者们热衷讨论的话题。而且,消费文化对个性和爱好的宣扬,对风格、情调和日常生活的关注以及它所造成的高雅文化与大众文化之间界限的模糊,这些从精神上与后现代主义所宣扬的去中心化、民主与人性、反智性主义、风格的折中杂糅等有一定的契合。这一切使得消费文化(或消费社会)与后现代(或后现代主义、后现代社会)的话题总是相互紧密地纠葛在一起。

其次,在针对资本主义及其文化的研究与批判中,总是离不开对消费现象的研究以及对消费主义文化的批判。因为,消费及消费文化的发展与资本主义生产的进一步发展是分不开的,许多左派学者认为"资本主义社会已经创造出一种可供剥削的'消费大众'"[①],从某种意义上讲,消费已成为资本社会进入后现代社会后得以发展和稳定的关键性工具。由于一些学者是从批判的角度出发,因此其相关理论思想有着一定的局限性。他们往往过分强调了符号和经济的权力控制,却忽视同时存在的文化、政治权力的作用,也忽视了消费者的主观能动性,大众在商品面前不是被动的,大众不仅在消费文化商品,也在利用和改换它[②]。

再次,在跨国公司和信息网络技术等的帮助下,消费文化随着西方政治经济在全球的扩张而蔓延开来,它在全球化过程中扮演何种角色,以及如何与地方文化冲突和融合,成为全球化问题探讨的热点问题。许多学者认为,消费文化景观是全球化进程最突出的文化现象。因此,对消费文化的研究也同样离不开全球化这一宏观背景。

1.2.2　国内研究综述

近年来,随着消费文化的全球化发展趋势的日渐突出和在中国的不断发展,关于"消费文化"的研究在国内逐渐成为热点。大部分的研究主要集中在以下四方面(表1-2):一是对国外相关理论的介绍和梳理;二是在吸收、借鉴这些西方理论的基础上阐述自己的见解或对中国的社会现实进行分析;三是国内消费文化和消费现象的调查研究和统计;四是经典消费理论在社会学、文学、艺术、传媒学等方面的具体运用。

表1-2　国内有关消费社会及消费文化的主要研究成果

相关研究的方向	代表性论著及作者	主要内容
(1)对国外相关理论的介绍和梳理	莫少群:《20世纪西方消费社会理论研究》(2005)	基于现代西方有关消费社会研究的主流文献,对消费社会研究兴起的社会文化背景、研究主题与特征进行了深入的探讨和分析,也为审视当代中国的消费现象提供了必要的理论平台
	郑也夫:《后物欲时代的来临》(2007)	在西方消费文化理论的基础上,从消费的演进、消费的机制、消费的趋势等几方面对消费理论进行了独到的解释

---

① 【美】乔治·瑞泽尔. 后现代社会理论[M]. 谢立中,等译. 北京:华夏出版社,2003:113
② 姜继红,郑红娥. 消费社会研究述评[J]. 学术研究,2005(11):26-30

相关研究的方向	代表性论著及作者	主要内容
（2）在吸收、借鉴这些西方理论的基础上阐述自己的见解或对中国的社会现实进行分析	王宁:《消费社会学——一个分析的视角》(2001) 杨魁、董雅丽:《消费文化——从现代到后现代》(2003)	针对中国的现状,在对国外相关理论梳理和介绍的基础上,对出现在中国的消费现象和文化进行了探讨,并认为中国正在大规模地迈进大众消费时代,这为中国消费文化的研究奠定了一定的基础
	陈昕:《救赎与消费——当代中国日常生活中的消费主义》(2003)	在对理论回顾和调查研究的基础上,指出当代中国日常生活中正在出现和形成消费主义的生活方式
	郑红娥:《社会转型与消费革命——中国城市消费观念的变迁》(2006)	从消费视角出发,以消费社会理论作为研究框架,运用抽样调查、深入访谈和个案研究相结合的方法,对中国社会转型期以及消费革命背景下,中国城市居民消费观念的变迁进行了考察和研究
（3）国内消费文化和消费现象的调查研究和统计	戴慧思、卢汉龙:《中国城市的消费革命》(2003)	以中国的市场化改革以来所出现的一系列城市消费生活的变迁为线索,通过详实的调查研究,他们认为中国正在经历着一场消费革命,并从理论上展示了中国转型期间的社会变迁以及由此呈现出的发展问题
	零点调查:《中国消费文化调查报告》(2006)	基于多年来对中国社会群体的消费文化和社会议题第一手的研究成果,编撰整理出近70万字、700多幅图表的报告,为深度理解中国社会和社会不同组成群体的生活方式、消费心理及消费行为提供了广泛的背景数据和逻辑化剖析,较客观、较准确地勾勒出了当前中国消费文化发展的状况与趋势
（4）经典消费理论在社会学、文学、艺术、传媒学等方面的具体运用	姚建平:《消费认同》(2006)	揭示了消费方式与身份认同之间的关系,并对这种关系在理论上和实践上进行了论证
	王建平:《中国城市中间阶层消费行为》(2007)	直接面对转型时期的中国社会,在对北京、上海等大城市中间阶层的生活状态和消费状况进行调查和访谈的基础上,对我国中间阶层的消费特征和趋势以及消费对社会结构的影响进行了研究和探讨
	张似韵:《消费实践与社会地位认同——有关以白领雇员为代表的上海中间阶层研究》(2002,上海复旦大学硕士学位论文)	以西方的消费社会学理论为基础,对以白领雇员为代表的上海中间阶层在消费实践与社会地位认同方面进行了详尽的调查和研究

相关研究的方向	代表性论著及作者	主要内容
	杨斌:《消费文化与中国 20 世纪 90 年代美术》(2004,首都师范大学博士学位论文)	以消费文化与美术的关系为出发点,论述了 20 世纪 90 年代中国美术诉求的世俗化转向、精神指向以及消费文化的作用机制等
	唐卉:《以广州酒吧为代表的休闲消费空间研究》(2005,中山大学硕士学位论文)	从社会学调查与研究为切入点,通过对广州酒吧的现状分布,其消费者行为特性来解析影响酒吧发展的因素。并通过对北京、上海酒吧的比较研究,得出酒吧这一休闲消费空间的一般特性

其实,国内有关消费社会、消费文化的期刊文章、书籍和研究成果数目众多,表 1-2 只对相对系统的研究简要地介绍一下,以便初步了解国内相关研究的概况和态势。

1.2.3　基本观念的澄清

1) 相关偏见与谬论

事实上,国内外有关消费、消费文化、消费社会的论述众多,观点也不尽一致,对其进行批判或是颂扬也都大有人在。但是需要指出的是,由于受过去特殊的历史时期和计划经济体制的影响,长久以来注重生产而忽视消费的状况,以及受国外相关批判理论的影响,使得国内不少人对消费及其文化存在着偏见。谬论一:"消费"相对于"生产"是次要的。谬论二:消费等于浪费,消费文化就是宣扬奢侈浪费的文化。谬论三:消费就是购物或是简单的买物品。谬论四:消费文化源于西方,对中国传统文化造成了冲击,不利于我国的精神文明建设,应该予以抵制。

2) 澄清一:消费不是次要的

首先需要澄清的是"消费"是"社会再生产过程的一个环节,是人们生存和恢复劳动力的必不可少的条件,而人们劳动力的恢复,又是保证生产过程得以继续进行的前提"[①]。没有生产就没有消费,同样的,没有消费,生产也不可能进行,消费的发展一定程度上促进了生产的进步。市场经济时代,抑制消费,必然会造成生产动力和积极性的缺乏。2008 年以来,全球正在经历百年一遇的金融危机,而千方百计地扩大消费以刺激经济已成为各国面对危机的重要举措,这更凸显了消费的重要性。

3) 澄清二:消费不等同于浪费

消费也不等同于浪费,事实证明适当的消费对于个人可以促成自我情感的满足以及自我价值的认同和实现,对于国家可以促进社会经济的发展。有消费活动的发生,就有消费文化。它主要指人们消费中所表现出来的文化,包括消费的物质文化、消费观念、价值取向、消费模式和规范等,它应该是一个中性词而非贬义词。实际上中国或其他任何国家,消费文化都是自古就有的,杨魁与董雅丽等学者就对中国从古至今的消费观念和

---

① 辞海对"消费"的定义。引自 辞海编辑委员会. 辞海(1999 年版缩印本). 上海:上海辞书出版社,2001:1118

文化进行了梳理①。古时的"禁奢昭俭"的思想也是针对当时社会生产力低下所提出的相对合理的消费观念。而当代由于社会的进步,消费文化发生了较大的变化,如果仍然过分崇尚勤俭,将势必影响中国社会经济的发展。中国政府面对 2008 年以来的金融危机时的重要举措之一就是扩大内需,促进大众消费。

4）澄清三：消费不等同于购物

当代的消费并不是简单的购物,它不但包括购买并使用或享用物品和劳务的行为,还包括这一过程中所得到的内心和情感的体验。它不仅包括物品的消费,也包括劳务(他人所提供的服务)的消费。相对于过去注重使用价值的物品消费,当代消费愈发注重符号和意义的消费,以及情感的体验与满足。尤其随着服务业的快速发展,非购物的娱乐、旅游、休闲等都成为了重要的消费类型。

5）澄清四：消费文化对本土文化的冲击有利有弊

当代消费文化在全球范围的扩展确实与西方的资本主义政治、经济、文化的强势扩张密不可分,也确实对各国的本土文化产生了冲击,中国也不例外。特别是加入 WTO 之后,西方消费文化对中国的影响是不可避免的,并且有扩大的趋势。但是,中国并不是完全被动地接受着西方消费文化的侵蚀和冲击,而是呈现一种西方消费文化与地方传统文化的冲突和融合并存的态势。美国学者安东尼·奥罗姆(Anthony M. Orum)与陈向明在对北京、上海等地的消费文化景观进行考察和研究后认为,全球化的过程中,中国消费文化呈现变革与适应并存的状态,地方文化景观将抹上全球消费主义和地方适应的双重印记②。另外,当代消费文化作为现代一种典型的社会文化形态,是社会发展特定阶段的产物,是对一定社会条件的反映,也是对一定生活方式的文化表达,它的存在与传播有其根由与基础。随着生产力的极大提高,中国从产品短缺时代逐渐过渡到产品丰盛时代,刺激消费需求,也成为拉动经济增长的手段之一。过去以崇尚节俭、抑制消费为主的消费文化与社会经济快速发展的目标显然存在一定的矛盾。现代消费文化将消费作为体现生活质量、展示社会地位和实现自我价值的重要尺度,注重消费,关注情感体验,这对于改变中国居民过去那种囤积压抑型的生活方式,改被动消费为主动消费具有一定的推动作用。另一方面,消费文化对思想与个性的解放、自我意识的增强,对大众文化的形成与发展,以及对商业、文化娱乐业及旅游业的发展等等,都是有着一定的促进作用。当然不可否认,中国当代消费文化的发展也存在着一定的问题,例如消费结构不合理、地区消费差异大、消费心态不成熟、铺张浪费和高消费现象并不少见等,同时消费文化对自私人格的培养、对虚荣心的鼓励、对享乐主义价值观的助长以及对传统社会结构的瓦解也负有一定的责任。但是,不能因为消费文化的消极一面或者其外来的因素,就否定它或消极地面对它。既然消费文化在中国的发展是不可避免的态势,那么我们更应该正确对其进行引导,鼓励健康消费文化的发展,并将其纳入社会主义精神文明建设的正确轨道之中。

总之,我们应该摒弃对于消费文化的偏见,肯定其积极的方面,也要正视其消极的一

① 参见 杨魁,董雅丽. 消费文化——从现代到后现代[M]. 北京:中国社会科学出版社,2003
② 【美】安东尼·奥罗姆,陈向明. 城市的世界——对地点的比较分析和历史分析[M]. 曾茂娟,任远译. 上海:上海人民出版社,2005:122-127

面,以一种客观理性的态度去对待它,这也是本书研究的根基点。对消费、消费文化等相关概念、特点和发展趋势的详细论述请参见本书第2章。

1.3 消费文化语境下的城市空间研究动态

目前,相对于其他学科(例如地理学和社会学等),国内外建筑学和城市规划学科对消费活动和消费文化的关注有限,相关实践及研究主要集中在以下三个方面。

1.3.1 建筑设计方面

1)消费与传统建筑学之间的隔阂

从历史上看,消费与传统建筑学之间存在较大的隔阂。消费购物追求利润、倚重销售技巧以及华而不实的姿态是商业主义的主要标志,因此相对于追求崇高理想的传统建筑学来说,消费购物往往受到了歧视。特别是参与设计商业购物建筑并不像参与博物馆、艺术馆、办公楼、住宅甚至不可能实现的乌托邦构想那样值得炫耀。"纵观正统现代主义建筑大师们的实践。谁设计了购物中心?几乎没有一个人。沙利文设计了一个百货商店。赖特设计了一个专卖流行衣服的小商店。贝聿铭的第一个项目是商场。菲利浦·约翰逊设计了一些混合用途的项目。从这些,我们可以觉察到对购物建筑与空间的歧视"①。

芝加哥的Marshall Field's大厦(丹尼尔·伯纳姆)

西雅图的Northgate购物中心(维克多·格伦)

福冈博多运河城(乔恩·捷得)

图1-5 三位消费建筑设计师的代表作

---

① Chuihua Judy Chung,Jeffrey Inaba,Rem Koolhaas,et al. The Harvard Design School Guide to Shopping[C]. Köln:TASCHEN GmbH,2001:745

2）三位划时代的消费建筑设计师

但是在官方建筑学的歧视下,从 19 世纪末开始,前后有三位划时代的建筑设计师:丹尼尔·伯纳姆(Daniel Burnham)[1]、维克多·格伦(Victor Gruen)、乔恩·捷得(Jon Jerde),他们在商业购物与建筑学、城市规划学之间架设了桥梁(图 1-5)。每一位建筑师都设计了大量的购物空间。"伯纳姆创造了一百五十万平方英尺的购物空间,占他全部作品面积的 28%。格伦创造了四百五十万平方英尺的购物空间,占他全部作品面积的 65%。捷得现在已经创造了二百五十万平方英尺的购物空间,占他迄今为止全部作品面积的 88%"[2]。

19 世纪末 20 世纪初的丹尼尔·伯纳姆,在芝加哥等地设计并实施了数座立方体式的百货商场与摩天大楼。这些建筑以空前的建筑高度和纯净的城市体块,可以说是孕育了现代新商业空间的雏形,特别是对后来的购物中心有着启示性的作用。

二战之后不久,购物中心在美国的郊区景观中大量涌现出来。其发明者维克多·格伦创造了有史以来最有影响力的消费空间形态——购物中心——可以说是今天世界上主要的大型购物场所的原型:大空间、功能混合、室内外步行空间、配套大型停车场库等等,这些成为了大型购物场所的基本元素。战后美国有超过四百四十万平方英尺的购物中心与维克多·格伦的贡献有关。他认为购物中心在规划设计中应遵循以下几个原则:"保护周围的环境防止衰败;向最大的步行交通敞开零售设施;分离各种机械化的交通模式,并与步行交通相分离;为购物者和销售商创造最大化的舒适和便利;达到整洁、一致和优美。"[3]这些原则已成为各种新型消费空间规划建设时的基本准则。因此,可以说购物中心及格伦的理念对世界各国的消费空间发展的深远影响是无人可及的。

乔恩·捷得可以说是又一个对消费空间有着开创性影响的大师。"如果说格伦通过引入一种抽象的理念创造了购物的黎明,他的后继者捷得事务所可以说通过将购物环境带到了顶峰、通过抛弃建筑传统的剧目而以闹剧取而代之。"[4]20 世纪 80 年代以来,他所领导的捷得国际建筑师事务所(The Jerde Partnership International),在世界各地完成了一系列令人震惊的大型商业消费开发项目。他认为零售店和购物中心应该是具有城市经验和符合大众品位的一种公共设施,它们应该作为催化剂,吸引着一些曾经在那里经历过一种刺激性环境的人们。因此,他的作品特别强调空间的体验性、主题化与戏剧化。在建筑文化方面,他强调文化的多元和融合。在他的作品中,我们可以看到历史与现代、传统与高科技、地方与国际等种种风格的融合。他主持设计的日本博多运河城、美国圣迭戈的霍顿广场等已成为世界经典的消费建筑及空间案例。

3）后现代主义建筑思潮与消费文化

此外,20 世纪 60 年代西方兴起的后现代主义建筑思潮,回应消费社会的发展,针对

---

① 丹尼尔·伯纳姆(1846—1912):美国 19 世纪末至 20 世纪初著名的建筑师和城市规划大师。其作品主要在芝加哥,包括哥伦比亚博览会工程(1893 年)和几个早期摩天大楼与百货商场的设计。

② Chuihua Judy Chung, Jeffrey Inaba, Rem Koolhaas, et al. The Harvard Design School Guide to Shopping [C]. Köln:TASCHEN GmbH,2001:745

③ Victor Gruen, Larry Smith. Shopping Towns USA:the Planning of Shopping Centers. New York:Reinhold,1960:75

④ Chuihua Judy Chung, Jeffrey Inaba, Rem Koolhaas, et al. The Harvard Design School Guide to Shopping [C]. Köln:TASCHEN GmbH,2001:403

现代主义运动的种种弊病,提倡建筑的复杂性和矛盾性,注重对传统、文脉、大众文化等的关注。虽说后现代建筑思潮并没有"露骨"地指出与消费文化之间的密切关系,但是无论从后现代建筑所呈现出来的外表景观还是其内在的文化思想,都无不折射出了消费文化的意识形态。首先,由于当时大众文化与流行文化消费的盛行,促使迎合大众的兴趣和价值观成为后现代建筑在思想上与现代主义建筑运动相区别的关键。建筑不再是高尚的艺术品,而是普通民众可以欣赏和使用的"商品"。其次,在消费文化的带动下,人们对视觉刺激和个性化风格的追求,使得建筑设计业也开始流行起个性化和创新的风格,建筑形式也出现了娱乐化与追求视觉刺激的倾向。而所有这些变化仍然建立在大众消费文化的基础之上。第三,后现代建筑从商业消费场景中积极吸取灵感,特别是罗伯特·文丘里(Robert Venturi)在《向拉斯维加斯学习》一书中鼓吹建筑设计应该向拉斯维加斯灯红酒绿的商业景观(包括商业街、商场、赌场、娱乐城、霓虹灯、广告牌等反映大众喜好的商业元素与场景)学习和借鉴。这使得建筑设计与商业消费景观更好地融合在了一起。通过热闹场景、鲜艳色彩、醒目形式、通俗图像的呈现,不仅商业建筑,甚至办公、住宅、文化等其他类型的后现代建筑也越来越多地成为了城市中重要的商业化景观。从美国电话电报大楼、波特兰市政大楼到赌城拉斯维加斯(图1-6),传统、商业甚至卡通元素都成为建筑设计的素材,商业化的设计手法,个性化并符合大众品位的外表形象,这些最终促使后现代建筑成为了大众能够"消费"的"商品"。

美国电话电报大楼　　　波特兰市政大楼　　　拉斯维加斯的巴黎大酒店

图1-6　后现代建筑——折射出了当代消费文化的意识形态

4) 当前建筑设计应对消费文化的回应

进入20世纪80年代后,由于消费文化的进一步发展和西方新自由主义的兴起,波普、戏谑等成为创作的态度,追求视觉刺激、表现时尚与前卫成为创作的目标,裂变、片断、符码成为时髦的话题。总的说来,建筑设计出现了风格化和表皮化的倾向(图1-7)。其中弗兰克·盖里(Frank Gehry)个性张扬的建筑构成与艺术包装手法和赫佐格 & 德穆隆(Herzog & de Meuro)"含情脉脉"的建筑表皮设计手法成为最典型的代表。可以说他们的作品不但是建筑,更是吸引大量游客的著名消费景观。最近,伴随着信息媒体技术的发展,消费与广告媒体的日益整合,信息媒体和图像正在成为新的消费热点,强调人与空间及信息之间互动的"媒体建筑"正在成为西方消费社会最新的建筑类型。其中最具代表的是让·努维尔(Jean Nouvel),他的许多建筑设计回应了消费社会对商品影像的消费需求,特别重视对建筑表皮的处理,制造了一种模糊、神秘的移动影像的效果,建筑呈现出图像化、媒体化、非物质化的特点①。另外，美国著名建筑师莱姆·库哈斯(Rem Koolhaas)对泛消费的都市主义进行了深刻的思考，认为在消费社会只有不断的创造新奇的形式，领引时尚，才能满足城市更新的需求及大众的消费愿望。以此为出发点，他所领导的大都会建筑事务所(OMA)创造了鹿特丹美术馆、西雅图公共图书馆、CCTV新总部大楼等一系列奇观建筑。

图1-7　应对消费文化，当代建筑设计的风格化与表皮化

5）国内相关建筑实践与研究

在国内的建筑实践方面，受国外建筑理论和实践的影响，在资本运作和媒体的宣传和炒作下，建筑设计和创作也出现了多元化的趋势。近年来，风格化和表皮化逐渐成为流行的趋势。其中马达思班建筑师事务所可谓是这股潮流的先行者，他们设计的宁波天一广场、宁波城建展览馆、无锡火车站站前商业步行街等项目，都创造了风格化或表皮化的建筑形象。与此同时，在商业化的运作下，一批国内外的明星建筑师进行了一系列的建筑创作和空间实验。例如北京长城脚下的公社(图1-8)、南京佛手湖的中国国际建筑艺术实践展等，这些建筑实践从某种程度上说是一种典型的消费文化现象。

图1-8　北京长城脚下的公社——中国建筑实践的消费化现象

---

①　参见 Jean Baudrillard, Jean Nouvel. The Singular Objects of Architecture. translated by Robert Bononno. Minneapolis：University of Minnesota Press,2002

　　在研究方面,费菁、傅刚(2001)从大众传媒和通俗文化的角度探讨了消费时代艺术和建筑中波普化的现象。李姝、张玉坤(2003)则针对我国现状深入分析了波普建筑在我国的生存环境、表现形态与发展趋势,研究了在商品经济大潮及西方消费文化的影响下,我国波普建筑的表现与走势。贾晓元(2004)探讨了消费文化对当代建筑创作的影响,并介绍了建筑形式在此影响下的大众化、时尚化及流行化的表现。周琼宇(2005)从消费主义文化出发,评价了当代西方受消费主义文化影响产生的新建筑现象。廉毅锐(2005)初步探讨了消费文化对2003年的中国建筑创作的影响。李翔宁(2004)、陈海津(2005)通过对当代建筑的图像化和审美泛化等现象的分析,论述了消费文化对当代建筑的影响。王鲁民与姬向华(2005)从功能组织、环境营造、城市景观等层面对消费社会的综合性商业建筑进行了相关探讨,并指出综合性商业设施也必将成为消费时代社会整合和建构价值的重要场所①。鲁政(2006)从功能空间的复合性、空间体验的意义、人性化与细节设计等方面介绍了基于体验式消费的当代都市商业空间设计。邹晓霞(2006)通过对品牌店的个案研究,探讨了消费社会建筑师的角色问题。

　　由于尚处于起步阶段,以上的国内研究与实践大多停留在表面化和静态的层次上,缺乏理论深度和系统性。但是从2005年开始,一些研究较之前取得了一定的突破。卜骁骏与单军(2005)从视觉文化角度出发,对消费时代的建筑在受视觉符号消费的影响下的转向进行了详细论述,指出建筑设计中出现了重视"图像",由整体转向碎片、由深度转向表面、由理性转向体验的思潮;建筑成为视觉符号进入消费,帮助消费,甚至成为"社会奇观"②。王又佳与庄惟敏(2006)通过对当代中国建筑形式三个层次的分析阐释,明确指出在大众消费文化的冲击下,当代中国的建筑已经形成了一个多元、宽容的体系,建筑形式实践的新特征主要表现为形式符号意义的大规模生产、复制与消费,而这种大规模的形式意义消费给当代中国建筑学带来了新的历史观、批评观与价值观;并最终指出在符号意义日益成为建筑市场中的主导力量的今天,走向非意义复制的建筑学才是克服消费文化所带来弊端的现实出路③。华霞虹与郑时龄(2007)将全球性的消费文化视为当代建筑发展的背景,通过剖析消费文化原理来分析建筑实践并总结其发展规律;指出在消费文化语境中,关于建筑的一切——建筑物、建筑师、建筑影像、建筑理论等都成为消费对象,成为符号资本,它们遵循消费逻辑而不是自律原则;确定的价值体系不再有效,建筑的目的不是满足功能而是制造差异,时尚更替成为新的伦理,消融与转变成为消费文化语境中当代建筑发展的趋向④。

1.3.2　城市空间方面

1)维克多·格伦与购物—城市中心

　　国外,关注消费与城市空间的研究和实践较多。其中,维克多·格伦不但发明了购

---

　　① 参见 姬向华.消费社会下的综合性商业建筑研究[D]:[硕士学位论文].郑州:郑州大学建筑系,2004

　　② 参见 卜骁骏.视觉文化介入当代建筑的阐述——视觉技术、大众与消费[D]:[硕士学位论文].北京:清华大学建筑学院,2005

　　③ 参见 王又佳.建筑形式的符号消费——论消费社会中当代中国的建筑形式[D]:[博士学位论文].北京:清华大学建筑学院,2006

　　④ 参见 华霞虹.消融与转变——消费文化中的建筑[D]:[博士学位论文].上海:同济大学建筑与城市规划学院,2007

物中心,而且购物中心也成为一种工具来实现他的真实雄心:重新定义当代的城市。格伦倾向于购物商场应提供所有的与城市日常相关的功能,并坚持认为"购物中心正在快速地成为多用途的城镇中心"。在他的理念中,购物中心可以等同于城市中心,而且是城市规划的基本核心单元,并由此可以构成邻里、城镇、城市甚至大都市(图1-9)。事实上,经过几十年的发展,虽然郊区购物中心的发展有所停滞,但是它确实成为北美郊区社会的核心公共空间和生活的象征。随着城市中心的持续衰败,格伦在郊区购物中心成功之后,开始探索治愈城市衰败和确保城市中心生存的道路①。他认为购物中心也是市区复兴的最佳解决办法。他的理念是将郊区购物中心如外科手术般地移植到都市原有的中心区。通过借鉴在孤立条件下的郊区购物中心中所培养和优化出来的传统都市的特质,并且将这些改进过的公众条件(购物者对更加宁静、安全和舒适环境的渴望)移植回到城市市区中,格伦希望能以此复兴正在死亡的城市中心②。总之,格伦的理论和相关实践对消费空间的发展以及西方城市复兴运动的影响深远。

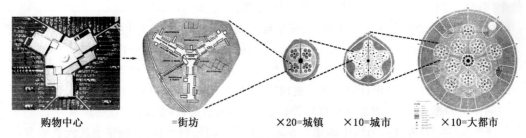

购物中心　　　　　=街坊　　　　×20=城镇　　×10=城市　　×10=大都市

图1-9　维克多·格伦的理念——购物中心可以等同于城市中心,而且是城市规划的基本核心单元

2)莱姆·库哈斯与城市购物

建筑师莱姆·库哈斯自1995年起开始主持一个名叫"哈佛都市项目"的系列研究计划。其中《研究计划2——哈佛设计学院购物指南》(*The Harvard Design School Guide to Shopping—Project on the City 2*)着眼于都市,从建筑学和社会学两方面,通过描绘发生购物活动空间的城市空间的历史、成因、特征、危机和未来发展趋势,分析了当今城市消费空间在全球化趋势的影响、新媒介技术的介入以及时空观念变迁的背景下的三种倾向及其隐藏的危机。也可以说是从购物活动的角度对当代城市问题的一种思考。

3)后现代与消费文化语境中消费空间的相关探讨

在后现代话语和消费文化的相关探讨中,让·波德里亚、西瑞亚·卢瑞、迈克·费瑟斯通、戴维·哈维(David Harvey)、爱德华·索亚(Edward W. Soja)等众多社会学、地理学方面的学者都或多或少地对博览会、商场、连锁店、麦当劳、迪士尼、时尚店等城市消费空间进行了相关探讨,他们关注的重点是消费空间景象背后的资本主义政治经济关系和文化机制。

4)国内相关研究

在我国,相关研究集中在城市商业、娱乐等消费空间的实证研究方面,尤其以商业空

① Chuihua Judy Chung, Jeffrey Inaba, Rem Koolhaas, et al. The Harvard Design School Guide to Shopping [C]. Köln:TASCHEN GmbH,2001:386

② Chuihua Judy Chung, Jeffrey Inaba, Rem Koolhaas, et al. The Harvard Design School Guide to Shopping [C]. Köln:TASCHEN GmbH,2001:387

间的布点、类型分析和设计思路的研究以及消费空间的社会学调查研究居多。李程骅在其著作《商业新业态：城市消费大变革》(2004)中，以南京城市为样本对消费时代引发的商业业态和城市空间的变革进行了研究。莫天伟、荆哲璐(2005)针对上海典型消费空间实例以及组成消费空间的元素，以典型实例分析为主要研究方法，评析消费时代在全球化趋势、新媒介技术介入和时空观变迁作用下的消费空间特征及其在城市更新中所扮演的角色①。杨晓俊与王兴中(2005)以居民消费行为的空间认知、偏好及日常生活方式的人本性规律为出发点，探讨了居民空间消费行为与城市休闲、娱乐场所的一般空间关系的理念模式。徐健与郑时龄(2006)以当代时尚品牌专卖店为研究对象，指出时尚品牌专卖店在当代消费文化的影响下，从作为城市界面和内部空间两个方面传达差异性的主题——"时尚"和"品牌"，进而通过提供空间(体验)消费和文化(品牌)消费而成为消费品；并初步探讨了当代消费文化影响下建筑被消费的本质，进而获得读取消费时代建筑与城市空间的解码②。唐雪静与袁逸倩(2007)以消费文化分析的角度来审视都市人的麦当劳消费习惯，试图透过对经营者的经营策略与消费者的消费模式的解读作分析，以探讨麦当劳以及同类建筑(迪士尼等)是如何使其商品的符号意义融入人们的日常生活习惯中，进而借助这种消费模式的实践和被认同的形式，创造出新的都市消费空间③。刘集成与高静(2008)通过对以消费为先导的城市改造案例(杭州湖滨、宁波老外滩)的分析，阐述了在消费社会的背景下，消费的逻辑与以往相比更多的表现为改变城市空间(物质形态与社会的空间)的作用上，以及消费具体是如何改变原有城市空间的④。

1.3.3　都市文化方面

1) 简·雅各布森与城市活力

早在 20 世纪 60 年代，美国城市社会学家简·雅各布斯(Jane Jacobs)在反思现代主义运动时，可以说是成为了一个不知情的为城市购物与消费活动说情的辩护者⑤。当她为冰冷机械的现代主义城市对人类社会所造成的种种负面影响而忧心忡忡时，参考欧洲传统城镇充满活力的商业街和市场，她发现购物消费活动是维持城市活力、保证生活多样性、促进社会交往的重要因素，"购物可以维持都市性并产生一种'城市的解药'，可以成为一种复兴美国衰败市区的模式"⑥。她的研究为消费社会与都市文化之间架设了初步的桥梁。

---

　　① 参见 荆哲璐.消费时代的都市空间图景——上海消费空间的评析[D].[硕士学位论文].上海：同济大学建筑与城市规划学院,2005

　　② 参见 徐健.作为消费品的建筑——消费时代的当代时尚品牌专卖店研究[D].[硕士学位论文].上海：同济大学建筑与城市规划学院,2006

　　③ 参见 唐雪静.消费文化的建筑美景——麦当劳及其他[D].[硕士学位论文].天津：天津大学建筑学院,2007

　　④ 参见 刘集成.消费改造空间——以杭州湖滨、宁波老外滩街区改造为例[D].[硕士学位论文].昆明：昆明理工大学建筑工程学院,2008

　　⑤ Chuihua Judy Chung,Jeffrey Inaba,Rem Koolhaas, et al. The Harvard Design School Guide to Shopping[C]. Köln：TASCHEN GmbH,2001：371

　　⑥ Chuihua Judy Chung,Jeffrey Inaba,Rem Koolhaas, et al. The Harvard Design School Guide to Shopping[C]. Köln：TASCHEN GmbH,2001：371

2）沙朗·佐京与城市文化

有关消费社会与都市文化的一些重要研究主要是在 20 世纪 80 年代之后兴起的，其代表人物是美国学者沙朗·佐京（Sharon Zukin）。她以都市文化为切入点，关注城市的象征形式、人们的消费方式、城市文化的主题、城市的意义、居民的生活方式等方面，通过对当代美国城市（尤其是纽约）的分析，深入发掘了空间纬度的文化意义，特别强调城市文化或城市象征的重要性。指出美国城市发展越来越依赖的文化经济，并指出文化已成为控制城市的有利手段和城市发展的经济基础，而依赖于消费文化的象征经济成为城市发展的动力，并把后现代城市描绘成日益商业化和消费化的场所。她的《阁楼生活》（*Loft Living*，1982）和《城市文化》（*The Cultures of Cities*，1995）等书，已成为都市文化研究领域的经典之作。

3）国内相关研究

目前国内，包亚明是较为系统介绍西方有关后现代与都市文化相关理论的学者之一，他主编的"都市与文化"丛书，对后现代的地理学、政治经济学和都市文化等理论进行了介绍和梳理，为国内学者研究都市文化与消费文化提供了系统的理论背景。在此基础上，《游荡者的权力：消费社会与都市文化研究》（2004）一书以"游荡者"的眼光，对消费时代的上海空间、生活、文化等进行了观察和体验。认为全球化与消费主义对当代中国日常生活的侵袭，是通过兼具市场和观念两大特征的大众文化潜移默化地渗透的。趣味和格调正是在此语境中，衍变成消费主义的美学经验[①]。《上海酒吧：空间、消费与想象》（2001，合著）一书则以上海酒吧为研究对象，探讨了消费文化对上海都市文化的影响。

1.3.4 国内相关研究小结

可以看出，国内相关学者对消费文化与当代建筑及城市空间的关注大部分出现在新世纪。这主要是由于中国经济的高速发展以及与世界的日益接轨，使得西方的消费文化对中国社会的影响日渐明显，当代城市和建筑的发展不可避免地出现了"消费文化"的烙印，这也引起越来越多的学者对其关注。特别是从 2005 年开始，由于消费文化相关研究在中国的升温，以及商业和消费主义色彩浓厚的新建筑现象的不断出现，建筑学和城市规划学科对消费文化现象也愈发地关注起来，这两年相继出现了一些具有一定理论深度和创新性的系统研究。但是从总体看，目前大部分国内研究的论述的主题主要是"消费文化影响下的建筑形式与风格"或"都市文化现象"或"建筑价值观"，而关键性的问题——"消费文化对中国城市空间和建筑的影响因素和机制"却较少进行深入探讨。

1.4 研究的立意、对象和目标

1.4.1 研究的基本立意

本书选择消费文化与城市空间作为研究对象，主要基于以下四点考虑。第一，在后现代文化与消费文化的影响下，社会日趋多元化，影响城市空间的发展的因素也呈现多

---

① 参见 包亚明.游荡者的权力：消费社会与都市文化研究[M].北京：中国人民大学出版社，2004：3-6

元、复杂的态势。莱姆·库哈斯认为,当代消费社会中都市的密度、尺度和速度正在抛弃正统的建筑艺术形式。只有承认建筑学以外的这种更宏大的力量,才能从各种限制中寻求新的建筑学机会①。目前,日益凸显的消费文化影响当代社会的巨大力量是有目共睹的,因此,从消费文化的视角出发,正是探究城市空间发展的一种极富意义的新思路。第二,总体看来,中国学者对文化与空间研究不太活跃,加之由于商业消费与传统建筑学之间较深的隔阂,使得消费文化与城市空间的研究更是少见。虽然现有研究取得了一定的成果,但仍需要进一步深入研究。当前,中国正处在消费文化扩张发展以及快速城市化的进程中,迫切需要我们厘清消费文化与城市空间的关系以及消费文化是如何影响城市空间的。第三,本文从消费文化对城市空间的影响机制进行研究,实际上是从文化角度出发来研究和探讨空间,而以往本学科的研究,一般是从空间的角度来探讨文化,由于缺乏深厚和系统的理论支持,研究在深度和广度上往往有所欠缺。而立足于文化的纬度,从"文化到空间"的思路进行研究,并结合符号学、社会学、地理学、美学等相关学科的成熟和系统的理论,将便于发挥跨学科的优势对城市空间进行系统的解析。第四,从实践上看,对消费文化如何影响城市空间进行研究,是消费时代中国城市空间健康有序发展的新需要。从理论上看,也可以丰富中国城市空间的发展理论,对城市由生产型社会向消费型社会的顺利转型具有一定的指导意义。

1.4.2 研究对象的界定

本书研究的主要对象是"消费文化"与"城市空间"(表1-3)。

首先,"消费文化"这一概念的界定一般分为广义和狭义两个层面(详见第2章)。为了更好地反映当代消费文化的发展态势,本书论述的"消费文化"这一概念主要是指狭义层面的概念,即指消费社会或后工业社会的消费文化,就是伴随消费活动而来的,表达某种意义或传承某种价值系统的符号系统,其特点是大众参与消费以及符号的生产和消费。在全球化的进程中,西方消费文化进入中国并迅速扩散,虽然与本土文化冲突融合后发生了"本土化"的转变,但其重视符号消费的本质并没有改变,西方消费文化的经典理论基本上仍然适用。

其次,本书对消费文化的论述,是从客观中立的角度来探讨问题,因此本书并没有将学术界中带有明显贬义和批判色彩的"消费主义或消费主义文化"在概念上与消费文化相混淆,而是对二者的定义和关系进行了明确的界定(详见第2章)。

第三,本书论述的"城市空间"主要包括城市中建筑、场所、建成环境等物质要素,也包括城市的结构与功能、文化与意向、社会空间等非物质要素。由于中国尚未全面进入消费社会,因此本书论述的有关消费文化影响下的中国城市空间,主要是指经济发达地区的城市。它们在社会经济水平、消费状况和文化发展状态上,可以说已达到或接近西方消费社会的水平,一些学者将这些城市界定为"局部消费社会"。

第四,本书主要是从消费文化的视野来探讨城市空间,特别是中国城市空间发展的规律,即消费文化影响城市空间发展的态势、因素和机制是本书关注的重点。

---

① 参见 Rem Koolhas, Bruce Mau. S, M, L, XL[M]. New York:Monacelli Press, 1995

表 1-3 研究对象的界定

研究对象	具体界定
消费文化	1. 狭义层面的概念：消费社会或后工业社会的消费文化 2. 特点：大众参与消费与符号的生产与消费 3. "本土化"后，西方消费文化的经典理论在中国基本上仍然适用 4. 消费文化≠消费主义，从客观中立的角度来探讨消费文化
城市空间	1. 包括城市中建筑、场所、建成环境等物质要素 2. 还包括城市的空间结构与功能、文化与意向、社会空间等非物质要素 3. 以国外消费社会的城市以及"局部消费社会"的中国城市（经济发达地区的城市）为主要研究对象
消费文化如何作用于城市空间	1. 从消费文化的视野来探讨城市空间 2. 消费文化影响下中国城市空间发展的态势、影响因素和规律是研究的重点

1.4.3 研究的理论基础

本书研究的理论基础是以让·波德里亚的"符号消费"理论为核心，同时结合消费社会学、文化工业批判理论、消费美学、后现代地理学、图像消费学、体验经济学等理论从价值诉求、审美取向、时空体验、社会分化四个层面对消费文化影响城市空间的规律进行了具体的论述。此外，城市规划及建筑设计理论、后现代相关理论、西方新马克思学派的政治经济学、城市文化学等也是支撑本书研究的重要理论。

1.4.4 研究目标

研究从消费文化的角度入手，以当前国内外的典型城市空间为基点进行实证分析，并对消费文化与中国城市空间发展的现实情况和内在关系进行考察，努力建立起"消费文化—消费空间—空间消费—中国城市"的关联思考逻辑。以让·波德里亚的"符号消费"理论为研究的理论基础，在研究国外的案例和分析消费文化影响下的中国城市空间发展的种种现象、特征和趋势的基础之上，结合社会学、文化工业批判理论、地理学、体验经济学、城市文化学等方面的理论剖析，从而揭示消费文化影响下作用于城市空间的各种因素，并进一步对消费文化影响城市空间发展的机制进行归纳和总结。最后，对消费时代中国城市空间发展的特殊性以及所面临的机遇和挑战进行论述，并在对种种不良现象批判的基础上提出相关的应对策略（图 1-10）。

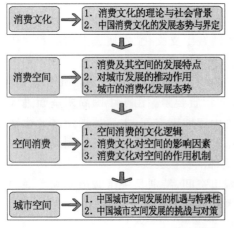

图 1-10 本书研究的基本思路和目标

1.5 研究方法和框架

1.5.1 研究方法

系统性的研究方法:以空间、社会、文化相整合的理念作为开展研究的思想基础,并贯穿整个过程,以期综合系统地探讨消费文化影响下城市空间发展的各方面的因素和机制。

跨学科的研究方法:突破单一的学科框架,引入符号学、社会学、美学、地理学、政治经济学等多种学科的研究手段、研究理论和研究成果,对消费文化对城市空间的影响机制展开系统的研究,通过学科交叉形成新视野。

多种资料收集的研究方法:通过收集文献资料、现场踏勘、网络信息筛选等方法,取得有关消费时代城市空间发展的资料和数据,在此基础上发现问题、总结规律并展开理论探讨。

案例分析的研究方法:对国内外的典型空间案例进行分析,探究其与消费文化的深层关系以及空间发展的趋势与机制。

1.5.2 研究框架

本书从消费文化的视角,对中国当代城市空间的发展从理论背景、社会现实背景、城市现象与发展态势、影响因素及其作用机制、面临的挑战与机遇等方面进行了初步的探讨。全书共分为八个部分,按照"背景→概念和定义→案例解析和现象描述→空间发展的消费文化逻辑→影响因素解析→新机制揭示→展望与批判"的次序进行论述(图1-11)。

第1章,首先介绍了研究的缘起以及相关理论和研究概况,并对研究的对象、目标、方法和框架进行了界定。

第2章,在梳理了"消费文化"、"消费社会"和"消费主义"、"大众消费"等基本概念和消费文化的相关理论之后,进而结合中国社会发展的现实情况,总结了中国社会尤其是发达地区城市的消费文化发展态势和特点,并指出以大众消费和符号消费为特征的新型消费文化已成为中国局部消费社会——发达地区城市发展的重要文化语境之一。

第3章,对消费时代欧美、新加坡、日本、阿联酋迪拜等国外城市的发展案例进行了解析,指出消费活动及其文化已成为促进城市空间发展的重要推动力,在认识观层次上进一步确定了消费文化对当代城市空间发展的重大意义和价值。

第4章,以中国城市的消费空间和消费活动为考察对象,对消费活动、消费空间类型、消费空间规模以及消费建筑外观等方面的现象进行了详尽的描述,指出中国城市在活动、功能、结构以及景观等方面都出现了消费化的发展趋势。

第5章,在现象描述和分析的基础上,对消费文化语境下的中国城市空间发展中出现的消费逻辑进行了论述,这种消费逻辑具体表现主要为"由空间中的消费向空间的消费的转变","由空间使用价值消费向符号价值消费的转变",以及"城市本身成为商品"三个方面。

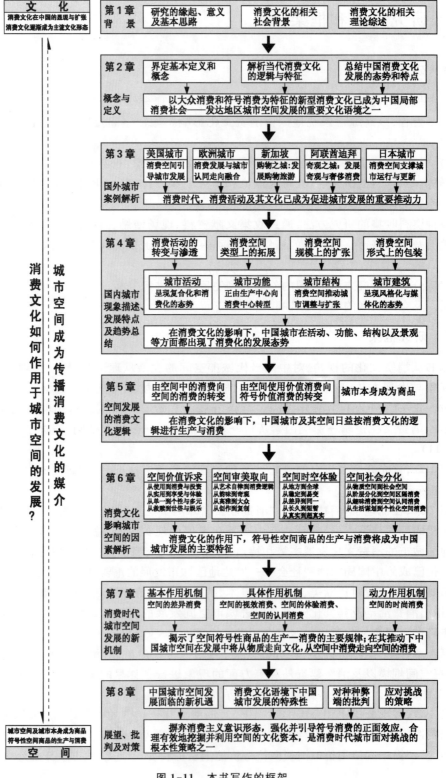

图 1-11　本书写作的框架

　　第 6 章,在确定了中国城市空间发展中出现的消费逻辑之后,将消费文化分解成价值诉求、审美取向、时空体验和社会分化四个层面的影响因素,并逐个解析消费文化是如何具体作用于城市空间并使其在发展中呈现出商品化的印记和消费逻辑。

　　第 7 章,在影响因素解析的基础上,揭示出了差异机制、视觉机制、体验机制、认同机制以及时尚机制五种作用规律,它们也是符号性空间商品生产—消费的根本性规律。正是在这些新机制的驱动下,中国城市表现出了不同以往的发展态势。

　　第 8 章,首先对消费时代中国城市空间发展所面临的新机遇进行了展望;而后在理清了中国消费社会发展的现实特殊性的基础上,对城市发展中所出现的种种不良现象进行了批判。最后,对如何应对这些困难和挑战,提出初步的策略。

2 消费与消费文化

2.1 定义与相关概念

2.1.1 消费与大众消费

1）消费的含义及其变迁

"消费"（Consumption）在《大不列颠百科全书》卷四中的定义是"指物品和劳务的最终耗费"[①]。其含义在最初含有浪费、过度使用、奢侈花费或耗费等的意思，具有较明显的贬义。然而随着工业社会和商品经济的发展，消费的含义也发生了变化，往往表述为一种购买、占有并使用或享用物品和劳务的行为，并逐渐成为与"生产"相对应的一个中性概念（表 2-1）。《辞海》对它的解释就是"人们消耗物质资料以满足物质和文化生活需要的过程。是社会再生产过程的一个环节，是人们生存和恢复劳动力的必不可少的条件，而人们劳动力的恢复，又是保证生产过程得以继续进行的前提。生产决定消费，它为消费提供对象，决定消费的方式，并引起人们新的消费需要；而消费又反过来影响生产，促进或阻碍生产的发展。广义的消费还包括属于生产本身的生产消费"[②]。可见，消费与生产已作为马克思所言的社会生产关系的一对主要形式而被大家所熟知。

表 2-1　消费含义的变迁

阶段	消费的含义	扩展含义	评价
前工业社会	指物品和劳务的最终耗费	浪费、过度使用、奢侈花费或耗费	贬义的
工业社会	一种购买、占有并使用或享用物品和劳务的行为	与"生产"相对应，是社会再生产过程的一个环节	次要的
消费社会	一种系统化的符号操纵行为或总体性的观念实践	经济发展、自我实现、社会整合、文化实践的重要环节	重要的、不可忽视的

正因为人们习惯性地将消费与生产对应起来，"生产"是商品流通的起点，而"消费"常常被理解为商品流通或市场生产过程的终结，因而，消费被视为第二位的、易受其他因素影响的或派生的[③]。另一方面，在传统的政治经济学和社会学的研究领域，生产主义的研究范式长期占主导地位，消费由于被认为是一种非生产性和非决定性的琐碎活动，其

①　转引自 杨魁,董雅丽. 消费文化——从现代到后现代[M]. 北京:中国社会科学出版社,2003:5
②　辞海编辑委员会. 辞海(1999 年版缩印本). 上海:上海辞书出版社,2001:1118
③　Celia Lury. Consumer Culture. New Brunswick, N. J. : Rutgers University Press, 1996:2

相关研究受到了长期的忽视。

　　然而进入 20 世纪,尤其是 60 年代以来,西方后工业时代的来临以及全球化进程的快速推进,消费已逐渐渗透到人们日常生活的方方面面,伴随着社会的日益丰盛,"在我们周围,存在着一种不断增长的物、服务和物质财富所构成的惊人的消费和丰富的现象。……1998 年以来,全球市场上新增了两亿多种商品种类。恰当地说,富裕的人们不再像过去那样受到人的包围,而是受到物的包围"[①]。物与商品的丰盛,使人们摆脱了对物的生存性需求的束缚,消费不再意味着满足基本的生理和生活上的要求,而且还意味着消费所带来的情感上的愉悦和满足感甚至品位、身份与地位的确认。这样,消费的内涵也愈发地广泛,商品的实物消费(即商品使用价值的消费)变得不再重要,而其携带的符号化和象征化的意义却成为人们关注的重点。例如:为了基本需求而使用某种物品不一定称为消费,但为了证明自己的身份或地位而使用某个名牌产品就是充分意义上的消费。从凡勃伦的"炫耀性消费",到法兰克福学派的"文化工业批判",再到布迪厄的"消费趣味学"和波德里亚的"符号消费"理论(详见第 1 章),对消费的研究逐步地跨出了以往单纯的经济学的研究范畴,而迈向了社会学、文化学、政治经济学等更广阔更综合的领域。因此,消费时代,消费的含义也发生了转变。消费被定义为一种系统化的符号操纵行为或总体性的观念实践,这一定义将消费从简单的人与物以及人与人之间的关联拓展到社会、历史、文化等其他领域[②]。

　　从消费含义的变迁,可以折射出消费的三个层次(表 2-2):一是消费最初的层次,即纯粹的物的消费,只看重物品的实用价值。二是交换价值的消费,通过消费证明自身的消费能力,炫耀自己的金钱和地位。三是符号价值的消费,注重商品携带的品牌、风格等文化内涵,以表现自己的个性和品位[③]。以住房购买为例,实用性消费一般选择紧凑经济的住房,而住房的造型与居住区的内外环境可能并不重要;炫耀性消费则以贵重奢华为标准,房大价高、造型突出、环境优良成为其关注的重点,而是否实用成为次要;而符号的消费,不仅仅关注套型、造型、环境等,这些要素所反映出的风格与居住理念等是否与自己的品位和爱好相符才是关注的重点,甚至著名开发商或设计师的品牌效应也可能促成消费者的购买。如今,菜肴、服装、工艺品、电子产品、汽车甚至旅游休闲等各方面,我们都可以深刻体会到商品的形象、品牌、风格等符号意义日益与我们对偏好、品位、身份等个性化的要求结合在了一起,符号的消费正在成为社会消费的主要对象。这正是因为商

表 2-2　消费的三个层次

消费的层次	消费的对象	消费的目的	消费的特点
初级	使用价值	经济实用	注重价廉与实用
中级	交换价值	证明消费能力	注重炫耀
高级	符号价值	表现个性、品位或地位	注重自我价值的实现

---

① 【法】让·波德里亚.消费社会[M].刘成富,全志钢译.南京:南京大学出版社,2004:1

② 包亚明.后现代性与地理学的政治[C].上海:上海教育出版社,2001:60

③ 杨魁,董雅丽.消费文化——从现代到后现代[M].北京:中国社会科学出版社,2003:7-8

品正按照符号的逻辑进行运作,在广告等媒体的宣传和鼓吹下,不断地制造和培养着新的消费范式,使得消费者也被社会符号化了,并按照符号逻辑进行思维,在引导下购买特定的符合个人品位与风格要求的、确定他们社会地位的商品,从而使得人们在消费中参与了资本的增值,参与了社会观念和社会关系的再生产。

因此,消费决不是被动的和次要的,它同样具有多方面的生产性和社会建构的作用。让·波德里亚指出"消费不是主动性的生产方式相对立的一种被动性的摄取和占有方式,以及朴素的行为(和异化)概念。我们从一开始就必须表明,消费是一种主动性的相互关联的方式(不仅对物是如此,对于集合体和世界而言亦然),是一种系统化的行为方式和总体反应,我们的整个文化系统就建基于其上"①。国内学者王宁从功能主义的角度出发,认为消费首先是"社会参与体验"的生产活动。消费直接影响到自我认同及社会的认同,影响到我们对自我和全体或社会的关系的定义和态度。消费活动也是一种社会语言、一种特定的社会成员身份感的确认方式。其次,消费也是一种"社会合法性"的生产活动。什么是可以或不可以的消费(消费的合法和禁忌)、什么是恰当或不恰当的消费(消费的规范和伦理),总是遵循了某种社会合法性的逻辑。消费不但受到社会合法性的制约,人们也可以通过新的或激进的消费来挑战旧有的合法性,同时也有可能创造新的合法性。第三,消费是一种"社会地位"的生产活动。消费成为各阶层竞相争夺的一个符号资源。上层阶层通过奢侈消费抬高地位门槛,并与其他阶层保持距离。中、下阶层则试图通过对上层阶层消费的模仿和"学习"而创造高于自身实际阶层的"地位假象"。最后,消费更是一种"社会整合"的生产活动。通过聚餐、礼物交换、集体消费等等方式,消费者生产和再生产了友谊、团结和忠诚感等,从而导致社会的整合。同样的,不当的消费也可以造成社会的断裂②。

总之,消费并不是简单的购物,也不等同于浪费。当代的消费不仅仅是一种购买、占有并使用或享用物品和劳务的行为,更是一种系统化的符号操纵行为,它所具有的生产性和建构的作用对当代社会影响巨大。

2) 大众消费

大众消费顾名思义,就是大众参与的消费。它出现于工业社会并随之发展。工业革命也意味着消费革命的到来,人们开始更多地到市场上去购买东西,而之前社会的人们更多地是自给自足的生活方式,而较少地依靠市场。工业革命也极大地提高了生产率,随着资本主义生产的不断扩张,产品日益丰盛起来,人们的金钱和闲暇时间也变得更多,即使最贫穷的家庭能够消费的商品和服务也变得越来越多,而且通过构建新的市场、通过广告及其他媒介的持续宣传,社会大众逐渐被培养成了消费者。与此同时,以节俭为核心的传统伦理观念开始衰落,消费在大众人群中逐渐普及开来,使得每个人都不可避免地牵涉进来,成为了消费者。美国学者丹尼尔·贝尔(Daniel Bell)认为大众消费出现在 20 世纪上半叶的西方社会,生产流水线的运用造成了产品的丰盛,市场营销的发展使得消费日益深入人心,而分期付款的广泛使用使得人们摆脱了支付能力的限制,刺激了

---

① 转引自 包亚明. 后现代性与地理学的政治[C]. 上海:上海教育出版社,2001:59
② 王宁. 序二//[法]尼古拉·埃尔潘. 消费社会学[M]. 孙沛东译. 北京:社会科学文献出版社,2005:2-4

消费欲望的扩张,并最终促成了大众消费的成型和发展[①]。可以看出,大众消费是上世纪初以来的社会发展的现实背景,无论从社会的广度还是深度来看,消费都已成为人们日常生活不可或缺的一部分。

3)消费社会与消费时代

在界定消费社会产生的时间和标志等问题上,学术界存在不同的看法。但是,多数学者以是否进入大众规模消费阶段作为消费社会出现的标志,认为 20 世纪 20 年代左右,伴随着大众消费的普及和发展,社会总体的消费渐渐超越了满足日常所需范围,西方国家开始陆续进入了消费社会,也意味着消费时代的到来。理论家赫尔曼·卡恩(Herman Kahn)根据人均收入将人类社会发展分为五个阶段,其中当人均收入超过 1 500 美元时,就意味着社会进入了大规模消费的阶段(表 2-3)。

表 2-3　社会阶段与人均收入

社会阶段	前工业社会	局部工业社会	工业社会	大规模消费社会 或先进工业社会	后工业社会
人均收入 (美元)	50～100	200～600	600～1 500	1 500～4 000	4 000～20 000

一般认为世界上第一个进入消费社会的国家是美国。第一次世界大战结束后,美国由债务国变成了债权国,快速的经济发展,使其成为世界的金融中心。与此同时,"福特制"的标准化生产流水线的广泛运用、市场营销与广告业的发展以及分期付款与信贷等制度的完善,再加上工资与闲暇时间的不断增加,刺激了时装、餐饮、娱乐、休闲等服务业的发展,而分期付款、赊购等新的消费方式的产生,使得"先消费后挣钱"的消费观念逐渐深入人心。在这种种因素的不断刺激下,普通大众的消费欲望持续地膨胀,一个崇尚享乐与休闲、充满消费欲望的社会也开始逐步成形。20 世纪 20～50 年代,大众消费不断刺激着美国经济的发展,随着社会总体消费量的不断攀升,美国率先进入了消费社会。紧接着其他西方发达国家也陆续迈进了消费社会。消费时代从此来临,相对于以农牧业为主要特征的农耕时代和以机器生产为特征的工业时代而言,在这个时代,大众参与消费及符号消费成为其最显著的标志。

可以说,消费社会是一个有计划、有组织、大规模地激发消费欲求的社会。在这种社会中,各种消费欲求在某种程度上已脱离人们的基本生活需求,被社会、经济、文化等各方面所刺激着并不断地膨胀和扩张,最终被纳入资本增值的轨道中。在市场的逻辑下,一方面各种欲求被不断有意识地激发着,另一方面新的消费品和消费方式也在有意识地被不断创造和更新着,甚至与消费者自身的个性要求、价值观乃至生活方式发生了联系,使得消费不再仅仅是物的消耗,人们更加关注的是价值和意义的建构与实现。因此,对于消费社会来说,欲求的不断产生和满足不但是资本和市场持续扩张的过程,也是消费者个体价值得以实现、社会得以整合的重要过程。

---

① 【美】约翰·R.霍尔,玛丽·乔·尼兹. 文化:社会学的视野[M]. 周晓虹,徐彬译. 北京:商务印书馆,2004: 143-175

消费社会的最基本的特征是什么呢？美国学者弗雷德里克·詹姆森(Fredric Jameson)认为文化是消费社会最基本的特征，还没有一个社会像消费社会这样充满了各式各样的符号和概念①。文化已渗透到我们的生活世界的各个方面，尤其在消费文化的主导作用下，消费者的个性和态度充斥着这个社会。那么什么是消费文化呢？

2.1.2 消费文化

1) 消费文化的定义

消费不仅仅是一种经济现象，更是一种文化现象。它不但与价格、使用价值有关，而且也与商品的意义和符号价值有关，通过消费也可以折射出一个消费者的品位与爱好甚至其文化背景和身份地位。另一方面，消费者通过消费可以生产和建构社会认同、规范、地位等等。因此，从广义上说，消费本身就是一种文化活动。什么是消费文化呢？国内外学者对其的定义和研究角度也是不尽相同。其中，西方学者对于消费文化的认识和研究主要有以下三种视角。

视角一——关注消费的生产。把消费文化看成是资本主义商品生产的结果，或者说是以物质消费品和服务形式出现的物质消费文化。指出正是由于资本不断地扩张，使得市场扩大和消费不断增长，并带动了消费商品以及为购买和消费而设的场所设施等物质文化的大量积累。为了达到消费不断增长的目的，利用广告媒体等的狂轰滥炸，生产商有意识地将消费品的形象、品牌、风格等符号意义转变为引导消费的主要力量，使得人们不再关注商品使用价值所带来的实际效用，而是从琳琅满目的商品形象中去不断获取各种各样的情感体验。

视角二——关注消费方式。通过对人们消费方式、行为等研究，可以看出一种反映社会结构的潜在的"消费的逻辑"，即当人们消费商品时，社会关系也同时显现出来。换句话说，人们为了建立社会联系或社会区别，会以不同方式去消费商品。人类学家玛丽·道格拉斯(Mary Douglas)和经济学家巴伦·伊舍伍德(Baron Isherwood)提出以商品的消费和使用来划分社会的阶层关系，指出不同阶层的人的主要消费对象在种类和层次上也是不相同的。皮埃尔·布迪厄则认为消费的品位具有分类作用，将消费者区分成不同的阶层和团体。上流阶层人为地重建起与下层的社会距离，下层的人热衷于向上层攀爬，人们不得不通过不断的攀比和"学习"，使得消费不断地发展。

视角三——关注消费的梦想与快感。通过对消费情感、快乐及梦想与欲求等相关问题的探讨，认为消费是相对自愿的、自我决策的、创造性的过程。人们通过礼物、供祭、消费竞赛、狂欢、炫耀型消费等方式进行放纵式的享乐，不但满足了自身快感和欲求，也促进了商品的消耗以及消费的不断增长。当代的人们不但注重感官上的享受和刺激，而且更加渴望在现实中经历那些在臆想中创造或享受的快乐。狂欢节、商品交易会和节日盛会等，以及各种炫目的仿真影像(以迪士尼乐园为代表)，通过梦幻场景和狂欢氛围的体验，满足了人们对臆想中快乐的追求以及对"官方文明"的象征性颠覆的意愿。

综合上述三种观点之后，国内学者一般认为消费文化就是人们在消费中所表现出来的文化，即文化中那些影响人类消费行为的部分，或文化在消费领域中的具体存在形式，

---

① 参见【美】乔治·瑞泽尔.后现代社会理论[M].谢立中，等译.北京：华夏出版社，2003：244-257

包括各种物质产品和劳务、消费的价值取向以及消费的方式和规范等(杨魁、董雅丽,2003)。具体地说,消费文化包括三个层面:一是表层的物质文化,即各种消费品和劳务所承载的文化;二是观念层面的消费指导思想、价值取向、消费目标追求、道德观念等,也是消费文化的核心;三是制度层面的消费环境、消费的组织架构、消费方式以及消费的规范力量等①。但是,这一定义只是消费文化广义上的界定,它适用于各个时代的消费文化,却没有凸显当代消费文化的时代特征和发展趋势。因为封建社会以达观贵族为代表的消费文化与工业革命之后以新兴资产阶级为代表的消费文化以及与 20 世纪 60 年代以来的消费文化都有着本质上的区别。

西瑞亚·卢瑞坚持将 20 世纪 60 年代以来的消费文化视为出现在欧美社会的物质文化的一种特殊形式,这样可以把传统的"消费"或"消耗",转移到更广义的"物的使用"上来,人们根据自己的目的(身份地位、品位、快感、梦想、欲望等种种个性化的要求)"转化和使用"商品及其携带的符号信息的各种方式成为当代消费文化的重点②。迈克·费瑟斯通认为当代的消费文化"即指消费社会的文化。它基于这样一个假设,即认为大众消费运动伴随着符号的生产、日常体验和实践活动的重新组织"③。王宁也指出"所谓消费文化,就是伴随消费活动而来的,表达某种意义或传承某种价值系统的符号系统"④。以上的定义将当代消费文化与以前的区分开来,突出了当代消费文化是有关符号和意义消费的特点。本书研究的相关探讨正是围绕着这种狭义层面消费文化的定义而展开的。

2) 消费文化≠消费主义

社会上有部分学者认为,所谓消费文化即消费主义文化。那么什么是消费主义呢?一般认为消费主义是一种最初流行于西方国家,近年来有扩展到全球趋势的消费至上的生活方式与价值观念。其消费的目的不是为了实际需要的满足,而是符号象征意义的消费,并追求被制造和被刺激起来的欲望的不断满足。英国学者莱斯理·斯克莱尔(Leslie Sklair)在《全球体系的社会学》(*Sociology of the Global System*)一书中把当前全球性的消费文化视为消费主义文化—意识形态。他认为资本主义体系的全球化实践过程中,决定消费者欲望需求的已经不再是经济领域里的因素,而是由文化或意识形态领域所控制。这种意识形态,我们不妨称之为"观念上的消费主义",它是指,由于经济条件的限制现在还不能消费,但已经在极力追求或模仿消费主义的生活方式,甚至常常超出实际经济能力或压抑基本需要的满足而去追求心理上或观念上的消费⑤。

因此,我们可以认识到消费主义不仅是为了满足需要,而在于不懈追求难于彻底满足的不断增长的欲望。它代表了一种缺少价值理性制约的意义空虚状态以及不断膨胀的个人欲望和消费激情。从这点上说,"消费主义"是消费文化中的一种相对极端的文化—意识形态和发展趋势,或者说是一种消费至上的文化态度。但是消费文化绝不等同于消费主义,也不能反过来说消费文化就是消费主义⑥。针对消费主义在财富

---

① 杨魁,董雅丽.消费文化——从现代到后现代[M].北京:中国社会科学出版社,2003:23-24

② 【英】西瑞亚·卢瑞.消费文化[M].张萍译.南京:南京大学出版社,2003:1-2

③ 【英】迈克·费瑟斯通.消费文化与后现代主义[M].刘精明译.南京:译林出版社,2000:165

④ 王宁.消费社会学——一个分析的视角[M].北京:社会科学文献出版社,2001:144

⑤ Leslie Sklair. Sociology of the Global System[M]. Baltimore:Johns Hopkins University Press, 1991:163-164

⑥ 王宁.消费社会学——一个分析的视角[M].北京:社会科学文献出版社,2001:145

和自然资源上的无节制的消耗,以及对传统和地方文化和价值理念的破坏性冲击,国内外学者绝大多数对其持批评的态度,甚至有人认为其是一种非文化甚至反文化的表现。而"消费文化"是消费社会的人们在消费活动中所表现出来的文化,它应是一种中性含义的词汇,由于评判主体、标准的不同,因此,很难对一种消费文化现象进行好坏或高低的判断,或者贴上"非文化"或"反文化"的标签。例如,日光浴在西方作为十分普遍并深受欢迎的旅游或休闲产品,其蕴含的消费文化,在以"白"为美的中国就是不易接受的。

3)消费文化≠文化消费

文化是消费社会的基本特征。我们可以看到,在当今社会,艺术品越来越多地成为商品,书籍报刊、音像等文化制品充斥着我们的生活,文化活动与展出日趋丰富,各种设计与创意行业不断壮大,这一切都表明文化本身也日益成为消费品。另一方面,通过形象的设计、包装与宣传等手段,文化也成为商品的附加价值,例如"罗马情怀"、"巴洛克式风格"、"东方情调"等等诸如此类的文化情调往往成为商品形象和品牌的象征,而诱导着向往这些文化体验的人们去购买和消费。

但是,通常所说的"消费文化"不应与"文化消费"混为一谈。前者是在消费活动中以特定方式存在的文化。而后者是指"文化的消费",即以满足人们的精神需求为主要特征的消费,是当代人在物质生活得到丰富的同时进行精神状态的自我调整、充实感情的一种重要方式。一方面,它是通过文化产品的消费体现出来的,例如,书籍报刊、音像制品、艺术展出、文娱演出等等的消费使消费者得到精神上的调整和充实。另一方面,即便是满足日常生活需要的各种物质产品消费,人们也开始更多地追求其中所蕴含的文化价值(即符号价值),例如商品的审美情趣、个性创造、风格情调、时尚或前卫等等文化和心理的因素。可以看出,随着当今社会的不断进步,人们对文化与精神的需求日益增长,以及商品所附加的文化价值日益增大,使得文化消费成为消费社会的普遍现象,这进一步促进了有关形象、特色、设计、创意等文化产业的发展与壮大,并逐渐成为当今各个国家最具发展潜力的产业之一。

4)消费文化≠大众文化

如今,消费文化与大众文化日益成为人们所关注的热点话题,那么消费文化与大众文化是否是一回事呢?两者的区别和之间的关系如何呢?

大众文化是一种由大工业化生产方式生产出来的,以大众传播媒介为手段、按商品市场规律去运作的、旨在使普通大众获得感性愉悦并融入生活方式之中的日常文化形态。它以通俗文化或流行文化为代表,包括电视电影、通俗小说、畅销书、时尚杂志与报纸、流行歌曲、时尚服装、酒吧与歌舞厅、电子游戏等各种形式。大众文化是当代通俗文化、传播文化、消费文化、商业文化的复合体(宋小梅,1995),其实质是文化的生产、传播和消费的大众化现象。而消费文化更多的是指一种消费生活方式中所蕴含的价值观念和运作体制,从两者的含义就可以看出,消费文化并不等同于大众文化,但是两者关系十分复杂而密切。

首先,大众文化不一定都是消费文化,它还包括与消费活动无关的各种文化形态。其次,随着大众文化与资本、市场等日趋紧密地结合,消费性的取向已成为其发展的明显特征,特别是各种文化的消费已成为普遍的社会现象。国内学者肖云儒认为由文化陶冶到文化消费的转变是大众文化发展的走势之一,以往社会更多地以精神的提升为目的进行文化陶冶,而当代社会则以消遣和享受为目的进行各种文化消费,文化职能的这种改变,意味着消费文化逐渐成为大众文化中最为突出的一种文化表征。第三,大部分的消费文化可以说是大众文化中的重要组成部分,但是少数消费文化,例如上层社会的一些消费方式和态度由于其局限性,并没有在大众社会普及或流行,因此不能称之为大众文化。但是它们也有可能通过随后的中、下层人群的摹仿而流行开来,并成为大众文化。例如,对古董工艺品的购买和收藏曾经是达观贵族的爱好,而随着社会的发展,收藏热已逐渐成为大众化的文化现象。因此,只有消费文化中那些被社会大众所认同和实践的部分,才可以成为大众文化。第四,大众化或者大众流行也是消费文化的重要发展趋势。通过新的信息媒体技术的运用,以及广告等媒介的鼓吹,各种新的消费文化从创新、发展到普及等过程变得越来越容易,更新的频率也在不断地加快,大众越来越深入地与各种消费文化纠葛在了一起。最后,大众文化又是消费文化观念最积极、最有效的推广机制[①],通过大众文化的传播,消费观念和态度不断地更新和扩张。例如,正是电影、流行音乐、电玩、街舞等等青年流行文化的传播,使得年轻人的时尚和新奇消费成为当代消费的主要特征之一。

2.2 当代消费文化的逻辑

当今,我们可以切身体会到消费及其文化对我们的生活方式、价值取向产生的冲击作用,勤俭与节约、理性与克制不再是人们所信奉的教条,自我满足、"及时行乐"成为当代不少人的行动准则,消费也成为自我实现的重要途径。另一方面,我们也可以看到消费文化对社会结构、地理景观、经济与文化发展等方面的巨大影响,各种因消费爱好相同而形成的团体和阶层层出不穷(例如各种俱乐部、同好会、协会等),商业街、购物中心、博览会、主题乐园等消费空间类型不断地出现和更新,消费经济对国民经济的拉动以及文化产业的不断发展等等,这一切都与消费文化有密切的关系。那么为什么消费文化会成为当代文化中一个凸显出来的文化表征呢?要弄清楚这个问题,就必须从消费的动机、客体、主体、环境及发展趋势等方面对消费文化的逻辑进行解析。

2.2.1 消费的动机——为何消费?

在消费社会中,人们消费的动机以及消费欲求与渴望不断产生的原因究竟是什么呢?对这一问题,国内外学者一般有三种不同的解释。

1) 生产者主导

第一种解释认为消费者是被动的,是被符号和意义所操纵的群体,并不可避免地被卷入了资本主义不断扩张的陷阱之中。在利润的驱动下,商品的生产者和营销者正是通过符号的逻辑运作,努力将产品附加的符号价值(即文化价值)与消费者个人的风格、品位甚至生活方式挂上钩,通过再现、模拟等手段,掩盖了物品的使用价值和真实情况,并"欺骗性"地提供了"模仿的真实"(例如主题公园等)。另外,利用广告等媒体

---

① 包亚明.游荡者的权力:消费社会与都市文化研究[M].北京:中国人民大学出版社,2004:5

的狂轰滥炸,将消费者培养成相应的"解码者",并按灌输的消费范式进行消费甚至生活。为了达到资本和市场的不断扩张,生产者和营销者必须不断地制造和培养新的消费范式。

2)消费者主导

第二种看法则截然相反,认为消费者完全是主动和独立的,消费的多样化选择是民主自由的表现。科利斯·坎贝尔(Colins Campbell)就认为人们自古以来就有独立追求快乐的愿望,这种愿望是不需要外力操纵的,虽然社会结构以及人们追求快乐或享乐主义的方式已发生了较大的改变,但是消费是自愿、自我决策、创造性的过程,它包含了共同的文化价值和理想,不过这一过程也经历了历史的变迁①。还有不少学者认为,消费文化的发展,使得精英文化与大众文化的界限日趋模糊,使得中、下层的消费者在物品和文化的享用或消费上的权利扩大了,从而体现了当代社会民主的推进。

3)折中的解释

最后一种则是前两种解释的折中,认为消费既是被动也是主动的过程,既是一种资本增值的过程,也是自我实现的过程。西瑞亚·卢瑞在《消费文化》一书中就明确反对所谓的生产者主导理论或消费者主导理论的提法。笔者也比较赞同第三种解释,为了自身的利益,生产者与营销者确实不断有计划、有组织、大规模地激发着消费的欲求,但是同时,社会的进步,人们有金钱和更多的闲暇时间去享乐和休闲,人们不再满足于物质的消费,对精神和文化的需求与日增长,身份地位、个性表达、社会认可等自我价值的实现成为大家关注的重点,而当代的商品被当作"一种风格、声望、奢华以及权力等等表达和标志"而被消费,这也正好契合了消费者自身的需求。当然,生产者与营销者也正是抓住了这一点,有意识地刺激着消费的欲求。让·波德里亚认为消费者进行消费不是需要某种物品,而是某种差异,人们正是通过这种差异而获得一定的社会地位和社会意义。由于人们的区分彼此的意识是持续不断的,因此人们永远不可能得到满足,这也造成了消费的需求是不断变化和增长的②。

总之,当代消费的内在动力是消费者物质追求与自我价值实现的要求,而外因则是资本与市场努力确保人们积极地和以各种方式参与到消费活动中去。但是两者并不能简单地区分开来,而是一种相互作用的复杂关系(图2-1)。

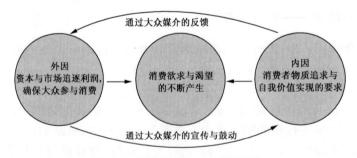

图 2-1 消费的动机——为何消费?

---

① 参见【英】西瑞亚·卢瑞.消费文化[M]. 张萍译. 南京:南京大学出版社,2003:67-69
② 参见【美】乔治·瑞泽尔.后现代社会理论[M]. 谢立中,等译. 北京:华夏出版社,2003:112-113

2.2.2 消费的客体——消费什么？

1) 符号的价值

消费时代，商品消费不仅是使用价值、交换价值的消费，更是符号价值的消费。一般来说，商品的符号具有两个层次：第一是商品的独特性符号，即通过设计、造型、口号、品牌与形象等等而显示与其他商品不同的独特性；第二是商品本身的社会象征性，商品成为指称某种社会地位、生活方式、生活品位和社会认同等等的符号。[①]让·波德里亚认为，商品符号的消费才是当今消费的主要目的，因为，如今任何一种物（商品）都不会在没有反映其背景的情况下，被单独地提供出来——消费者与物的关系因而出现了变化：他不会再从特别用途上去看这个物，而是从它的全部意义上去看全套的物。使消费者产生一系列更为复杂的动机，即对成套的品牌商品所象征的地位、声望、个性偏好、生活态度的向往。消费者购买商品除了使用它们还希望获得附加的身份象征或生活情调等方面的符号价值。因此，消费者在消费时不再仅仅注重物质产品本身，而是对被其所承担的象征符号更感兴趣。符号价值的诱惑力，在于这种符号的消费在某种程度上可以标志出人们拥有的或想获得的身份或社会经济地位，并可以用它来强化或建构自己的身份和地位。即我们购买一件商品，如时装、住房或汽车等，最主要的标准就是看它是否符合我所"扮演"或预期的社会身份，是否能凸显出我的身份、个性和品位，或周围的人将会通过这些我所购买的商品或购买行为本身来怎样看待我，或者说通过消费，成为我想成为的人并得到其他人认同的人。

因此商品日益成为文化符号，携带相应的附加信息，商品的形象、品牌、风格、情调、地位象征等显性或隐性的符号成为消费者主要的消费对象。而当今各种消费的符号象征意义的直观表达形式就是各种图像和音像。20世纪以来，由于印刷、广播、电视、电影、互联网等的普及，加速了音像信息的传播，音像的数码传播方式逐步占据了主导地位。特别是商业广告与各种传播领域的结合，使得各种图像和音像成为帮助商品传递其附加文化信息的符码。随着影音符码的不断复制与泛滥，视听成为我们感知这个世界的主要手段，世界日益成为图像化的世界。让·波德里亚指出这些充斥我们周围的影音符码已不再反映真实，而是通过"拟像"制造了一个仿真世界，一种"超级真实"（Hyperreality）的世界[②]。在这个世界里，真实与意象之间的差异被消解，从而影响了消费者的理性判断，并且可以更直观、更便捷地暗示消费者去积极地消费并创造新的消费欲求。

2) 符号的生产与消费

当今，消费的发展使商品的符号价值愈发凌驾于使用价值之上，但是，商品符号并不是与生俱来的，它的生产与消费是生产者、营销者、传媒与消费者共同创造的结果（图2-2）。

从生产者和营销者的角度出发，为了追逐利润，其生产的商品绝不能仅仅具有使

---

① 参见 王宁.消费社会学——一个分析的视角[M].北京：社会科学文献出版社，2001：10

② 参见 Jean Baudrillard. Simulacra and Simulation[M]. translated by Sheila Faria Glaser. Michigen：the University of Michigen Press，1994

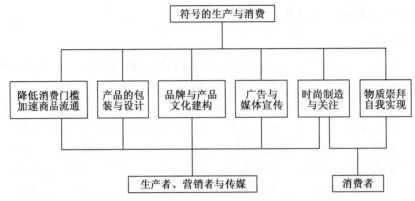

图 2-2　商品符号的生产与消费过程图示

用价值,必须更多地考虑人们精神上的需要,通过不断提高商品的附加价值,即制造可供消费的商品符号,千方百计地为人们提供实用的、情感的、心理的等多方面的享受,这样才能获得更加充盈的利润。首先,他们通过扩大生产、提高生产效率或降低成本等策略,降低消费门槛,从而为更多的人提供更加丰盛和多样的商品。其次,为商品设计并塑造一定的形象,使商品成为一种塑造消费者个性与风格的工具,成为一种价值理念或生活方式的象征,成为某一阶层标示身份的符号,再通过商品精心的展示与陈列以及广告等大众传媒反复的宣传,让大众在潜移默化中接受商品的实物和一整套的意义。再次,他们积极地进行商品品牌的建构、产品文化[①]的塑造、信誉体系的建设与维护以及企业文化的宣传(包括企业奋斗史、价值观和理念以及梦想等的宣扬),使得企业本身也成为消费的符号,通过努力争取特定消费者的共鸣和认同,从而获得他们的拥护和信赖。例如,大众汽车是以大众化和实用性为企业的生产理念而赢得了相当数量普通阶层的消费者,而奔驰汽车则是以豪华舒适的生产理念得到了上层人士的喜爱。事实上企业文化已成为吸引消费者的重要符号。最后,为了加速商品的流通和新陈代谢,他们必须不断地提供各种商品及其意义和符号,并且不断推陈出新,营造各种“时尚”。这一系列的过程离不开广告和传媒的宣传作用,特别是电视等影音媒体的强化更能全方位地激发人们对商品广泛的感觉、联想和欲望。商品的符号日益成为时尚,与人们的爱好、价值观乃至生活方式都紧密地联系在了一起,对符号价值消费的渴望成为大众不得不面对的现实。

从消费者的角度出发,以购买或使用某些物品来实现身份的证明和自我的建构,使得所消费的重点自然而然地成为商品所携带的象征符号。消费者为了更好地实现自我价值,就必须时刻保持对商品时尚[②]的关注和敏感。然而,正像齐美尔所说的,“时尚总是只被特定人群中的一部分人所运用,他们中的大多数只是在接受它的路上。一旦一种时尚被广泛地接受,我们就不再把它叫做时尚了”[③]。一种时尚过时了,大家只好再寻找新

---

①　所谓产品文化,是以企业生产的产品为载体,反映企业物质及精神追求的各种文化要素的总和,是产品价值、使用价值和文化附加值的统一。

②　时尚(fashion):意味着个性化的表达,时尚既指对潮流的追随,并经历流行到不流行的过程,也指一种设计或一种方式。

③　转引自 郑也夫.后物欲时代的来临[M].上海:上海人民出版社,2007:115

的时尚。很快,新的时尚产生,继而过时,周而复始,人们也不得不加快了跟紧时尚潮流的步伐,否则在自我实现方面将面临着"过时"的危险。这实际上进一步推动了符号生产与消费,加速了商品符号的新陈代谢。国内学者郑也夫认为,"时尚是商人打造的'候选'中蒙受大众青睐的商品、风格、消费方式,因此可以说它是厂商和顾客的'共谋'"①。

以上这一系列的过程就是符号生产与消费的运作逻辑,事实上也是整个消费社会运转的基础,因此,可以说消费社会是一个以符号消费为主要特征的社会。

2.2.3 消费的主体——谁在消费?

当前的消费已日趋成为全社会参与的活动。那么社会各阶层或者各类型的人群在消费文化中扮演的角色是什么呢?

1) 消费与社会阶层

玛丽·道格拉斯和经济学家巴伦·伊舍伍德提出以商品的消费和使用来划分社会的阶层关系。指出消费者的阶级定义与三类商品的消费有关。商品可以分为三种等级:第一产业相应的主类消费品(如食物);与第二产业相关的技术类消费(如旅游与消费者的资本装备);与第三产业相应的信息类消费(如信息商品、教育、艺术与闲暇消遣)。上层人不但有较高的收入,还有一种判断信息产品和服务的能力,信息类消费品成为其主要的消费对象;而下层人群由于在资金、知识上的差距,其消费存在一定的局限性,只能以"衣食住行"方面的消费品为主要消费对象②。

2) 中产阶级与新型文化媒介人

一般认为中产阶级在消费文化的传播与发展中起到了至关重要的作用,是消费文化的代言人。西瑞亚·卢瑞认为新兴中产阶级的消费在福特主义向后福特主义的转变过程中发挥了重要的作用:一方面他们极力维护其对于其他阶层群落的特殊身份,追求注重感情、自由的生活方式,并通过工作实践和自我宣传,不断地确认这种身份;另一方面,他们在生活和消费活动中采取了学习的模式,有意识地培养自己独特的品位、风格和生活方式。迈克·费瑟斯通则认为,新兴中产阶级坚定地介入流行,非常迷恋迅速的、戏谑式的变化风格,并对先锋文化、新鲜事物保持敏锐的洞察力和好奇心,因此,为风格更快地从流行转变为先锋派、再从先锋派转为流行创造了条件③。

皮埃尔·布迪厄在研究消费的品位、习性的同时,进一步提出了新型文化媒介人的概念。所谓的新型文化媒介人,即新型小资产者,他们是新兴的知识普及化过程中最好的接收者与传播者。他们在追求富于表意性的、自由的生活方式时,流露出对最为淳朴的贵族式的品质(风格、别出心裁、教养)的神往,这使他们与旧式的小资产阶级、劳动阶级划清了界限。他们是"伪装者",采取向生活学习的策略。他们有意识地在品位、风格、生活方式等领域中教育自己,对表达和自我表达的探索,对身份地位的迷恋,其表征和自然呈现使新型小资产者成了"自然"消费者。他们与知识分子具有某种亲和性与相似性,他们也是新资产阶级的同盟者。他们通过自我实现、自我表达的

---

① 郑也夫. 后物欲时代的来临[M]. 上海:上海人民出版社,2007:3
② Mary Douglas, Baron Isherwood. The World of Goods[M]. Harmodsworth:Penguim,1980:176
③ 【英】西瑞亚·卢瑞. 消费文化[M]. 张萍译. 南京:南京大学出版社,2003:89-93

生活方式的产生,浮华消费风格和风格化的自我呈现,推动着消费新理念、新模式以及新生活方式的传播与发展①。

3）其他社会群体

从性别来看,女性成为带动消费的"主力军"。根据国际购物中心协会的统计,女性消费占了世界零售业总销售额的70％,女性客流则占到总量的2/3②。这是因为当代社会的家务活动已从生产转向消费,消费成为女性从事家务活动的重要内容。"购物本身越来越多地被认为是有价值的和重要的活动,使女人获得了家庭管理员的新角色,通过选择商品和服务而指导消费。这样女人卷入了消费文化的发展中"③。另外,随着女权意识的增长,消费成为女性表达身份、实现自我甚至成为一种妇女解放的替代形式。贾尼丝·温希普(Janice Winship)认为"消费文化发展的这个方面在某种意义上可被看做试图满足女权运动的早期需求,以及日益增多的参加有偿工作取得某种程度的经济独立地位的妇女的愿望"④。

从年龄来看,青年同样在消费文化中扮演着重要的角色。由于他们年纪与生活经历的特殊性,青年带有明显的逆反性和青春性。他们更关心休闲的而非工作的文化,尤其关注流行时尚。青春服装、流行音乐、偶像明星、电玩、动漫等等往往是他们主要的消费对象。由于他们对新奇和创造性事物所具有的强烈好奇心,对时尚、流行、特立独行的风格的不懈追逐,迫使市场不断地去寻求新鲜事物,不断地创造着新的"青春"符号,这无形中加快了文化经济的发展节奏。一方面,青春消费文化将高雅或世俗的各种只要是符合"新奇"标准的东西都纳入其中,例如,立体主义的画作与艳俗的美女图案,都作为一种装饰符号而经常被印在青春服装上。这模糊了高雅与世俗文化的界限,青年成了消费文化和流行文化积极传播的中介。另一方面,借助于青春文化的快速扩散,青年的价值观和生活方式不断向外传播,快节奏、充满活力、动感、喜新厌旧的消费景象和消费态度对各年龄段的人群都具有不小的吸引力。最终,"青春"本身也被利用来作为一种市场的象征,成为一个面对各个年龄段人群的消费景象,青春不再意味着年龄,而是一种消费的态度⑤。

2.2.4　消费的环境——在哪消费？

1）城市及其消费空间

毫无疑问,城市成为消费文化传播的主要空间载体,城市人群成为推动消费文化发展的主力军。首先,都市化的发展,使得"新兴中产阶级"不断壮大,而他们正是消费文化的代言人和推介者。其次,由于城市在人流、物流、信息流方面的聚集效应,使得商业成为城市的核心功能之一,消费活动也自然而然成为城市生活的重要组成部分。第三,由于城市分工的细致以及第三产业的发达,使得人们更加便利地依赖于商品和服务的消

① 【英】迈克·费瑟斯通.消费文化与后现代主义[M].刘精明译.南京:译林出版社,2000:131-133

② Chuihua Judy Chung,Jeffrey Inaba,Rem Koolhaas,et al. The Harvard Design School Guide to Shopping [C]. Köln:TASCHEN GmbH,2001:506-524

③ 【英】西瑞亚·卢瑞.消费文化[M].张萍译. 南京:南京大学出版社,2003:123

④ 转引自【英】西瑞亚·卢瑞.消费文化[M].张萍译. 南京:南京大学出版社,2003:124

⑤ 转引自 包亚明.后大都市与文化研究[C].上海:上海教育出版社,2005:403

费。第四,城市中的各种空间,例如市场、百货商店、餐饮店、商业街、超市、时尚精品店、歌舞厅等娱乐场所及游泳馆等体育场所等等,从购物、餐饮、休闲、娱乐、健身等方面为消费者提供了消费的场所。第五,城市人口的高密度以及在信息传播技术和资源上的优势,为消费文化的快速和广泛的传播提供了基础。第六,都市生活节奏和生活方式的相似性,使个人保持个性比较困难,因而要寻求自我确认就必须采取刺激、新奇或独特的形式表现出来,而有意识地通过商品的消费(尤其是符号的消费)来获得自我的确认便成为最重要的手段。最后,从城市景观来看,城市也日益成为商标与符号的"海洋"。当今的城市被越来越多的广告牌、电子显示屏、标语牌、霓虹灯、灯箱、雕像等所装饰,商品、商标、模特、明星偶像等的图像竖立在大街小巷上,充斥着大众的眼球。让·波德里亚认为"我们已经从城市/工业社会走向了一种以'符号的狂欢'为特征的社会和城市"①。

2) 不断扩展的消费环境

另外,随着社会休闲需求的增长,一些城市以外的旅游地,包括自然风景区、乡村、旅游度假村等也逐渐成为旅游消费的热点。近年来,互联网以及虚拟现实技术的飞速发展,参与网上购物和网络游戏的人数越来越多,这是否意味着无限扩展的信息网络已成为新的消费空间呢?

2.2.5 消费文化发展的新趋势

从消费文化的发展趋势来看,存在三个明显的特点:今天没有风格,有的只有种种时尚;没有规则,只有选择;每个个人都成为一个人物②。这精辟地指出了当代消费文化的趋势是:商品风格的快速多变,商品数量与种类的日益增长,以及消费者在消费过程中更加注重自我价值实现。西瑞亚·卢瑞在《消费文化》一书中,则通过列举了多条新出现的消费现象,从而使我们可以较全面地体会到消费文化的发展动向。这些现象包括:"商品数量与种类的日益增长,市场使人类的交换和交流朝着越来越广泛的方向发展,购物延伸为一种休闲的方式,不同购物形式的日益显现,由消费者组建的消费者政治团体、体育与休闲消费的日益增长,信用卡和信贷制度等解除了借钱的限制,购物和消费场所的增加,生产、陈列、购买的过程——包装和宣传的作用日益重要,广告的肆意渗透,注重商品的包装——款式、设计和外观,营造特殊的时空氛围来推销产品,出现一系列的消费犯罪,自我塑造或自我完善,消费疾病——购物癖等,对物质商品的收藏、分类和陈列的浓厚兴趣,等等"③。综上所述,我们可以初步认识到消费文化的发展有以下新动向。

1) 从消费活动本身看,消费的内容日趋综合化和多样化

一方面,高效快捷的消费的手段不断地出现和普及(如网购、赊购、竞拍等),刺激着消费的不断扩张。生产率的提升、科学技术的发展和运用、文化产业的蓬勃发展,使得社会可以提供更多、更好、更富创意的商品,消费无论在数量还是在种类上都在持续地增长。另一方面,当代的消费已从传统的购物,向娱乐、休闲、体育活动等方面扩展,从而全面、广泛地激发了消费者更多的欲求。当代的大型综合商业建筑就采取综合化模式,向

---

① 转引自【美】乔治·瑞泽尔. 后现代社会理论[M]. 谢立中,等译. 北京:华夏出版社,2003:163
② 参见【英】迈克·费瑟斯通. 消费文化与后现代主义[M]. 刘精明译. 南京:译林出版社,2000:121
③ 【英】西瑞亚·卢瑞. 消费文化[M]. 张萍译. 南京:南京大学出版社,2003:25-30

顾客尽可能多地提供各式各样丰富的商品与文化娱乐设施,并通过完善的服务,从而使购买与娱乐、休闲活动在相互促进中刺激消费。这也意味着当代的消费正在摆脱物质商品消费,向更广阔的服务消费转变。娱乐、表演、消遣甚至教育和健康服务等正成为消费的热点。

2) 从消费的欲求看,对商品审美和文化意义的消费日益强化

消费文化快速的传播与发展,美学与艺术知识的普及,使得艺术与日常生活之间、高雅文化与世俗文化之间的界限越来越模糊。人们对文化的消费,对商品所蕴含的文化意义和审美内涵的关注,成为当代消费欲求的重点。各种生活方式与"气质与风格"、"性别"、"种族"、"青春"甚至"反文化"等等一切可以利用的文化形态都成为了商品的符号,诱导着人们去消费,这样人们更多是选择消费什么,而不是去拒绝消费。

3) 从消费的模式看,个性化、专业化成为趋势

经济发展的同时,人们思想的开放和自我意识的增强,追逐个性化和差异性的欲求也随之膨胀。消费品的生产和营销者迎合消费者的口味,也努力开发各种个性化的商品来刺激消费,并通过传媒扩大人们这种对差异性的需求程度,鼓吹着标新立异的生活方式,不断向消费者灌输这样的认识,即产品也只有具备了与众不同的功能和文化内涵后才可成为优良的品牌商品。另一方面,企业在品牌的构建和产品的形象与文化内涵的定位上也越来越专业化,甚至只针对特定人群(而排斥其他人群)进行产品的生产、宣传和销售,并通过专业知识的宣传,以兴趣、身份的认同为纽带,培养相对应的消费团体,从而满足消费者个性化的要求,并获得专业化的认同。如果仔细地观察琳琅满目的服装产品时,我们可以发现大部分的服饰品牌都明确针对某一特定的社会人群进行运营。有体育爱好者喜欢的 Nike(耐克)等品牌,有针对中上阶层女性的 Louis Vuitton(路易威登)等高档品牌,也有 Jeanswest(真维斯)等适合年轻人的休闲品牌。

4) 从消费的感官刺激来看,图像消费和体验式消费成为重点

视听时代的到来,使人们从文字阅读时代跨越到影音时代。广播、电视、电影的普及,听觉与视觉(尤其是视觉)成为人们主要的感官刺激。图像逐渐成为人们习惯和最乐意接受的信息形式。生产者们正是利用了这一点,往往追求产品的形象包装以及宣传等方面的视觉冲击效果,通过产品外观与包装、产品商标与广告等等的精心设计,以达到吸引、刺激甚至震撼消费者的目的。因此,图像的消费成为商品消费的重点,消费者对商品视觉形象的好恶往往决定了消费与否。目前,随着服务业的发展以及虚拟现实技术的完善,体验式消费逐渐兴起。所谓"体验"就是针对商品的格调和风情的包装和宣传,结合消费空间氛围的营造,为消费者创造一种能够亲身体验某种文化或某种情调的消费经历,最终目的是创造一种难忘的经历。例如,迪士尼乐园就是体验消费的典型产物。

5) 从消费的风格变化看,时尚的更新频率不断加快

在新技术的带动下,生产的周期不断加快。各种信息技术的优化和市场的完善,保证了商品的流动更快捷、更畅通。以赚取利润为目的的生产者,可以不断压缩产品生产和销售的周期,通过商品的不断推陈出新,并利用广告等媒体宣扬一种快速多变的价值观。伴随着消费者不断增长的欲求,各种商品从面市到流行再到退出市场,这一过程的时间变得越来越短暂,商品更新的频率也在不断加快。追求最新、最流行的"时尚"总在不间断地出现,而商品却换了一茬又一茬。以现今的服装业为例,各个品牌的服饰已基

本按年度、季度甚至以月为时间单位进行服装款式的更新,规定时间内未销售完的衣服就成为了过期的款式。因此,人们尤其是女性为了跟上服装时尚,实现个性或身份的表达,也不得不加快了消费的步伐。戴维·哈维在对后现代状况的研究中指出"调动大众(与精英相对)市场的时尚,提供了加快消费速度的一种手段,不仅在服装、饰品、装潢等方面,而且也在整个生活风格和娱乐消遣活动的广泛领域中"[①]。这一切最终使得时尚、产品、生产技术、劳动过程、各种观念和意识形态变得更加短暂和易变。如今,越来越多的一次性物品,意味着人们对"即刻性"的认同,意味着价值观、生活方式等不再是稳定的关系,人们可以根据自身的消费欲求抛弃或改变它们。"没有最好,只有更时尚"成为消费社会的座右铭。

6)从消费文化的传播看,消费文化正走向全球与地方的冲突融合

随着全球化进程的推进,在资本主义世界性的扩张以及跨国公司与现代媒体技术的发展等的帮助下,消费文化从欧美发达社会向外扩散,呈现出跨越种族、跨越国家的全球化发展的趋势。在这一过程中,消费文化既呈现同一性的一面,也有差异性的一面。以麦当劳、肯德基等为代表的跨国公司,通过在全球设置连锁店,实行统一的店面包装和形象宣传,将统一的商标、服务理念以及消费观念和模式,以及美国式的速食消费文化散播到世界各地。如今在中国的各大城市,人们都可以方便快捷地品尝到与美国基本无异的可乐、炸薯条和汉堡包。这些跨国公司的入侵,也给本地传统的行业和文化造成了冲击。麦当劳与肯德基改变了许多儿童与年轻人的饮食喜好和消费习惯,并对中国传统的风味小吃和餐业造成了冲击。从另一方面来看,由于地区和文化的差异,为了更顺利和更大幅度地取得利润,一些跨国公司将发展战略与当地文化相结合,实行本土化策略。麦当劳、肯德基针对中国人的传统喜好,推出诸如"米香板烧汉堡"、"老北京鸡肉卷"等食品。同时,中国出现了不少效仿麦当劳模式运营的以传统中餐为主的餐饮连锁店,西方成功的经营模式与理念也为本土企业和文化的发展提供了新的契机。安东尼·奥罗姆与陈向明在对消费文化全球化影响下的中国城市的考察中,认为"西式快餐(店)的'入侵'激活了中国本土的和本地的品牌,并大大丰富了中国城市如北京、上海等地的消费文化景观"[②]。因此,可以看出当代消费文化全球化的发展是一个本土文化、传统文化与西方文化、现代文化相互冲突和融合的过程。

2.3 当代中国的消费文化发展态势

2.3.1 宏观背景

1)中国社会的转型

中国社会转型一般是指"文革"之后、改革开放以来当代中国社会的整体性结构变迁。这一转型主要包括经济、政治、文化三大社会领域的转变:在经济方面即是计划经济

---

① 【美】戴维·哈维.后现代的状况——对文化变迁之缘起的探究[M].阎嘉译.北京:商务印书馆,2004:356

② 【美】安东尼·奥罗姆,陈向明.城市的世界——对地点的比较分析和历史分析[M].曾茂娟,任远译.上海:上海人民出版社,2005:125

转向市场经济,在政治方面即是政治民主化,在文化方面则是单一、传统的文化向多元、现代文化的转变。总的说来,中国社会转型实质上是社会发展客观规律的必然要求,是我国社会逐步摆脱不发达状态、走向现代化的必经环节。从外因来看,目前推动中国社会转型的最直接、最基本的动力是社会改革。而从内因来看,社会转型的动力在于思想观念的变革,在于文化转型。因此,文化转型对于中国社会的发展与转型而言具有不可或缺的重要意义。

改革开放以来,政治禁锢逐步解除,市场日益壮大,意识形态环境相对宽松,文化也在长久的压抑和畸变之后,迅速喷发而呈现出多元化的发展态势。即由原先单一的、高度整合的、以政治话语为中心的"政治—文化"一体化的格局,而趋向多种"意义"话语共存、相互作用、具有结构动态性的社会文化格局(表2-4)。市场化进一步发展,大众文化及商品日益充斥着我们的日常生活,从而进一步影响着人们的价值取向和审美情趣;再加之西方意识形态与文化以及商品的入侵,此时的中国呈现出一幅前现代、现代、后现代,东方与西方,传统话语与后殖民话语,精英文化与世俗文化、高雅艺术文化与大众流行文化多元并置,错综复杂的局面。随着市场经济带来的"物质优先"的价值诉求的深入人心,人们对物质需求的欲望空前高涨,享乐型的生活期待日益膨胀。傅守祥认为当代中国社会转型伴随着以下四个文化特征:"一是世俗的大众社会产生;二是'中产阶级'(即所谓的'成功人士'或'白领阶层')趣味成为社会审美的标准;三是科技与信息因与经济发展的密切关系而成为当代社会的主要事业,经典艺术迅速边缘化,装潢艺术因与商业利润的密切关系而成为社会时尚的先锋;四是普遍的享乐情绪而很少考虑终极关怀"[1]。这一切,事实上也为消费文化在中国的快速发展提供了现实的文化基础,与消费活动和消费文化难以分离的商业文化、流行文化、大众文化的普及与扩展,从一个侧面既反映了消费文化的发展态势,也显现了消费文化的巨大作用。

表 2-4　中国社会文化转型前后

内容	社会文化转型前	社会文化转型期
时间	1978 年之前	1978 年至今
社会生活的重心	政治运动	经济建设
国家发展战略	以阶级斗争为纲	以经济建设为中心
国家对外开放程度	封闭、半封闭	日益与世界接轨
经济体制	计划经济	市场经济
分配制度	供给制	商品化
关注主题	宏大崇高的叙事主题	生活叙事
精神追求	对理想、革命的崇尚	对现实和世俗的追求
主流文化	革命文化	大众文化与消费文化

---

① 傅守祥. 世俗化的文化:中国大众文化发展的消费性取向[J]. 理论与创作,2005(03):15

内容	社会文化转型前	社会文化转型期
价值诉求	精神优先的价值诉求	物质优先的价值诉求
社会个体状态	对个性和自我的压制	关注自我价值的实现和个性的宣扬
意识形态	单一的、高度整合的、以政治话语为中心的"政治—文化"一体化的格局	多种"意义"话语共存、相互作用、具有结构动态性的社会文化格局
消费模式	商品匮乏、供给制的并受道德约束的压抑性和畸形的消费	商品日益丰盛、相对自主快乐的消费
主流消费观念	勤俭节约、反对奢侈浪费	既讲究物美价廉又追求时尚与享乐

2) 中国经济的快速发展

自改革开放以来,我国由过去的计划经济逐渐过渡到市场经济体制,不但市场经济在国民经济中占据了主导地位,而且相关体制还在不断地完善。随着改革开放的深入,以及 2001 年底加入 WTO,中国经济与世界更加紧密地接轨,成为全球经济的重要组成部分。1978 年至 2005 年,国内生产总值年增长平均在 10% 左右,2005 年达到 183 084.8 亿元,是 1978 年的 3 645.2 亿元的 50.2 倍。人均国内生产总值由 1978 年的 381 元/人,增长到 2005 年的 14 040 元/人,是 1978 年的 36.9 倍(表 2-5)。第三产业增长最快,由 1978 的 881.6 亿元发展到 2005 年的 72 967.7 亿元,即 82.8 倍,这不但反映了服务业的快速发展,也从一个侧面反映了中国与零售业、休闲娱乐服务业、餐饮业、旅馆业等直接相关的消费活动的快速发展态势。

表 2-5 国内生产总值(单位:亿元)

年份	国民总收入	国内生产总值	第一产业	第二产业	第三产业	人均国内生产总值(元/人)
1978	3 645.2	3 645.2	1 018.4	1 745.2	881.6	381
1979	4 062.6	4 062.6	1 258.9	1 913.5	890.2	419
1980	4 545.6	4 545.6	1 359.4	2 192.0	994.2	463
1981	4 889.5	4 891.6	1 545.6	2 255.5	1 090.5	492
1982	5 330.5	5 323.4	1 761.6	2 383.0	1 178.8	528
1983	5 985.6	5 962.7	1 960.8	2 646.2	1 355.7	583
1984	7 243.8	7 208.1	2 295.5	3 105.7	1 806.9	695
1985	9 040.7	9 016.0	2 541.6	3 866.6	2 607.8	858

年份	国民总收入	国内生产总值	第一产业	第二产业	第三产业	人均国内生产总值(元/人)
1986	10 274.4	10 275.2	2 763.9	4 492.7	3 018.6	963
1987	12 050.6	12 058.6	3 204.3	5 251.6	3 602.7	1 112
1988	15 036.8	15 042.8	3 831.0	6 587.2	4 624.6	1 366
1989	17 000.9	16 992.3	4 228.0	7 278.0	5 486.3	1 519
1990	18 718.3	18 667.8	5 017.0	7 717.4	5 933.4	1 644
1991	21 826.2	21 781.5	5 288.6	9 102.2	7 390.7	1 893
1992	26 937.3	26 923.5	5 800.0	11 699.5	9 424.0	2 311
1993	35 260.0	35 333.9	6 887.3	16 454.4	11 992.2	2 998
1994	48 108.5	48 197.9	9 471.4	22 445.4	16 281.1	4 044
1995	59 810.5	60 793.7	12 020.0	28 679.5	20 094.3	5 046
1996	70 142.5	71 176.6	13 885.8	33 835.0	23 455.8	5 846
1997	77 653.1	78 973.0	14 264.6	37 543.0	27 165.4	6 420
1998	83 024.3	84 402.3	14 618.0	39 004.2	30 780.1	6 796
1999	88 189.0	89 677.1	14 548.1	41 033.6	34 095.3	7 159
2000	98 000.5	99 214.6	14 716.2	45 555.9	38 942.5	7 858
2001	108 068.2	109 655.2	15 516.2	49 512.3	44 626.7	8 622
2002	119 095.7	120 332.7	16 238.6	53 896.8	50 197.3	9 398
2003	135 174.0	135 822.8	17 068.3	62 436.3	56 318.1	10 542
2004	159 586.7	159 878.3	20 955.8	73 904.8	65 018.2	12 336
2005	183 956.1	183 084.8	23 070.4	87 046.7	72 967.7	14 040

注:(1) 本表按当年价格计算。(2) 1980 年以后国民总收入(原称国民生产总值)与国内生产总值的差额为国外净要素收入。(3) 2004 年及以前年份第一产业不包括农林牧渔服务业;第三产业中的交通运输仓储和邮政业包括电信业,但不包括城市公共交通业;批发与零售业包括餐饮业。

经济的飞速发展,人们的收入水平和消费能力也在不断地增长。联合国粮农组织提出了一个以恩格尔系数判断生活发展阶段的一般标准:60%以上为贫困,50%～60%为温饱,40%～50%为小康,40%以下为富裕。2004 年,中国城镇居民家庭的恩格尔系数为37.7%,已经低于 40%,开始接近富裕阶段;农村居民家庭的恩格尔系数为 47.2%,已进入小康水平。恩格尔系数的降低意味着,生活必需品支出的下降,随之与享受和发展有关的休闲、教育、健康、住房、通信、旅游等消费需求在不断增长,人们已能够将更多的收入用于非生活必需品的消费(表 2-6)。

表 2-6　中国城乡居民家庭人均收入及恩格尔系数(1978—2004 年)

年份	农村居民家庭人均纯收入		城镇居民家庭人均可支配收入		农村居民家庭	城镇居民家庭
	绝对数（元）	指数（1978＝100）	绝对数（元）	指数（1978＝100）	恩格尔系数(％)	恩格尔系数(％)
1978	133.6	100.0	343.4	100.0	67.7	57.5
1980	191.3	139.0	477.6	127.0	61.8	56.9
1985	397.6	268.9	739.1	160.4	57.8	53.3
1989	601.5	305.7	1 373.9	182.5	54.8	54.5
1990	686.3	311.2	1 510.2	198.1	58.8	54.2
1991	708.6	317.4	1 700.6	212.4	57.6	53.8
1992	784.0	336.2	2 026.6	232.9	57.6	53.0
1993	921.6	346.9	2 577.4	255.1	58.1	50.3
1994	1 221.0	364.4	3 496.2	276.8	58.9	50.0
1995	1 577.7	383.7	4 283.0	290.3	58.6	50.1
1996	1 926.1	418.2	4 838.9	301.6	56.3	48.8
1997	2 090.1	437.4	5 160.3	311.9	55.1	46.6
1998	2 162.0	456.2	5 425.1	329.9	53.4	44.7
1999	2 210.3	473.5	5 854.0	360.6	52.6	42.1
2000	2 253.4	483.5	6 280.0	383.7	49.1	39.4
2001	2 366.4	503.8	6 859.6	416.3	47.7	38.2
2002	2 475.6	528.0	7 702.8	472.1	46.2	37.7
2003	2 622.2	550.7	8 472.2	514.6	45.6	37.1
2004	2 936.4	588.1	9 421.6	554.2	47.2	37.7

3）全球化的影响

种种迹象表明,世界已进入全球化时代。约翰·汤姆林森(John Tomlinson)指出"全球化(Globalization)处于现代文化的中心地位,文化实践(Cultural Pratice)处于全球化的中心地位。文化也是全球化的一个维度"[1]。"全球化从根本上使我们赖以生存的地方与我们的文化实践、体验和认同感之间的关系发生了转型"[2]。从汤姆林森的观点上看,全球化不仅是指不断发展的交通、通信技术将世界各地的人们更加紧密地联系在一起,也不仅是世界各国在经济、政治方面的一体化发展,而且更是文化之间相互影响和融合的过程,并且文化实践是其核心。其特征就是当代文化呈现出以西方为主体的消费文化的全球扩散,以及地区文化的多元化、混杂化和去地域化的发展态势。

---

① 【英】约翰·汤姆林森.全球化与文化[M].郭英剑译.南京:南京大学出版社,2002:2-4
② 【英】约翰·汤姆林森.全球化与文化[M].郭英剑译.南京:南京大学出版社,2002:160

中国改革开放基本国策的确立,就意味着在与世界接轨的同时必然要面对西方话语对我国文化的渗透与影响。中国正迅速改变以往与世隔绝的状态而处于较为开放的状态,大量西方文化和思潮随之涌入中国。特别是,在市场经济的条件下,文化大都是随着消费品进行传播的。日本电器、德国汽车、法国西餐、美国快餐、欧美电影、日韩电视剧,这些国家的文化都是随着他们的消费品首先进入我们的消费市场,进而通过消费市场进入我们的文化领域。牛仔裤热、迪斯科热、摇滚热、麦当劳热等等消费热潮在中国的兴起,既反映了西方文化在中国传播的状态,也反映了大家在长期的文化禁锢解除之后,抱着补偿、猎奇、崇洋等心理状况对外来文化的接纳与吸收。一些源于西方社会的品牌消费、快乐消费、身份消费、"先消费后挣钱"、追逐时尚等消费态度、观念和方式也随着外来商品的涌入和消费而进入中国社会。尤其是国际性的跨国公司,在广告、电视等大众媒体的帮助下,他们生产的商品和倡导的消费理念与生活方式迅速地在中国传播,对中国传统的消费观念产生了较大的冲击。"全球化已经不再是一个单纯的经济、政治或社会问题,它同时也是一个文化认同的问题"[①]。在大量的西方或异域文化随着这些国家消费品涌进中国市场的时候,我们也开始渐渐地改变自身的文化取向。2001 年加入 WTO 之后,中国融入全球化进程的步伐随之加快。"WTO,一方面使得中国成了全球化市场经济的一个组成部分,另一方面也使得消费主义意识形态在当代中国的日常生活中获得了主导性的地位"[②]。因此,全球化背景下的消费文化发展已成为我们必须正视的文化现象。

4)快速城市化

据国家统计局 2007 年 9 月 26 日发布的《从十六大到十七大经济社会发展回顾系列报告之七:城市社会经济全面协调发展》提供的数据,2006 年全国城市总数达661 个,城镇人口 5.77 亿,占全国总人口的 43.9%。中国已经全面进入城市化加速发展的历史时期,这一点已经成为学界的共识。在这样的社会进程中,整个国家的经济社会发展及其空间布局结构与形态必将会有一次大飞跃。根据江苏省 1978—1999 年历年的商业 GDP 和城市化率,两者相关性高达 0.921 7,城市化率提高一个百分点,商业 GDP 增加 49.68 亿元(何世贸,2001)。快速城市化必然带来以商业和其他服务业为依托的消费活动和消费空间的快速发展。同时,快速城市化导致城市中出现新的功能空间和新的土地利用模式,而且随着城市化进程的加快,城市人口密度增大,地价上升,交通拥挤,环境污染,中心城市建设和发展压力增强,城市就会向外扩张生长,城市空间结构的演变和"多中心、多核、多组团"的出现必然带动新商业、休闲娱乐等消费空间和新的商业中心在"新"的城市空间中出现,并促使传统的城市消费空间进行功能和空间的重组[③]。

2.3.2 消费文化在中国的显现与扩张

1)消费水平的持续提高

改革开放以来,随着计划经济体制向市场经济体制的转变,资本与市场运作体制逐

① 包亚明.游荡者的权力:消费社会与都市文化研究[M].北京:中国人民大学出版社,2004:4
② 包亚明.游荡者的权力:消费社会与都市文化研究[M].北京:中国人民大学出版社,2004:4
③ 管驰明.中国城市新商业空间研究[D]:[博士学位论文].南京:南京大学人文地理系,2004:73-74

渐建立并不断完善,当代中国社会正由一个消费受到严重压制的生产型社会向消费促进经济发展的消费型社会发展。

卢汉龙认为中国的经济体制改革在引进市场的作用之后,市场化和商品化的发展完全改变了产品经济的运作方式,社会上最大的改变表现在两个方面:一是直接生产者的利益增加;二是消费者的自主性增强。这意味着市场对生产的主导作用开始显现,消费者成为商品的投票者、市场的"上帝"①。由此中国人的消费意识正在不断增强,根据国家统计局的统计显示(表 2-7),按改革开放前 1978 年的消费指数为基数 100,1998 年全国居民的消费指数为 393.1,而到了 2004 年则增长到 585.4。即改革开放以来的 20 多年,全国居民的消费水平几乎翻了六倍,消费绝对金额增加了 24.7 倍。中国正在向以消费者起主导作用的买方市场过渡。

表 2-7　中国居民消费水平(1978—2004 年)

年份	绝对数(元)			指数(1978=100)		
	全国居民	农村居民	城镇居民	全国居民	农村居民	城镇居民
1978	184	138	405	100.0	100.0	100.0
1980	236	178	496	115.8	115.5	111.9
1985	437	347	802	181.3	194.4	147.5
1989	762	553	1 568	213.8	218.8	184.4
1990	803	571	1 686	221.0	219.5	198.1
1995	2 236	1 434	4 874	327.7	308.7	289.6
1996	2 641	1 768	5 430	357.5	351.9	296.7
1997	2 834	1 876	5 796	372.4	363.6	307.0
1998	2 972	1 895	6 217	393.1	370.2	332.4
1999	3 138	1 927	6 796	424.2	387.6	370.0
2000	3 397	2 037	7 402	459.4	406.2	407.4
2001	3 609	2 156	7 761	483.7	424.5	425.3
2002	3 818	2 269	8 047	513.7	448.7	442.3
2003	4 089	2 361	8 473	546.1	460.8	464.0
2004	4 552	2 625	9 105	585.4	482.5	487.2

随着买方市场的不断完善,消费对经济发展的推动作用也变得越来越重要。统计数据显示,1978—2004 年,我国消费品零售总额的年均增长幅度接近 15%,2005 年,消费品零售总额已达 6.7 万亿元,扣除价格因素,相比上一年增长 12%②。中国社会已逐渐建立起一个促进生产和消费的快速运转机制,并不断通过消费领域的拓展来刺激和扩展生

---

① 中文版序. //戴慧思,卢汉龙译著.中国城市的消费革命[C]. 上海:上海社会科学院出版社,2003:7-9

② 闫浩.消费新时代[M].北京:五洲传播出版社,2006:007

产。2005年一季度消费需求对经济增长的贡献率为49.3%,而投资的贡献率为35.2%,比去年同期提高3.3%;消费拉动GDP增长4.6%,而投资拉动GDP增长为3.3%;这是自2000年以来,中国消费对GDP的贡献率首次超过投资对GDP的贡献率①。中国由生产型社会向消费型社会的转变已成为必然。

另外,中国居民闲暇时间的增加,对消费市场的发展也起到了较大的促进作用。"由北京社科院和中国人民大学组成的'中国城市居民生活时间分配研究'课题组进行的抽样调查结果表明,我国城市居民的工作日每日平均制度内实际工作(学习)时间为5小时11分。该次调查结果与双休日前的1990年7小时19分相比减少了2小时8分"②。从1998年开始实行的国庆、春节、五一三个七天长假,更是引发了国内旅游、度假、休闲热潮,大大刺激了"假日经济"的发展,消费市场呈现一片繁荣景象。

2)消费结构的改变

与此同时,中国的商品消费结构也正在经历着一场深刻的消费革命。从最初的自行车、缝纫机、手表到80年代的冰箱、电视、洗衣机,再到今天的电脑、手机、商品房、汽车等,以及泡吧、旅游、健身等的兴起,在这20多年的时间内,人们的消费结构在不断更新。食品、能源等基本消费品的消费比重在持续下降,而高科技和昂贵的商品消费在城镇居民耐用品的消费中的比重在不断攀升(表2-8)。

表2-8 中国城镇居民家庭平均每百户年底耐用消费品拥有量

项 目		1990	1995	1999	2000	2003	2004
摩托车	(辆)	1.94	6.29	15.12	18.80	24.00	24.84
洗衣机	(台)	78.41	88.97	91.44	90.50	94.41	95.90
电冰箱	(台)	42.33	66.22	77.74	80.10	88.73	90.15
彩电	(台)	59.04	89.79	111.57	116.60	130.50	133.44
录放像机	(台)		18.19	21.73	20.10	17.91	17.55
组合音响	(套)		10.52	19.66	22.20	26.89	28.29
照相机	(架)	19.22	30.56	38.11	38.40	45.36	47.04
空调	(台)	0.34	8.09	24.48	30.80	61.79	69.81
热水器	(台)		30.05	45.49	49.10	66.61	69.40
排油烟机	(台)		34.47	48.62	54.10	63.55	65.58
影碟机	(台)			24.71	37.50	58.69	63.26
家用电脑	(台)			5.91	9.70	27.81	33.11
摄像机	(架)			1.06	1.30	2.45	3.17
微波炉	(台)			12.15	17.60	36.96	41.70

① 转引自 范佳凤,冯伟伦. 供给结构的调整与我国消费型社会的形成[J]. 集团经济研究,2006(13):64.
② 转引自 马建业. 北京市城市日常闲暇行为及其环境研究[J]. 华中建筑,2000(4):87.

项　　目		1990	1995	1999	2000	2003	2004
健身器材	（套）			3.83	3.50	4.07	4.22
移动电话	（部）			7.14	19.50	90.07	111.35
家用汽车	（辆）			0.34	0.50	1.36	2.18

　　与此同时,化妆品、装饰品、工艺品、古玩与艺术收藏品等奢侈品的消费也与日俱增。中国已成为世界最大的奢侈品消费国之一。各种高端或奢侈商品的消费需求的增大,也从侧面反映出人们的消费已开始追求舒适的享受,追求消费带来的身份认同、成就感和自我的表达。从零点调查对消费行为的调查数据(表 2-9)中可以看出,中国城市人群中品牌忠诚群体已占 28%,奢侈消费群体(实际上是崇尚符号消费的群体)占 23%,这说明作为新兴经济国家的中国,其城市消费群体中,品牌消费者和追求时髦新潮消费者出现双高状态,也反映出人们对品牌、档次、身份、地位等商品符号的注重和认同①。另外,零点调查对生日消费和旅游消费的兴起,SOHO②与新 SOHO 生活方式的出现,中高收入人群生活形态等热点消费现象也进行了统计调查和研究③,我们可以从消费结构的变化中深刻体会到消费文化在不断地扩张并日益影响着我们的生活。

表 2-9　中国消费行为群体分布(零点调查)

消费群体	品牌忠诚群体	价格取向群体	奢侈消费群体	一次性交易群体
特征	购物时主要选择经常使用的品牌商品	购物选择主要考虑价格的高低	不一定重视品牌,但特别重视所选择的商品或服务的档次或身份、地位的代表性,也有部分人是乐于体验名牌产品的使用感受	购物时无预定考虑因素,一般取决于现场情况
比例	28%	23%	23%	26%

　　3）新消费支付方式的日益普及

　　新的支付方式,例如刷卡支付、赊购、贷购,购买商品房、汽车等大宗消费品时的分期付款等的普及,尤其是各种银行卡④的普及,使得花钱消费变得更加方便,而"先花钱后挣钱"的观念也逐渐有了一定的"市场"。截至 2006 年年底,我国借记卡发卡量 10.8 亿张,占全国银行卡发卡总量的 95.6%。信用卡发展迅速,截至 2006 年年底,我国的信用卡发卡量近 5 000 万张,比上年同比增长 22.7%。2006 年,我国银行卡支付的消费交易额为

---

①　零点调查编著.中国消费文化调查报告[M].北京:光明日报出版社,2006:16-17.

②　SOHO,是英文"Small Office Home Office"的头一个字母的拼写,就是"小型办公、家里办公"的意思。SOHO也是人们对自由职业者的另一种称谓,同时亦代表一种自由、弹性的新型的工作方式和生活方式。

③　参见 零点调查编著.中国消费文化调查报告[M].北京:光明日报出版社,2006

④　银行卡是我国个人使用最广泛的非现金支付工具,包括借记卡、贷记卡和准贷记卡。

1.89 万亿元,比上年同比增长 97％,剔除批发性的大宗交易和房地产交易,占全国社会消费品零售总额的比重达到 17％,比上年增加了 7 个百分点。其中,北京、上海、广州、深圳等城市这一比例达到了 30％,已接近发达国家的水平(发达国家一般为 30％～50％)[①]。另外,我国网上支付、电话支付、移动支付等电子支付工具近年也发展迅速,电子支付交易量不断增加,正在不断适应电子商务的发展和支付服务市场细分的需求,这意味着人们可以足不出户地消费和花钱,消费变得更加快捷方便。

4)消费文化在主流文化中的凸显

由于市场的不断发展和完善,分配制度的转变,过去被压制的消费欲望得到了极大的释放,伴随着商品的日益丰盛,人们的消费热情不断高涨,各种消费活动成为社会生活中突出的文化景观,这也为消费文化在中国的发展奠定了现实基础。另一方面市场经济的确立与发展,与世界的接轨,以及社会文化由宏大叙事向生活叙事的转型,使得自我价值实现成为文化实践的突出特征,正像乔治·瑞泽尔(George Ritzer)所说的"社会结构变迁的主要特征:以商品生产为主导转向以服务为主导。经济领域是效率、政治领域是平等、文化领域是自我实现(或自我满足)"[②]。这为关注自我和享乐的消费活动及消费文化在中国的发展提供了有利的发展环境。因为各种消费活动,尤其是符号价值的消费,正是"自我实现"重要的现实途径。而与此同时,消费活动及消费文化的发展,不但促进了商品经济的发展和市场体制的完善,而且弱化了国家及政治对社会生活的垄断,提升了民间力量;而且在弱化政治意识的同时,促进了社会对自我的关注,对世俗和大众文化的关注。这样,消费活动及消费文化的发展反过来又加速了中国社会文化的转型。戴慧思与卢汉龙认为"中国经历了并正在经历着一场消费革命。这种高速的商业化进程不仅增加了消费者的选择余地,提高了物质生活水平,而且打破了国家对社会生活的垄断。这种垄断在过去曾使城市消费者一直在商品消费上依附于政府。通过改革减少了党政官员对商品流通的控制,也就意味着党政机构大规模地从日常社会生活领域中退出。当市场规则被赋予新的合法性来协调经济运行之后,政府也就越来越不去留意公民如何去使用他们的商业自由。从而,在监控更为宽松的领域中,城市居民开始创建起一系列他们个人的信任、互惠和偏好的社会网络"[③]。社会网络的发展,相对宽松的文化环境,特别是相对于过去供给式的被压抑的消费,新的消费活动可以看做是"自愿的、自我决策的创造性过程"[④],从这一点上看,消费活动成为人们实现民主自由的重要"途径"。因此,消费文化可以迅速在中国发展和扩张,并影响到我们日常生活的方方面面。

虽然传统文化所提倡的吃苦耐劳、勤俭节约、反对浪费的思想仍有一定的社会影响力,但由于"西方消费文化的扩张,通过各国的大众传媒传播扩散,产生了巨大的影响,对我国传统社会的文化价值观念造成了剧烈的影响和冲击,这种影响和冲击在一定程度上瓦解了我国传统文化中一些精神内核,让诸如'勤俭持家'这样的消费观念受到了重创。

---

① 苏宁(中国人民银行副行长).2006 年中国支付体系发展报告[J].金卡工程,2007(5):22

② 【美】乔治·瑞泽尔.后现代社会理论[M].谢立中,等译.北京:华夏出版社,2003:243

③ 戴慧思,卢汉龙译著.中国城市的消费革命[C].上海:上海社会科学院出版社,2003:3

④ 引用科利斯·坎贝尔(Colins Campbell)的观点。他认为消费应该看成自主的、独立的源泉。参见【英】西瑞亚·卢瑞.消费文化[M].张萍译.南京:南京大学出版社,2003:67

在不断宣扬西方消费文化的优越性、冲击中国传统文化的同时,跨国公司纷纷建立,他们生产的商品和倡导的生活方式首先以广告和文艺节目等形式通过广播电视等大众媒介得到广泛的传播,在现代大众媒体的不断轰炸之下,消费文化已经逐渐取代传统文化而成为社会的主流文化意识"[①]。但同时,我们必须清醒地认识到"所面临的宿命般的社会经济与社会文化错位的困境"[②]——中国既有生产社会的特点,又有消费社会特点:从经济的发展阶段来看,中国依然处于生产社会;而从文化发展态势来看,社会消费心理与生活方式出现了明显的消费文化倾向。

罗宏认为,主流文化即意识形态,不仅是我们最基本的文化生态语境,也是当代中国文化转型的主要承担者和推动者;探讨当代中国文化转型,主流文化是我们必须首先关注的最主要的本土文化基因[③]。这意味着,不但在探讨中国社会文化转型问题时,必须关注日益凸显在我们眼前的消费文化,而且消费文化与本土或传统文化冲突融合后,也成为当代中国社会的基本文化生态语境和文化基因之一。

2.3.3 中国是否已进入消费社会?

1) 生产社会特点与消费社会特点并存

虽然消费文化在中国主流文化形态中逐渐凸显出来,但是中国是否已进入消费社会呢? 西方消费文化理论和观念是否在中国也适用? 在国内这些仍是颇具争议的问题。普遍认为,消费社会的显现与社会迈入后现代社会或后工业社会有着密不可分的关系。而当前的中国是一个农业社会、工业社会与信息社会并存的国家,传统文化、现代文化和后现代文化都现实地存在于当代社会。与西方典型的消费社会相比,中国的经济水平和发展阶段说明中国依然处于生产型社会,但是由于受到西方消费文化的影响,中国居民的消费观念与消费行为又在追随消费型社会而出现各种明显的消费文化现象——中国已成为世界上增长最快的消费市场和奢侈品市场,消费和生活方式与身份地位的挂钩,对品牌的认同和追逐,休闲娱乐业的兴起,广告与大众传媒的蓬勃发展……这一切说明中国消费文化的发展不但是我们回避不了的现象,而且也出现了西方消费文化理论所提及的部分发展态势和特点。

2) 部分地区与社会阶层接近消费社会水平

从中国部分地区和社会阶层来看,已接近进入消费社会的标准。按国家统计局的统计,2004 年,我国城镇人均可支配收入的绝对数已达 8 472.20 元[④],已超过 1 000 美元,但我国东部与西部地区、内地与沿海地区的收入差距较大。实际上,北京、上海、广东、浙江四个省市的人均可支配收入已经超过 1 500 美元,而天津、福建、江苏等省市的人均可支配收入也接近 1 500 美元,如果按照赫尔曼·卡恩有关人均收入区分社会发展阶段的理论,由于较高的经济发展水平以及与世界的日益接轨,这些省市的城镇已经或正在步入消费社会(表 2-10)。

① 杨魁,董雅丽.消费文化——从现代到后现代[M].北京:中国社会科学出版社,2003:266
② 转引自 管宁.突破传统学术疆域的理论探险——近年消费文化研究述评[J].福建论坛(人文社会科学版),2004(12):37
③ 罗宏.当代中国文化转型中的主流文化意志[J].广州大学学报(社会科学版),2005(5):41
④ 国家统计局的相关统计数据.http://www.stats.gov.cn/tjsj/ndsj/yb2004-c/indexch.htm

表 2-10 2003 年我国各地区城镇居民人均可支配收入与家庭人均总收入统计

地　区	人均可支配收入(元)	家庭人均总收入(元)	地　区	人均可支配收入(元)	家庭人均总收入(元)
全国	8 472.20	9 061.22	河南	6 926.12	7 245.00
北京	13 882.62	14 959.30	湖北	7 321.98	7 745.77
天津	10 312.91	10 971.57	湖南	7 674.20	8 145.07
河北	7 239.06	7 608.43	广东	12 380.43	13 451.13
山西	7 005.03	7 446.89	广西	7 785.04	8 293.90
内蒙古	7 012.90	7 351.58	海南	7 259.25	7 605.69
辽宁	7 240.58	7 832.70	重庆	8 093.67	8 671.91
吉林	7 005.17	7 311.23	四川	7 041.87	7 488.49
黑龙江	6 678.90	6 968.01	贵州	6 569.23	6 746.36
上海	14 867.49	16 380.24	云南	7 643.57	8 202.58
江苏	9 262.46	9 912.14	西藏	8 765.45	9 696.79
浙江	13 179.53	14 295.38	陕西	6 806.35	7 314.44
安徽	6 778.03	7 155.91	甘肃	6 657.24	7 132.82
福建	9 999.54	10 816.32	青海	6 745.32	7 155.13
江西	6 901.42	7 153.65	宁夏	6 530.48	6 991.26
山东	8 299.91	9 057.58	新疆	7 173.54	7 866.85

从阶层上看,如果按"人均"来计算各种发展指标,中国经济水平还是比较低下的,但不能否认这样的事实:在社会中不断壮大的中间阶层人群,即"中产阶级"[①],包括白领阶层、中小规模企业的商业精英阶层(企业家)、一定层次的政府官员(政治精英)、专业人士(智力精英)、新型文化人等,他们收入较高,受教育水平较高,思想相对开放、活跃。正是他们,既是符号消费的实践者,也是消费文化传播的主体;既是跨国财团及其代理进行市场营销和商业宣传的目标,也是身体力行追求时尚的"消费先驱"。根据相关统计(图 2-3),按照消费水平来划分,2001 年全国属于中层(与中上层)的人群占到 33.40% 左右,而在城镇居民中这个比例则达到了 47.70%[②]。他们的消费总量可能并不一定最大,却引领着消费市场的潮流。消费品的美学感受、心理愉悦、文化品位越来越受到他们的重视,并开始在消费举止和方式中得到体现,继而影响着其他阶层的人。

①　"中产阶级"这个名称在中国无论是官方和学术研究主流均未获得承认。目前普遍所采用的是框定在经济范畴的模糊名称"中等收入阶层"。

②　消费分层的比例是根据中国社会科学院社会学研究所"当代中国社会结构变迁研究"课题组于 2001 年 11～12 月在全国 12 个省及直辖市(北京、上海、浙江、江苏、山东、黑龙江、河北、河南、江西、四川、贵州、内蒙古)73 个区县收集的问卷调查数据,按照家庭耐用品指数统计换算后得出的结果。参见 李春玲.当代中国社会的消费分层[J].湖南社会科学,2005(2):73-76

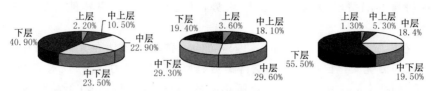

中国社会的消费分层　中国城镇居民消费分层　中国农村居民消费分层

图 2-3　2001 年左右中国社会的消费分层

3）局部消费社会或逐步进入消费社会

从中国的现实发展状态来看，笔者认为中国还未完全进入消费社会，但是种种迹象表明，中国经历了并正在经历着消费革命，尤其是中国经济发达地区的城市日益与世界接轨，其经济及社会发展水平已经非常接近西方消费世界的状况，因此，也有学者将这一现象较灵活地解释为"局部的消费社会"或"不完全的消费社会"。但是可以肯定的是在西方消费文化的冲击下，中国本土消费文化正经历着一个去传统化过程，作为现代社会发展特定阶段产物的新型消费文化正在冲突、包容与互动中孕育生长。随着经济发展，在现代大众媒体的助推之下，中国社会有着明显的逐步进入消费社会的倾向，而消费文化正逐渐成为中国社会的主流文化意识，这就是目前我国消费文化的基本发展态势。

2.3.4　中国式消费文化的特点

1）我国消费文化的特点

我国目前的消费文化发展脱离不了传统和现实国情。"与西方典型的消费社会相比，我们既有与生产社会相适应的消费水平和消费方式，又受到消费主义文化的影响，使我国居民的消费观念和消费行为呈现了一定的消费主义文化的倾向。在我国，既有适应传统社会的种种消费习惯和消费观念的记号，也有着经受西方现代消费主义消费文化影响的痕迹"[①]。

首先，我国的消费文化的流行主要出现在一些大中城市和东南沿海等经济发达地区，并逐步向其他地区扩展。中国加入 WTO 之后，在经济发达地区，人们正在同世界上其他地区一样，充分享受现代技术文明的成果，消费着世界各地生产的各种物质商品。随着经济的进一步提升，市场的不断拓展，以及各种信息传媒系统的发展，中国欠发达地区和农村地区的消费品的数量种类不断增多，消费的观念和模式也在逐步地更新，并逐渐融入消费文化发展的潮流中。电视机、电冰箱、洗衣机、电话等家电消费品已基本普及，而购买汽车、到城市购买商品房，也已成为许多富裕农民的消费新时尚。

其次，"求高、求异、求变"的消费观念成为当前中国消费文化发展的主要趋势。随着中国与世界的日益接轨，在一些发达地区以城市新贵阶层、白领阶层和青年为主体的消费人群，对时尚的追求，对自我价值实现的追求，使得"高级或高档、新奇或独特、变化的或充满动感"成为他们消费追求的标准。这种商品附加文化价值的消

---

① 杨魁，董雅丽.消费文化——从现代到后现代[M].北京:中国社会科学出版社,2003:264

费或者说符号的消费已成为新的发展趋势,并逐渐向社会的其他阶层和其他地区蔓延。

第三,在中国传统文化的影响下,"求实"的消费观念依然在大众消费中占有重要的地位。我国传统文化自古就提倡吃苦耐劳、勤俭节约、自力更生,反对奢侈浪费。而"知足常乐"的社会心态仍是社会大众所抱有的心态。我国还处在社会主义的初级阶段,经济和社会尚待进一步的发展,一些偏远落后的地区依然处在自给自足的半农耕时代。这一切都对中国消费文化的发展产生了潜移默化的影响。而讲究实惠的"求实"消费观念成为广大消费者尤其是社会中下阶层的现实选择。但这并不意味着消费只是为了满足基本的需要,而是在价廉和实用的基础上追求"物美"和适当而谨慎的享乐。

第四,补偿性消费心理在中国大众消费中体现得较为明显。一方面,我国由于经济的落后、物质长期处于短缺状态,不能满足人的消费需求。另一方面,过去一段时期政治的高压状态,使得消费欲求被极大地压制和扭曲。而当市场经济体制确立之后,特别从卖方市场过渡到买方市场后,部分消费者开始通过大量的消费以弥补过去消费不足的缺憾。改革开放后,我国几次出现的抢购风潮正是这一心态的体现。而这两年在旅游、服装、教育(如各种学习班、培训班、老年大学)等方面兴起的中老年人的消费热,就是"经历过苦日子"的一代人抱着补偿的心态投身于消费浪潮中的结果。

最后,随着社会的进步,一些新的消费理念开始在中国彰显。从过去的强调物质上的享乐,向以文化的消费为主的精神提升进行转变已成为必然的趋势。文化产品的日益丰富、旅游休闲业的蓬勃发展、教育培训产业的快速拓展等等,都从一个侧面反映了这种趋势。近年来出现的"营养性、保健性、环保性"等消费新理念,使得文娱健身、休闲理疗、营养品、保健品以及各种环保产品逐渐成为新的消费时尚。

2)我国消费文化存在的不足

当前,我国消费文化的发展也存在一定的问题。首先,消费结构尚需改善。虽然食物的消费不再是日常生活的首要考虑,但是用于休闲、旅游和提高精神文化修养及教育等方面的消费比重仍相对较低。其次,消费在地域和社会阶层中存在着巨大的差距。城市与乡村、东部沿海地区与内地及西部地区、大城市与中小城市、新贵和白领阶层与工人等劳动阶层、汉族与其他少数民族等等,在消费的能力、结构和观念上都存在着巨大的差距。第三,消费心态不够成熟。在经济飞速发展和社会文化快速转型的时代背景下,一些消费者对琳琅满目的商品、日新月异的消费方式和观念,显得有些无所适从。对自身的消费欲求并没有清楚的认识,"你买我也买"的"随众跟风"现象较为普遍,往往消费一件商品的理由是"大家都买了"。第四,消费观念有待健康引导。受到西方消费主义的影响,再与中国传统文化中的糟粕相结合之后,出现了不顾自己的经济承受能力,片面追求高消费的消费行为。以"无度攀比"为消费心态,以"讲面子、讲排场"为消费原则,使得社会上铺张浪费的现象并不少见。第五,由于环保意识薄弱,粗放型消费和污染消费等现象经常出现。总之,正因为这些消费问题的存在,使得对消费文化的研究和消费的健康引导变得更加紧迫。

2.4 消费文化、城市文化与城市空间

2.4.1 城市与城市文化

城市的发展不仅是一个长期的物质环境的建设过程,同时也是一个长期的文化积淀过程。它既是人们文化创造活动的产物,又是一种城市文化产生与发展的过程。在城市的不断演进与更替过程中,各种有形的物质形态载体(如城市格局、建筑物、街道、广场、雕塑等)和无形的意识形态载体(如城市精神、制度、风俗等)共同形成了被称为"城市灵魂"的城市文化。同时,城市文化也是推动城市发展的主要推动力之一。城市文化在城市形象提升和城市特色的凸显,促进旅游业、商业、服务业和房地产业的发展,解决就业问题,以及吸引外来投资和人才等方面有着不可估量的促进作用,这一点已成为大家的共识。近年来,城市文化的建设和文化产业的发展已成为一些城市和国家的发展战略,例如欧洲兴起的文化规划(cultural planning)。目前,中国的一些城市也意识到城市文化的重要性,开始注重城市文化、城市特色和形象的挖掘、宣传和建设,并鼓励艺术创作、影视制作、设计咨询等文化产业的发展。

随着生产力的不断提高,城市从工业中心、生产中心正逐渐转变为文化中心和消费中心。以大众文化为主导的城市文化形态,也日益与消费文化整合在了一起。从沙朗·佐京的《城市文化》一书中,我们可以看出烙印上消费文化痕迹的城市文化越来越显著地作用于城市空间和居民的城市生活,并成为城市的经济基础和组织空间的重要手段。由于城市文化对整个城市的空间、社会、经济等方面都有着越来越明显的影响作用,因此已成为城市文化重要组成部分的消费文化应该并且已经成为城市研究中的重要领域。

2.4.2 消费文化与城市空间

如今,随着消费文化的发展以及人们消费欲求的增长和多样化,消费活动成为城市日常生活中不可或缺的部分,消费与城市空间的关系也越来越紧密。可以说,消费文化的发展离不开城市。城市的环境和各项物质设施为消费文化的快速滋生和传播创造了有利的条件,消费文化也是伴随着城市化的进程而向外扩展的。城市中的消费空间尤其是商业空间是消费活动发生的主要空间,城市居民不但是消费者,也是消费文化传播的主要人群,城市的各种信息媒体系统是消费文化传播的主要途径。再者,随着法国哲学家、社会学家亨利·列斐伏尔(Henri Lefebvre)"空间生产"理论的诞生和传播,人们越来越多地认识到,空间既是一种先决条件,又是社会关系和财富与权利得以生成的场所。随着国际金融资本由生产性空间向零售、休闲业和房地产业的转移,空间本身也成为商品,可以与其他商品一样被消费。近年来,我国土地的有偿使用、住房的商品化、房地产业的蓬勃发展以及城市购物观光旅游的兴起,说明中国城市的空间正成为消费品,并且出现了针对其使用价值的消费,例如经济适用房的购买等,也出现了针对其符号价值的消费,例如标识身份的高档别墅的购买等。从这点来看,作为消费品的城市空间本身也成为消费文化发生与传播的载体。

另一方面,中国城市中不断扩张的消费空间,向其他城市空间不断渗透的消费活动,

不断出现的城市象征性建筑和空间,日益充斥商品橱窗、广告、标语的街道景象……从这些现象中我们可以直观地感受到消费文化对城市空间作用的痕迹。如果遵循文化对空间的作用过程和机制:"文化→意识形态→空间实践→空间",我们可以看出,消费文化通过对价值观、审美观、时空观、社会观的改变,影响着人们有关城市空间认知和实践的方式,从而使得城市的空间在景观、形象特色、功能布局、空间类型等方面发生了新的变化。与此同时,城市空间的这些新变化也进一步强化了居民的消费文化意识形态和行为方式,进而不断提升着消费文化对城市的影响力和控制力。

总之,当代文化与城市、消费文化与城市空间有着密不可分的联系,这正是本书研究的出发点。下面将从现象、特征、因素和机制等方面对消费文化如何影响城市空间发展作具体的解析和探讨。

3　消费与发达国家城市空间发展

当今世界,以购物为代表的消费活动已经与人们的日常生活紧密地结合在了一起。我们甚至无法想象没有购物或者没有商店的世界会是怎么样的。但是可以肯定的是,世界会陷入混乱或无法正常运转。据统计,到 2000 年左右,从全世界来看,用于零售的空间达到近 20 亿 m^2,人均约 0.3 m^2。其中美国有 7.72 亿 m^2,占到全世界的 39%;欧洲 1.81 亿 m^2,占 10%;亚洲 7.37 亿 m^2,占 37%(图 3-1),其中中国有 0.53 亿 m^2,约占整个亚洲的 7.2%,世界的 2.7%(图 3-2),在亚洲仅次于日本(1.02 亿 m^2,占亚洲的 14%)。世界上所有的零售用地加起来的规模大致相当于 33 个纽约曼哈顿岛的面积(60.88 km^2),即 2 009 km^2 左右[①]。如果将世界上的几大零售企业巨头考虑为一个国家的话,按国内生产总值的大小来排序(表 3-1),2000 年,沃尔玛(Wal-Mart)的销售额达到 1 650 亿美元,可排在第 24 位;家乐福(Carrefour Group)522 亿美元,可排在第 49 位[②]。

在美国,除居住和工作以外,用于其他功能的场所在数量上将无法与消费空间的数量相比;消费活动所吸引的人数压倒了其他各种城市活动;在用于非居住功能的城市建成区中,消费场所也占据了最多的空间;消费行业雇佣的劳动人口,已超过了其他任何一种行业与领域。消费已经通过市场牢牢地控制了空间、建筑、城市、活动和生活[③]。著名建筑师莱姆·库哈斯认为,当今以购物为代表的消费活动已经渗透到城市生活的方方面面并占领着其他建筑类型的领地,各种无所不在的消费空间影响着人们对城市的体验。

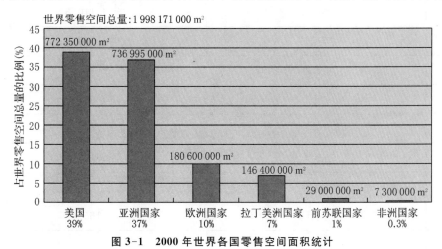

图 3-1　2000 年世界各国零售空间面积统计

①　Chuihua Judy Chung,Jeffrey Inaba,Rem Koolhaas,et al. The Harvard Design School Guide to Shopping[C]. Köln:TASCHEN GmbH,2001:51-65

②　Chuihua Judy Chung,Jeffrey Inaba,Rem Koolhaas, et al. The Harvard Design School Guide to Shopping[C]. Köln:TASCHEN GmbH,2001:67-68

③　Chuihua Judy Chung,Jeffrey Inaba,Rem Koolhaas, et al. The Harvard Design School Guide to Shopping[C]. Köln:TASCHEN GmbH,2001:130

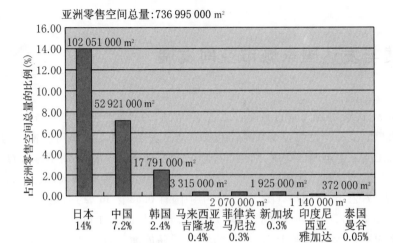

图 3-2 2000 年亚洲各国零售空间面积统计

表 3-1 2000 年各国国内生产总值排序

排序	国家或零售企业巨头	国内生产总值(10 亿美元)
1	美国	8 708.9
2	日本	4 395.1
3	德国	2 081.2
4	法国	1 410.3
5	英国	1 373.6
6	意大利	1 150.0
7	中国	991.2
8	巴西	760.3
9	加拿大	612.0
⋮	⋮	⋮
24	沃尔玛	165.0
⋮	⋮	⋮
49	家乐福	52.2

当人们日益卷入一个充满商品和消费的社会时,当代的消费活动也表现出新的特征(表 3-2)。事实上这些新的特征反映了当代消费的影响力已从经济层面向城市的空间、文化、社会等各个层面拓展,并与城市更加紧密地结合在了一起(详见本书第 4 章)。

表 3-2　当代消费活动的新特征

当代消费活动的新特征	具体内容	城市空间的反映
从简单购物到复合性消费	消费活动涵盖了购物、休闲、娱乐、旅游、健身、教育、交往等各种活动	大型综合性购物空间(购物中心、节庆场所等)不断出现
从使用价值到符号价值	消费更关注商品所蕴含的品位、身份、地位、生活方式等符号意义	奇观建筑消费、空间体验消费、都市旅游的兴起
从经济活动到社会文化活动	消费过程也是情感体验、身份区分、自我价值实现和社会整合的过程	消费空间成为城市社会交往整合的重要公共活动场所

目前,由于消费在促进城市就业、解决公共机构生存、引导城市建设、发展都市旅游、推动城市经济增长、增加城市竞争力等方面有着较大的推动作用,消费已经融入世界各国城市发展的战略之中。尤其是在经济发达国家,各个城市一方面通过消费空间、节庆场所、奇观建筑以及文化设施的建设,进而生产、包装、买卖和消费着各式休闲、娱乐、奇观和快乐,城市也逐渐由生产中心转变为消费中心;另一方面,由于"形象、活力和文化成为城市全球化竞争的主要内容"①,城市日益注重城市符号和象征意义的生产、包装、宣传和销售,这促使城市本身越来越像可供消费的商品。但是,在城市由生产中心向消费中心转型的过程中,由于各国社会文化背景与现实条件的不同,它们通过消费发展城市的方式也不尽相同。但是,不论各种方式的差别有多大,它们却共同反映出了这一事实:即消费对当今城市发展的巨大影响力已是不可忽视的,甚至已成为推动城市发展的主要动力之一。

3.1　美国:消费空间引导城市发展

美国可以说是世界上第一个进入消费社会的国家。上世纪初,大众消费在美国社会开始居于支配地位。哈佛大学历史系教授莉莎贝思·科恩(Lizabeth Cohen)指出:"在20世纪20年代期间,大众消费——标准化的品牌商品的生产、分配和购买和旨在范围最广泛地使公众购买成为可能——越来越普遍。到了20年代结束之时,大多数美国人不管他们开销了多少钱,都承认大众消费在整个国家中的主导地位日益上升。"②美国也是一个典型的以消费拉动经济的消费型社会,"调查显示20世纪90年代末,63%的年收入50 000～100 000美元的美国家庭存在信用卡透支现象,美国家庭平均只将35%的可支配收入用于储蓄"③。美国拥有世界上最多的零售空间,2000年左右约7.72亿 m²,占到

---

① Deborah Stevenson. Cities and Urban Cultures[M]. 北京:北京大学出版社,2007:111

② Lizabeth Cohen. Consumers Republic:the Politics of Mass Consumption in Postwar America[M]. Westminster:Knopf Publishing Group,2003:22

③ 崔海波.美国消费主义的兴起、传播及其对我国大学生消费价值观的影响[J].教育前沿,2007(3):84

全世界的 39％[①]。依据国际购物中心委员会(ICSC)统计数据,截至 2005 年美国共有
48 695 家购物中心,其中 3 万个以上的购物中心的营业面积超过了 10 万平方英尺(约合
9 290 m²),有 437 家超过了 100 万平方英尺(约合 9.29 万 m²),这些购物中心的销售总
额已达到 2.12 万亿美元。而且,美国拥有最具消费主义色彩的商品品牌(麦当劳、肯德
基、可口可乐、耐克……)、游乐场所(迪士尼乐园)以及城市(赌城拉斯维加斯、时尚之都
纽约)。因此,美国可以说是全世界最典型的"消费王国",消费作为一种工具也理所当然
融入城市的发展策略之中,这主要表现为购物中心与战后郊区社会的发展以及消费节庆
场所与内城复兴两方面。

3.1.1 购物中心与城市郊区化

1) 郊区购物中心

第二次世界大战结束后,由于高速公路网的建设和小汽车的普及,美国开始了大规
模郊区化的进程,人口从城市向郊区大量外迁。居住的郊区化,导致了购买力的外移,为
郊区居住区配套的购物中心等新型郊区型消费空间也开始大量地出现并迅速扩张。"美
国郊区化的扩散,就是商业设施构成大都市区的基本要素"[②]。据美国和加拿大的统计,
1957 年仅有 2 700 座购物中心,到 1973 年就已达到 17 000 座[③]。商业零售业的郊区化成
为不可阻挡的趋势,在美国,20 世纪 50 年代,郊区销售额仅占城市区的 40％,60 年代中
期占 50％,70 年代后期超过 75％[④]。这些购物中心一般选址于郊区高速公路附近,规模
庞大,建筑面积在数万至数十万平方米不等,一般包括百货店、大卖场以及众多专业连锁
零售店、电影院、游乐园、餐饮店、社区服务、文化教育等设施;而且配设大面积的停车场
库,为周边开私家车过来消费的居民提供了极大的便利(图 3-3)。其主要特点是功能设
施完善、业态复合度高、自成体系、消费环境人工化和步行化,消费出行以小汽车为主要

图 3-3 典型的美国郊区购物中心

---

① Chuihua Judy Chung, Jeffrey Inaba, Rem Koolhaas, et al. The Harvard Design School Guide to Shopping
[C]. Köln:TASCHEN GmbH,2001:130

② 王旭. 美国城市史[M]. 北京:中国社会科学出版社,2000:175

③ 李雄飞,等编著.国外城市中心商业区与步行街[M]. 天津:天津大学出版社,1990:2

④ 张鸿雁. 侵入与接替——城市社会结构变迁新论[M]. 南京:东南大学出版社,2000:469

工具;功能定位于家庭,能满足一站式购物消费服务,并可提供休闲、文娱、餐饮、展览、旅游、社区活动等全方位的服务。以位于明尼苏达州的美国广场(Mall of America)为例,建筑面积约39万 m²,提供12 750个免费停车位,是美国最大的购物娱乐中心(图3-4);拥有520家商店,其中包括4家大型百货公司;还有40多家餐馆,一个14厅的集合电影院和8家夜总会;并为人们提供了高尔夫球场、史努比游乐园(Snoopy Amusement Park)以及一个穿越4个生态圈的水下航行等游乐项目。目前,购物中心的年客流量为4 250万人次,已成为了全球闻名的"旅游景点"和休闲度假的好去处。此外,由于每天早上7点开门为附近居民提供晨练场所,以及设置了大量的公众服务和教育设施,美国广场也成为了周边居民生活、交往的公共活动中心。

图3-4 美国最大的购物中心——美国广场

2) 从购物中心到城镇中心

郊区购物中心设计和建造的初衷是为了模仿旧有的城市商业中心,并努力营造郊区社会的生活中心。购物中心的发明者维克多·格伦认为购物中心通过提供各种人们所需的商品、服务以及活动场所,已经呈现出都市有机体的特质,并成为郊区生活的中心——购物城镇(Shopping-Town)。在他的理念中,购物商场等同于城镇中心(图3-5),通过提供社会生活的机会,在一个受保护的步行环境内进行消费娱乐,并与公众和教育设施相结合,购物中心可以为现代化的社会生活提供所需的场所和机会,就像古老的希腊市场(Greek Agora)、中世纪的市场和城镇广场一样[①]。

---

① Victor Gruen, Larry Smith. Shopping Towns USA:the Planning of Shopping Centers. New York:Reinhold, 1960:24

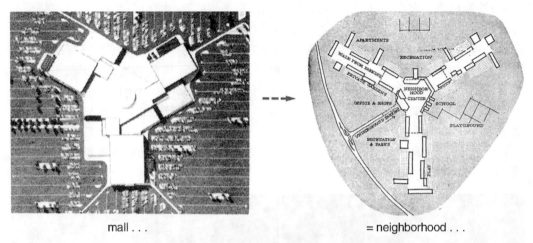

mall . . .　　　　　　　　　　　　　　　　= neighborhood . . .

图 3-5　维克多·格伦的理念——"购物中心＝城镇中心"

事实上,以购物中心为代表的郊区商业消费空间确实逐渐成为美国郊区居民生活中的核心公共空间,在实际功能和生活观念上大有取代旧城中心的趋势。其对旧城中心区内的传统商业空间所造成的冲击也是内城衰败的重要原因之一。虽然,近些年来,郊区购物中心由于存在浪费土地、过分依赖小汽车交通、与周边郊区环境脱节、缺乏文化内涵等弊端而受到了许多批评,发展也逐渐放缓,但是它的一些成功的空间模式(模拟城市结构、步行化环境、混合性功能业态等)却被广泛地运用到内城复兴的开发与建设之中。

3.1.2　消费节庆场所与内城复兴

1) 内城复兴

20 世纪 70 年代的能源危机,以及内城的持续衰败和面临的文化危机,促使西方社会开始从节约能源的角度对其郊区化的发展模式进行重新审视。另外,由于社会从工业经济向服务经济的转型,城市中传统工业的衰退为内城的更新提供了大量可供开发和置换的土地。再加上对城市传统空间、历史文化和活力的怀念,美国的城市建设重点逐渐由郊区建设转向了内城复兴,各城市纷纷对内城破旧的历史街区或工业仓储、码头等城市衰败或被遗弃的区域进行更新改造。在这一过程中,消费同样发挥了巨大的作用,综合性消费商业空间和带有明显节庆色彩的公共空间的开发与建设成为美国城市复兴与旧城空间改造的主旋律。迈克·克朗(Mike Crang)指出,"城市中出现了将城市本身作为消费场所的复兴运动。消费空间增加的一部分原因是由于寻求解决城市里非工业化问题的城市复兴战略的应用。那些曾经是劳动的景观现在成了休闲的景观;以前的船坞、工厂成了艺术中心,它们或被改建成住宅或被改建成庆祝活动的场所"①。

2) 节庆消费场所的营造

在内城复兴运动中,美国的罗斯房产发展公司(James Rouse)可谓是最为成功的开拓者。20 世纪 50 年代,罗斯公司参与了波士顿被遗弃滨水区的复兴项目,他们在昆西市

---

① 【英】迈克·克朗.文化地理学[M].杨淑华,宋慧敏译.南京:南京大学出版社,2003:163

场(Quincy Markets)和斯科雷广场(Scollay Square)的再发展计划中,通过设置大量休闲和购物设施以及营造欢快的节庆氛围(主要包括一个综合的主题公园娱乐设施、休闲购物、街道剧场以及其他的服务设施),使市区内的一块衰败区很快成为了世界旅游观光的焦点,并成为波士顿形象的代言空间。波士顿的成功为其他萧条的城市进行效仿提供了一个发展模式,并从最初的美国扩展到全世界(图3-6)。包括巴尔的摩内港(Inner Harbor)、纽约的南街海港(South Street Seaport)、伦敦的Docklands、悉尼的达令港(Darling Harbour)等等。

图3-6 消费节庆场所:波士顿昆西市场与巴尔的摩内港

这些场所的复兴一般以房地产开发、消费商业发展、地方文化复兴相整合的模式进行,其重点是对反映城市发展印记或具有文化历史价值的空间、建筑或设施进行保留并改造,甚至进行功能置换;对整体交通、环境、景观进行综合整治;强调空间的功能混合,设置购物中心、文化中心、休闲娱乐空间、办公商务建筑、艺术工作室、高档公寓等;结合地方文化传统组织节庆狂欢活动,并借机发展都市旅游。这些场所由于营造了良好的文化环境与节庆氛围,以及充满活力的购物与休闲娱乐功能,因而受到许多中产阶级、青年、文化人士和艺术家的青睐,最终促使人群向市区的回流。事实上,从景观破旧、环境恶劣、犯罪率高的衰败空间向充满活力的消费节庆空间和旅游景点的转变,不但刺激了城市经济的发展,而且推广了地方文化,并提升了城市的形象。迈克·费瑟斯通认为:"这是一个称为后现代化的过程。它表明通过投资新型模式,重新构建了全球性的社会空间联系。由于内城中心地带的重新开发,也导致了与城市中心消解相反的一种趋势。

后现代化过程必然使内城区域与码头之类城市边缘脱离工业化过程,成为新中产阶级成员之聚集地,并将之开发为旅游业与文化消费的场所。"[①]从某种意义来讲,城市复兴甚至成为了消费空间开发的代名词。

但是,由于过分依赖消费活动,同时这些场所主要培育的是中产阶级的消费和休闲活动,社会底层被自然而然地排除在外。另外,虽然通过历史遗迹的保护和再利用以及文化和节庆活动的举办,在一定程度上复兴了地方文化,但是却忽视了文化产业的发展,并且没有支持地方文化基础设施的发展。

3) 消费主导城市发展

50多年来,商业消费空间从市区到郊区然后再返回市区的发展过程,成为美国城市空间演替的主旋律之一。在这一进程中,消费商业与房地产开发的结合始终有效地支持了城市的扩张和转型。

3.2 欧洲:消费发展与城市认同走向融合

欧洲的消费空间可以追溯到古老的希腊市场(Greek agora),围绕着广场、街道形成的集市、商店以及路边摆放座椅的咖啡店和酒吧,这些形成了具有欧洲特色的消费空间,同时它们也是日常生活中重要的社交场所。19世纪出现在巴黎的拱廊商业街道,是消费空间历史上一次重要的飞跃,它重新定义了城市的体验。通过购物活动将原先分割开的城市街区连接成了整体,街道被整合成了一种特殊的公共空间。它的出现对后来的购物中心的发展,起到了启示性的作用。但是,二战之后,欧洲的消费空间发展并不是一帆风顺的,在强大的美国消费文化的影响下,它经历了从盲目接受美国消费模式到冲突与抵制再到另辟蹊径的过程。

3.2.1 美国式购物中心的入侵

1) 入侵

战后美国国内郊区购物中心快速发展的同时,也逐渐使得美国的购物空间模式——"大盒子"的购物中心开始向世界蔓延。20世纪60年代,在家乐福等零售业巨头公司的推动下这种"大盒子"建筑在欧洲各国开始陆续出现,综合超市与仓储式超市等大型消费空间逐渐普及;从80年代开始,服务于次区域和区域的更大规模的购物中心也开始出现(图3-7)。这些欧洲的新型购物空间首先继承了美国式购物空间的巨大规模,超级商场的平均占地规模达到了12 542 m^2(之前的平均面积为5 000 m^{2}左右)。如果将巨大规模的美国购物中心放置到欧洲的地理景观中,我们就能深刻体会到这些大盒子的巨大程度。伦敦中心区拥有320万m^{2}的用地。如果一座139 353 m^2[②]的美国购物中心设在那里,它将占据4.4%的伦敦中心区的用地。一个更惊人的比较可以通过美国最大的购物中心——美国广场(Mall of America)来进行,它的用地面积约232 250 m^2,假设它位于伦敦市中心区,它将占据其7.5%的用地。如果它位于欧洲最小国家之一的摩纳哥,它将占

---

① 【英】迈克·费瑟斯通.消费文化与后现代主义[M].刘精明译.南京:译林出版社,2006:155-156
② 美国购物中心的平均用地规模。

据这个国家 12% 的总用地面积①。此外,由于受到城市中心区空间的限制和高昂地价以及交通的困扰,大型零售商更倾向于在都市外围建造购物消费空间,"低地价、可利用性、可达性"成为新型购物空间的选址的标准。从 90 年代中期,法国 80% 购物中心位于郊区。1995 年,德国郊区购物中心以每周开放一家的速度在建造。② 这样,一种不同于欧洲传统方式的全新购物体验产生了。

图 3-7 (左)欧洲传统购物拱廊;(右)巨型购物中心——位于曼城市郊的 Trafford Centre

2)冲突

到 1996 年,大规模的零售商控制了欧洲商业贸易的主要份额:在法国超过了 90%,在德国超过了 75%,在意大利超过了 55%。在西班牙,从 1986 年到 1994 年,位于城市中心的小商店数量已经下降了 30%③。大型购物空间对欧洲城市的渗透,使得欧洲的城镇面临着严峻的形势,主要的忧虑集中在以下几点:(1)位于城市中的大体量购物空间,从根本上改变了欧洲城市和乡村的面貌,对城镇已有尺度、天际轮廓、肌理和景观造成了破坏;(2)单调同一的购物景观和体验,减少了欧洲城市生活的多样性,并对传统文化造成了冲击;(3)商业消费活动的外移,造成城市旧城活力的不断分散和城市特色本质的衰弱。欧共体委员会(CEC:Commission of the European Communities)1990 年发布的《城市环境绿皮书》(*Green Paper on the Urban Environment*)中就指出城市外围的大型购物中心不断涌现是城市环境恶化及中心衰退的重要原因之一④。

3.2.2 消费的控制与欧洲城市认同

1)欧洲城市认同

欧洲人从 20 世纪 80 年代开始发起了抵制大型购物空间的行动。这种抵制实质上

---

① Chuihua Judy Chung,Jeffrey Inaba, Rem Koolhaas, et al. The Harvard Design School Guide to Shopping [C]. Köln:TASCHEN GmbH,2001:635

② Chuihua Judy Chung,Jeffrey Inaba, Rem Koolhaas, et al. The Harvard Design School Guide to Shopping [C]. Köln:TASCHEN GmbH,2001:636

③ Chuihua Judy Chung,Jeffrey Inaba, Rem Koolhaas, et al. The Harvard Design School Guide to Shopping [C]. Köln:TASCHEN GmbH,2001:639

④ 李琳.欧盟国家的"紧凑"策略:以英国和荷兰为例[J].国际城市规划,2008(6):107

是一次保留欧洲认同的尝试,因为"欧洲人认同自身是通过他们的城市,并且这种不曾预料到的空间和物质秩序的改变实际上会是一个对欧洲特质的生硬伤害"①。事实上,这种文化上的认同已经沉积到了城市的历史建筑、街道、广场、天际轮廓以及肌理等城市物质环境中,并已经深深地融入城市的结构之中。巨大的美国式的购物中心无疑会割裂这种结构,这相当于削弱了城市结构所支撑的文化与传统。认识到这一点之后,欧洲各国开始限制大型消费空间在城市中的建造计划。

2)抵制与控制

意大利是抵制大型商业最坚决的欧洲国家之一。1971年执行的426法令,规定超过1 500 m²的新商场,或者人口少于1万人的城镇中销售面积超过400 m²的新商店,都必须获得地区政府的准许才能建设。80年代在准入许可方面的轻微放松造成了大型购物空间的流入,但是90年代开始强化了法律,则明显地提高了进入的门槛。法国也较早就对大型零售业的发展引入了限制性的法令。1973年的罗伊法令(*Loi Royer law*)规定超过1 000 m²的商场建设需获得地方政府批准,超过10 000 m²的商场需获得中央政府批准。由于控制效果不佳,1993年4月,一个新的法令颁布,在12个月内冻结了所有新的超过1 000 m²的任何形式的高级百货商店计划,而且开工建设必须得到贸易代表委员会、消费者团体以及市长的批准。1993年颁布的法令更是限制了食品商店的规模,消除掠夺性的价格,并且向超过300 m²的商场征税。总之,这些控制措施有效地限制了新购物中心的增长。在英国,90年代中期颁布的两个法令开始减缓了大型购物中心的发展。规划政策指导第6条(PPG6)的修订本为购物中心的选址设置了"连续的考验":第一个法令,选址地点必须是城镇中心,其次是城镇的边缘;只有当前两种地点被证明是不可行时,规划代理才能考虑城镇以外的选址。第二个法令,由皇家环境委员会建议,如果没有展示出对环境显而易见益处的新商场发展计划将被禁止。②这些国家的措施明显保护了欧洲城市的物质环境和景观,并对传统商业中心的文化与活力的维持起到了较大的作用,从而一定程度上维护了欧洲城市的认同感。

3.2.3 "隐藏的购物中心"与文化规划

在欧洲各国一系列限制法令和措施颁布之后,如何在维护文化认同和发展消费经济之间寻求平衡,成为欧洲人不得不面对的难题。20世纪80年代以来,通过消费空间与城市复兴战略的协调发展,以及在文化规划的指引下推销城市的地方文化等模式的运用,使得城市的消费发展与文化认同从冲突走向了融合。

1)"隐藏的购物中心"

其中一种模式是许多大型零售商主动将商业发展计划与城市的复兴发展战略相结合。在遵守控制法令的前提下,许多商店设置在城市内部并主动融入城市的肌理和景观之中,并适当地进行调整以适应商业规模效应的需求。由于大多数法令对商场的规模都有限制,许多开发商通过将空间分配成相邻的单元,每个单元面积都小于允许的规模,虽

---

① Chuihua Judy Chung,Jeffrey Inaba,Rem Koolhaas,et al. The Harvard Design School Guide to Shopping[C]. Köln:TASCHEN GmbH,2001:640

② Chuihua Judy Chung,Jeffrey Inaba,Rem Koolhaas,et al. The Harvard Design School Guide to Shopping[C]. Köln:TASCHEN GmbH,2001:642-646

然物理尺寸被减小了,但是隐藏在店面之后的运作结构和连成整体的空间规模依然与以前一样庞大。位于伦敦的牛津大街,正是采用了这种策略,转变成了符合规模限制要求的"隐藏的购物中心"(图3-8)。街边历史建筑和新建筑中入驻的一系列商店,每个虽然规模不大,但聚集在一起却形成一个的巨大消费空间,加之提供了最具吸引力的混合型业态,并对街道环境进行了改造,鼓励步行,从而提供了与购物中心相比毫不逊色的消费环境,在其中

图3-8 伦敦牛津大街——隐藏的购物中心

活动的同时还能体验到伦敦的空间特色与文化传统。以前欧美的郊区购物中心是为了模仿城市的空间,而如今"隐藏的购物中心"本身就利用了原有城市的历史文化空间,这无疑比郊区的发展计划更具有吸引力。更重要的是的这种模式不但通过刺激消费发展了经济,而且促进了城市中心的复兴和更新。当越来越多的城市采用此模式时,一种类似于购物中心的运作和维护方式——城镇促进地带(Town Improvement Zone,简称TIZ)被许多城市的商业街区所采用。在这些街区中,街道清洁、保安以及景观维护都是承租人和房东的责任,这种监管方式整合了私人和公众资源,并且激发了商业与地方政府之间的合作。1990年至2000年之间,英国专职的TIZ的经理人数已从8个增长到超过250个。[①]

2)文化规划

另一种成功的模式是以"地方文化"的销售为出发点的文化规划(cultural planning)以及创新城市(creative city)理念在城市发展战略中的应用。由于当代消费活动更注重符号和意义的消费,文化商品化和文化消费在社会中的影响日益明显,欧洲各国也认识到,城市的物质空间和环境固然重要,人们对城市的感知、解读及期待也同样重要。因此,当推销城市时,商品不仅是城市物质空间本身,还包括城市的文化因素。大卫·哈维认为,"现今的城市和地方,看上去,更关注去创造积极的和高品质的城市印象……充斥某种特质、奇观和戏剧效果的组织"[②]。从20世纪80年代开始,基于城市的文化规划在欧洲城市的政策议程中逐渐成为重点,这种规划突出了文化及其产业发展和消费的重要性,培育创新性成为地区经济复兴和赋予地方象征体系和城市特色的基本战略。"文化规划需要与诸如建成环境的设计、住宅政策、零售、治安和广泛的经济活动等城市项目相联系,文化规划代表着一种实现城市规划的新途径"[③]。由于商业消费空间在规模上受到了限制,许多开发商转而将目光投向了文化型消费空间的建设和节庆活动的组织上,起码在文化外衣下消费的本质被一定程度地遮掩住了。但实际上,这些文化设施和文化活动是通过地方环境氛围和文化产品来吸引观光者,这极大地促进了都市旅游,并通过

① Chuihua Judy Chung,Jeffrey Inaba,Rem Koolhaas,et al. The Harvard Design School Guide to Shopping[C]. Köln:TASCHEN GmbH,2001:657

② Deborah Stevenson. Cities and Urban Cultures[M]. 北京:北京大学出版社,2007:99

③ Deborah Stevenson. Cities and Urban Cultures[M]. 北京:北京大学出版社,2007:10

联动效应促进了购物、休闲、娱乐、教育等相关消费活动的发展。而相配套的公共住房计划、历史建筑的修复和新办公空间的建设以及对创意产业和人员的鼓励和优惠政策,促进了中产阶级和文化艺术、科技信息等从业人员向城市中心区的回流(工作和居住),从而形成了相对稳定的消费人群和文化商品生产者,这对城市中心活力的复兴和地方文化的持续发展起到了积极的作用。苏格兰的格拉斯哥是欧洲文化规划运用到城市复兴的成功案例之一。这个计划包括城市环境的更新,鼓励文化艺术产业的发展,新美术馆的开张和文化节庆活动的举办,特别是 1990 年城市"欧洲文化之都"的活动,更是提高了格拉斯哥的城市形象和知名度,并吸引了大量的游客前来观光和消费(图 3-9)。在英国,到2001 年,以文化商品的生产与消费为特征的创意产业在国民增值中(GVA)的比例已达8.2%,其出口额已达 1 140 万英镑,相当于当年货物和服务业出口的 4.2%[①]。如今,"文化规划"的理念已应用到利物浦、谢菲尔德、慕尼黑、比利时安特卫普等城市中,并有效地促进了地方经济与都市旅游的发展。

布坎南画廊与约翰路易斯购物中心　　布坎南步行商业街

图 3-9　文化规划后的格拉斯哥布坎南街(Buchanan Street)——商业空间与文化空间、城市历史景观的融合发展

3) 从冲突到融合

在商业发展和城市认同产生冲突之后,欧洲所采用的方式是将大型商业化整为零并与城市的景观和肌理较好地融合在一起,从而支撑了内城尤其是城市历史地段的复兴,并维持了欧洲人对城市的认同感;但另一方面,随着城市原有中心被商店、商场或商业街所占据,内城居住的多样性和便利性也不可避免地随之降低。而近些年来在欧洲兴起的文化规划,所采取的是一种混合型的发展模式,其重点是文化商品(包括城市特色)的生产与消费。它鼓励将文化、社会与经济政策紧密相连,并作为一种提升都市景观、复兴地方经济、扶持文化创意产业、培育公众文化认同感、发展都市旅游以及鼓励社会公正的工具。但实际上,文化规划并不能达到如此广泛的目标,而且其在实施效果上是有限的。同样的,它对文化产业的大力扶持,受益最多的还是文化、艺术人士等精英阶层。

---

① 克劳兹·昆斯曼. 创新性、文化与空间规划(之一) [J]. 王纺译. 北京规划建设,2006(3):171

3.3　新加坡:依托购物旅游的购物之城

新加坡是一个典型的城市国家,不但空间狭小而且资源有限,如何依托区位优势,在各种激烈的竞争中,维持其作为亚洲贸易与金融商业中心的地位,是新加坡面临的主要难题。为了应对种种新的挑战,遵循"合作-竞争(Coopetition)"机制①,通过密集布局,大力发展购物消费和都市旅游,成为新加坡城市发展的重要战略。

3.3.1　"合作-竞争"机制

近年来,新加坡政府一方面促进产业转型,大力投资基础设施建设,力求以最优越的商业环境吸引外来投资;另一方面大力发展服务业,包括零售与批发贸易、饭店旅游、交通与电讯、金融服务、商业服务等,将服务业作为经济增长的龙头产业。目前,旅游业和由各国游客所带动的零售与娱乐业是整个国家主要外汇收入来源和支柱产业之一。此外,新加坡坚持将"合作-竞争"机制作为国家发展的根本理念之一。1991 年,新加坡的贸易工业部长宣布在充分整合其微小规模和有限资源的基础上,将"合作-竞争"机制作为经济规划概念中的重点和关键,从而逐渐形成了一个都市发展计划——希望将整个城市和区域转变为一种高度协同的购物消费环境。②

1) 区域层次的合作-竞争

在区域层次上,新加坡与周边的东南亚国家合作-竞争,努力发展成为旅游中转站。就自然和历史文化条件而言,新加坡并不具备发展旅游业的突出优势,但利用其显要的地理位置,大力发展基础设施,美化城市环境,提供优质服务,简化出入境手续,开展各种旅游外交活动,从而吸引大量外国游客前来旅游以及大批国际商务活动与会议前来举办。并通过现代化的环境与服务优良的、密集的购物与休闲消费空间,与自然和人文资源较为丰富的泰国、马来西亚、印度尼西亚等邻近国家错位互补发展,从而形成相互依赖的旅游消费网络。目前,新加坡已成为东南亚旅游必到的旅游中转站和购物目的地。

2) 都市层次的合作-竞争

在都市层次上,新加坡的商业消费空间无论它们是单栋的建筑或是更大的城市空间,都是基于"合作-竞争"机制,战略性地共同面对挑战。它们在空间上密集设置,虽然强化了商场之间的竞争,但同时也通过规模效应吸引了大量消费者的到来,并更充分地激发了消费者的欲望。各个商场之间的持续竞争,使得错位发展成为了必然选择。商场的经营者也更多地考虑顾客的个性化要求,强调特色化经营,并不断地引领并拓展消费者的消费需求。它们之间的关系并不是敌对的,而是互相促进和互相依存的关系,最终形成了功能齐全、配套完善、服务多样化且规模巨大的消费环境。

---

①　"合作-竞争(Coopetition)":是由 Charles F. Sable 在 1982 年首先提出的,以描述在经济动力系统中合作与竞争之间的有机联系。合作与竞争虽然代表了两个基本对立的市场概念,但是现在它们被整合到一起产生了一种新的可以使大家获得更大利益的工作模式。"合作-竞争"抓住了商业合作和竞争的精髓,使得集体共享顾客与信息及相关的配送资源。

②　Ministry of Trade and Industry. The Strategic Economic Plan:Towards a Developed Nation. Singapore:Singapore National Printers,1991

3.3.2　乌节路与购物之城

1）乌节路——购物走廊

新加坡的标志性商业中心——乌节路（Orchard Road）就是基于"合作-竞争"机制形成的巨型消费区（图 3-10）。它位于新加坡中心区，由最初的林荫大道演变为一个购物、旅馆、办公和娱乐相混合的功能区。拥有超过 50 个大规模的混合用途的购物发展项目，主要的特许经营和大型购物消费链相互连接并延伸，形成长达 3 km 的"购物走廊"。大道两旁密集布置的商场为了吸引顾客而激烈竞争，但是它们之间也通过加强步行交通联系、整合商品信息网络、优化交易与配送体系等方式来相互合作。目前，各种消费活动已经渗透到了大道两侧的每一处机构和建筑。"旅游者身处乌节路上的两家宾馆之内，现在可以在客房内购买他们所需的商品，并可快捷地送达房间。在 ANA 宾馆中，他们可以通过电视屏幕购买商品，在凤凰宾馆（The Phoenix Hotel），他们可以通过计算机从路对

乌节路模型

乌节路街景

乌节路总平面

图 3-10　购物走廊——新加坡的乌节路

面的鲁宾逊百货公司(Robinsons Department Store)订购商品"。①

如今,乌节路为主体的新加坡中心商业区已成为与纽约的第五大道、巴黎的香榭里舍、东京的银座齐名的国际性购物消费地带。另外,每年一次的"新加坡大热卖"(The Great Singapore Sale)②,通过名牌商品大幅打折、延长购物时间至午夜、购物抽奖和赠送礼品、组织各项精彩游乐活动等方式,使得活动期间各种商业娱乐设施和空间在"合作-竞争"机制下更加高效地运行着,整个城市成为了吸引世界各地的游客前来狂欢与购物的"天堂"。这最终进一步巩固了新加坡在东南亚"购物和休闲消费之都"的地位。

　　2) 购物之城

乌节路这种购物中心沿主要的室外廊道密集排布的空间发展模式,突破了以往的城市商业中心的模式,现今在亚洲国家的一些城市十分流行。在这种模式下,加上节庆活动的举办,新加坡作为一个城市国家正逐渐发展成为一座购物之城。就目前的发展状况而言,从其自身看上去新加坡确实就像一个购物中心:新加坡人均所拥有的零售空间面积要远远超过其他邻近的东南亚大都市。2000 年左右,雅加达人均 0.4 ft²(约合 0.04 m²),曼谷1.9 ft²(约合 0.18 m²),吉伦坡 4.1 ft²(约合 0.38 m²),而新加坡则有 18.4 ft²(约合 1.71 m²)。③

3.4　阿联酋迪拜:奇观之城

20 世纪 90 年代之前,迪拜④还是一个位于阿拉伯湾的普通沙漠城市,像其他中东城市一样,迪拜因石油而富庶。然而,石油是不可持续的,如何让一座缺少旅游消费亮点的沙漠城市,成为全球瞩目和快速发展的城市,是迪拜发展面临的主要难题。到了 90 年代以后,迪拜政府认为必须借鉴香港、新加坡的经济发展模式,把迪拜建设成为一个以服务与消费经济为主的经济体。在这一经济发展战略的指引下,消费,而且是顶级的奇观消费和奢侈消费,逐渐成为这座城市发展的主要策略。

3.4.1　奇观消费与奇观城市

自从弗兰克·盖里设计的毕尔巴鄂(Bilbao,也有译作毕尔堡)古根海姆博物馆作为一个奇观建筑,将名气不大的毕尔巴鄂从一个经济衰退的工业小城提升为全球的旅游热点城市之后,利用奇观建筑发展都市旅游和经济的"毕尔巴鄂(Bilbao)效应"⑤便被

---

　　① 转引自 Chuihua Judy Chung,Jeffrey Inaba,Rem Koolhaas,et al. The Harvard Design School Guide to Shopping[C]. Köln:TASCHEN GmbH,2001:208

　　② 到 2008 年,"新加坡大热卖"已举办第 15 次。一般在年中举办,持续 8 个星期左右。其间整个城市的商场、商店都将参与到活动中。

　　③ Chuihua Judy Chung,Jeffrey Inaba,Rem Koolhaas,et al. The Harvard Design School Guide to Shopping[C]. Köln:TASCHEN GmbH,2001:207

　　④ 迪拜(Dubai)是阿联酋第二大酋长国,面积 3 885 km²,约占全国总面积的 5%,人口 140 万(2004 年),约占全国总人口的 30%。迪拜的经济实力在阿联酋排第二位,阿联酋 70%左右的非石油贸易集中在迪拜,所以习惯上迪拜被称为阿联酋的"贸易之都",它也是整个中东地区的转口贸易中心。

　　⑤ 毕尔巴鄂古根海姆博物馆由于其扭曲动感的奇特造型,在建造过程中,就成为媒体大肆宣扬的对象。1997 年,博物馆的建成开放后的首年度便接待了 140 万名参观者,并依靠旅游赚取了 16 亿美元的收入,为城市居民创造出 3 800 个新的就业机会,因此这一特殊的现象被称为"毕尔巴鄂效应"。

世人所津津乐道。而这一效应的本质正是将建筑奇观作为消费商品。在雄厚的石油经济的支撑下,阿联酋同样毫不掩饰其对于奢华壮观景象的青睐与追求,通过制造一个又一个举世震惊的消费品——奇观建筑或工程,迪拜一跃成为世界顶级的旅游热点城市。

1) 建筑奇观

由英国阿特金斯公司(Atkins)设计的阿拉伯塔酒店(Burj Al-Arab 或译为帆船酒店),于 1999 年建成,一共有 56 层,高 321 m,也是目前全球最高和最豪华的酒店之一。整个建筑建立在离海岸线 280 m 处的人工填海而成的小岛上(图 3-11),其施工建造的难度之大在工程史上也堪称一项奇迹。建筑整体外观如同大海中张扬的风帆,建成后迅速成为迪拜和阿联酋的新地标与著名旅游景点,也成为了阿拉伯人奢侈和富足的象征。由于该酒店奇观效应的成功,更坚定了迪拜奇观消费的发展理念。

刚建造完成的世界第一高楼——哈利法塔(Burj Khalifa Tower,原名迪拜塔 Burj Dubai)堪称另一个世界奇观,大楼有 160 层,最终高度为 828 m(图 3-11)。这一高度使得世界上著名的高楼——纽约的帝国大厦(381 m)、上海的金贸大厦(421 m)、芝加哥的希尔斯大厦(442 m)和马来西亚吉隆坡的双子塔(452 m)、台北的 101 大楼(508 m)等都相形见绌。哈利法塔的开发商表示,它是由钢筋水泥和玻璃建造起来的一项建筑和工程学的杰作,"迪拜拒绝平凡,渴望建造一座世界的地标性建筑,这将是人类一项无与伦比的伟大成就"①。而且哈利法塔并不仅是一个奢华的酒店和公寓,还是又一个令人震撼的综合性消费场所,它包括购物中心、旗舰店、餐饮店、游乐场、温泉等等。可想而知,其建筑本身就是比其他任何东西都更具吸引力和震撼力的消费品。

图 3-11 世界奇观:阿拉伯塔酒店(左)与哈利法塔(右)

前几年在迪拜海湾开工建设的世界最大的人工填海造岛项目——棕榈岛和世界岛,又一次震惊了世界(图 3-12)。该项目的初衷就是要打造"世界第八大奇迹"。棕榈岛是

---

① 参见 迪拜塔网,http://www.burjdubai.com/

在距海岸约 4 km 处的大海中人工填出的两座岛屿,从空中俯瞰,每座岛由一个"树干"、"枝条"和一圈防波堤组成,就像两棵巨大的棕榈树,因此被称为棕榈岛。棕榈岛上既有静谧隐蔽的私人住宅区,也有供游客观光的酒店和度假村。另外,棕榈岛的开发和设计者充分考虑了岛上居民的吃喝玩乐各方面的需要,大型超市、购物中心、餐厅、游乐场、运动设施、影院、水疗中心、会所、海洋公园一应俱全,并将建一条单轨铁路,以方便游客和居民在这个巨大的"公园"内前往各个景点。据悉,世界上许多富豪、影星和球星已在此置业。"世界岛"项目则是另一个大胆的创意,它由 250 座大小不等的人工填岛在大海中按照世界各个大洲和各个国家的形状组成一幅"漂浮在海面中"的世界地图,整个"地图"覆盖的面积长约 9 km,宽约 6 km。这些小岛的形状经过精心设计,组成一个国家或一个地区的微缩形状。开发商希望以这个独具创意的构思来吸引世界各地的富豪、开发商和投资者前来"瓜分世界"。

图 3-12 世界奇观:棕榈岛与世界岛

2)奇观城市

此外,迪拜还有世界最大的商场——阿拉伯商场、世界第一座海底酒店、沙漠中的滑雪场等等,这些在沙漠中相继诞生的海市蜃楼般的城市奇观,无一不是以追求震撼来吸引世界的目光,追求极致(most)的"最大、最高、最豪华、最具创意、最震撼"成为这些奇观成功的秘诀,"毕尔巴鄂效应"在这里得到了极致的演绎。正是这些奇观使得整个城市演变成了可供消费的奇观商品,并成为全球最大的城市建设区和发展最快的世界级都市,以及全球最为瞩目的旅游胜地之一(图 3-13)。2004 年,迪拜接待了超过 540 万名游客,比 2003 年上涨了 9%,到 2010 年,游客数字增长了 3 倍[①]。

3.4.2 奢侈消费与石油之后的城市发展战略

1)奢侈消费

迪拜成功的另一个秘诀,就是将城市的消费者定位于世界上的明星、模特、艺术家、商人、富豪等中上阶层,以提供令人难忘的高端消费甚至是奢侈消费来吸引这些人群。阿拉伯塔酒店堪称世界上最奢华的酒店之一,其室内装修金碧辉煌,因为饭店设施和服

---

① 参见 迪拜塔网,http://www.burjdubai.com/

图 3-13　迪拜成为一座奇观城市

务实在太过高级,远远超过五星的标准,只好破例称它做"七星级酒店"(图 3-14)。此外,哈利法塔、棕榈岛和世界岛等等一系列工程,走的都是奢华路线,其环境质量和服务以及消费项目的高档都是其他国家无法比拟的。另外,迪拜还大力发展各种文化体育和政治经贸项目,同样也是以巨额投入和奢华消费吸引世人目光。这里举办的沙漠高尔夫精英赛奖金总额高达 200 万美元,奖金总额为 600 万美元的迪拜"沙漠世界杯"是全球奖金最高的赛马赛事。2003 年,迪拜主办了世界银行和国际货币基金组织联合年会,这是两机构成立 50 多年来首次在中东地区举行年会。2003 年迪拜会展业产值达到 15 亿美元,目前,迪拜最大的两家展览中心——迪拜世贸中心和迪拜机场展览中心每年举行的展会超过 70 个,参展客商达到 1 500 万人。① 另外,为了进一步促进迪拜的零售业、消遣娱乐及旅游业,以促销活动为亮点的购物节成为刺激阿联酋经济增长的重要方式。类似豪华轿车和金条的惊人大赠送,以及在全市范围内的打折促销,是迪拜一年一度购物节的最大特色。购物节已经把迪拜全城变为一个主题乐园。1998 年的购物节,吸引了 200 多万游客,带来了 10 亿多美元的消费收入,获得了巨大成功。

图 3-14　阿拉伯塔酒店极尽奢华

---

①　中国驻迪拜总使馆经济商务参赞处.迪拜 2003 年国民经济及对外贸易形势分析. 参见中国贸易促进网 http://www.tdb.org.cn/interMarket/22934.html

2) 石油之后的战略

当人们感叹阿联酋石油和金钱的威力时,其实许多人并没有察觉到迪拜这些一掷千金的大动作后面所隐藏的动力——即对石油资源终有耗尽之时的危机感。上世纪中叶发现的大规模油田,一举改变了迪拜人的命运。现在以迪拜王储为首的迪拜决策者千方百计地为石油换来的财富寻找合适的投资目标,以未雨绸缪的态度应对未来可能出现的石油枯竭的局面。奢侈消费正是迪拜城市发展的重要战略:大力发展旅游业和零售业,努力吸引世界各地高收入阶层和游客,减少迪拜对石油经济的依赖,促进经济的多样化发展,把迪拜建设成东西方之间的自由贸易中心、金融中心、商业中心和旅游中心,从而在全球城市竞争中占领先机。据统计,2000 年,迪拜有大约 19 亿美元的经济活动要归功于旅游业,这一数字包括旅游者在酒店及餐馆的支出、交通费用、购物花费等。如今,旅游业在迪拜经济发展中的作用已经超过石油产业。近几年,在迪拜的非石油产值中,旅游业产值约占 40%。[①] 从这些统计数据中可以看出,在非石油经济快速发展的背后,奢侈消费与奇观消费已成为迪拜城市发展的巨大推动力(表 3-3)。但是,由于过分依赖巨额的房地产投资和旅游消费,在 2008 年以来的世界金融危机的冲击下,迪拜城市的建设与发展遇到了严峻的挑战。

表 3-3　迪拜 1995—2001 年国内生产总值

（以 1995 年价格作为不变价格,单位:10 亿迪纳姆,1 美元＝3.67 迪纳姆）

年份	1995	1996	1997	1998	1999	2000	2001
GDP	41.2	44.2	46.6	49.1	53.1	57.1	59.4
GDP 增长率(%)	7.0	5.5	5.3	8.2	7.5	4.0	7.5
非石油 GDP	34.0	37.7	42.3	44.5	48.6	53.0	55.5
非石油 GDP 增长率(%)	10.9	12.1	5.3	9.2	8.9	4.8	9.5

3.5　日本:消费网络之城

日本可以说是亚洲乃至整个世界商业消费最为发达的国家之一。到 2000 年左右,日本拥有零售空间面积约 1.03 亿 m²,占整个亚洲的 14%,世界的 5%,仅次于美国。[②] 购物消费在这个国家的城市,尤其在东京、横滨、大阪等大都市的空间发展中扮演着极其重要的角色。依托于轨道交通的百货商店所形成的主干网络,以及依托于信息网络的便利店所形成的微观网络,逐渐成为城市不可分割的部分,并支撑着日本城市的运行、发展和更新。

3.5.1　百货商店等同于城市

在日本的大都市中,日本特色的百货商店(英文称为 Depato,实际上也是一种购物中

---

　　① 中国驻迪拜总使馆经济商务参赞处. 迪拜 2003 年国民经济及对外贸易形势分析. 参见中国贸易促进网 http://www.tdb.org.cn/interMarket/22934.html

　　② Chuihua Judy Chung, Jeffrey Inaba, Rem Koolhaas, et al. The Harvard Design School Guide to Shopping[C]. Köln:TASCHEN GmbH,2001:54

心)不仅作为购物消费的目的地出现在城市中,更多地是作为城市环境的组成部分,并且达到了不可分割的程度。

1)百货商店与城市轨道交通系统

从20世纪20年代开始,铁路开发公司例如阪急(Hankyu)、东急(Tokyu)、西武(Seibu)等公司掌管了日本百货商店的发展。他们战略性地将交通设施和购物消费空间结合在了一起,创造了一种新城市发展模式:为了建设新的轨道系统购买大量的土地,沿轨道线开发居住用地,同时在轨道站点周边开发娱乐和购物设施。这种将轨道站点与日本百货商店综合设置的方式,产生了著名的终端型百货商店(Terminal Department Store)。通过城市轨道交通系统的支撑,终端型百货商店轻松地将它的顾客群扩大到所有的阶层,即将巨大的交通集散人流便捷地转变为消费客户。例如,东京的新宿(Shinjuku)站是这个区域最大的一个站点,它周边聚结着9家私人的铁路公司、5个百货公司以及6个终端型百货商店(图3-15)。每天有超过130万乘客,而其中有超过30万人经过商场的门口,即使其中只有一部分人会成为顾客,仍然为商场带来了大量的人流和商机。①

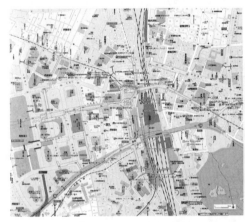

图3-15 东京的新宿站——购物消费空间和交通设施的完美结合

2)合作-竞争与 Keiretsu 系统

日本的这些开发公司大多采用了一种称作"Keiretsu"②的公司运营结构系统,一种日本式的合作-竞争模式,它在结构、运作和空间层面上改变了日本百货商店发展的模式。铁路开发商与其他公司组成的 Keiretsu 是一种跨行业的公司所形成的团体,大家通过相互投资和交叉参股,共同参与城市发展的每一步——从轨道系统、住宅公寓到百货商店,各个公司彼此紧密合作又相互竞争,最终增加了整体的利润。Keiretsu 系统建造并维护着东京等大都市的交通网络,而且通过各种消费支撑起了一种高负荷、高密度的城市空间,并保证了交通、生活、工作、消费等各种城市活动之间的有效互动。而百货商店作为开发与运营的重中之重,正是各种城市活动不可或缺的连接点。

---

① 转引自 Chuihua Judy Chung,Jeffrey Inaba,Rem Koolhaas,et al. The Harvard Design School Guide to Shopping[C]. Köln:TASCHEN GmbH,2001:753

② 在企业文化里,keiretsu 指的是日本式的企业组织,一种跨行业的联合企业模式和垄断形式。一个 keiretsu 是一组联营公司,它们结成一个紧密的联盟为彼此的成功而一起奋斗。keiretsu 系统是基于政府和企业间的亲密的合伙关系,它是将银行、厂商、供应者和发行者与日本政府联结在一起的一个复杂的关系网。

东急公司与西武公司在东京涉谷地区(Shibuya)的合作-竞争过程是一种典型的Keiretsu系统成功运行的案例(图3-16)。两个公司之间互相错位发展:东急公司的主力店(Tokyu's main store)采用了传统的大型建筑体形式——在一个屋盖下包含了数个商场,以规模巨大和综合全面而取胜;而西武公司则采用了"化整为零"的模式,将百货公司划分成专业化的部门并发展成数个个性化的新型分店(包括 The Prime 店、Seed 店、Loft 店等),每个分店是相互独立、规模有限的建筑,但是以消费的主题化和专业化取胜,并且各个分店之间通过地下的廊道或天桥相互连接,形成一个相对松散而整体的购物消费环境。两个公司之间既竞争激烈又相互补充,通过整合在一起的规模效应和消费环境的多样化,在轨道系统和综合立体化步行系统的支撑下成为了东京最重要的消费目的地。

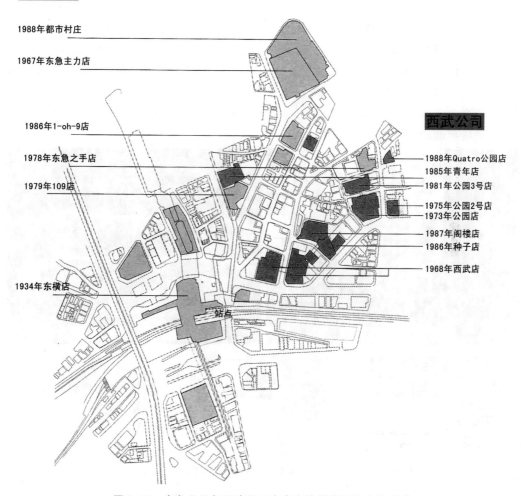

图 3-16　东急公司与西武公司在东京涉谷地区的合作-竞争

3)不仅是购物

通过百货商店,Keiretsu系统将城市的基础设施与公共空间紧密地整合在了一起。因为发展购物并不是唯一的目的,通过整合城市轨道等基础设施,百货商店以购物为基础进一步强化其功能的完善和项目的多元化。将一些基本的城市公共活动,例如学习、餐饮、健身、展览、观演等日常生活的配套服务以及社区活动纳入其中,百货商店日益发展成更大的系统——成为城市中最重要的公共空间,这样可以通过规模效应和各种活动的联动效应创造更大的利润。"从其最开始,日本百货公司就已经定义为准公共的实体,它吸收了现代化、基础设施、文化机构的职能。它提供了如此广泛的服务,从住房供给到儿童护理,空间上从市政办公室到博物馆,通常都与公众部分相联系"①。最为明显的就是,百货公司作为一种文化机构在日本已经十分普遍。为了更有效地吸引活动和提升企业的形象,他们积极参与文化事业的建设,在商场中设置一些非购物的节目和活动,例如艺术展览、歌舞剧演出、教育服务、婚礼宴会服务以及运动设施等,积极拓展文化事业,并借此提高消费者的文化品位。西武公司通过设在百货商场中的艺术书店、剧院和社区大学等场所,积极鼓励各种文化活动。西武的官员透露,"在1990年集团只收回了45%在文化事业上的花费(通过捐款和门票收入),而且认为剩下的(他们不能回收的部分)主要用于公众关系和慈善事业"。东急公司也将自己的百货公司发展成文化机构,例如1988年开放的Bunkamura店(意为"文化村庄")。这座面积31 995 m²的七层建筑花费约1.4亿美元,包括两座电影院、一个2 150座的歌剧院、一个747座的音乐厅、一个画廊、一个餐厅、两个咖啡店、一个书店以及一个停车场(图3-17)。其目标是通过提供"更高水准的文化"来培育他的顾客。②

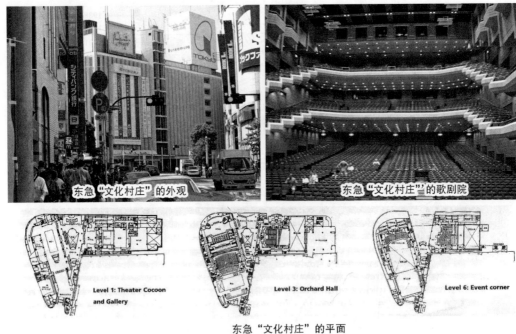

东急"文化村庄"的外观　　　　东急"文化村庄"的歌剧院

Level 1: Theater Cocoon and Gallery　　　Level 3: Orchard Hall　　　Level 6: Event corner

东急"文化村庄"的平面

图3-17　东急公司的"文化村庄"——文化与消费的混合体

---

①　Chuihua Judy Chung,Jeffrey Inaba,Rem Koolhaas,et al. The Harvard Design School Guide to Shopping[C]. Köln:TASCHEN GmbH,2001:262

②　Chuihua Judy Chung,Jeffrey Inaba,Rem Koolhaas,et al. The Harvard Design School Guide to Shopping[C]. Köln:TASCHEN GmbH,2001:256-258

4）百货商店＝城市

日本百货商店一方面通过 Keiretsu 系统,使得各个百货商店在合作-竞争的同时,依托于城市轨道网络系统所带来的可达性和巨大人流,在更大的城市范围内产生了更为有效和强大的联动效应,使得日本的城市居民在生活中更加依赖于这些消费空间。另一方面百货公司本身也越来越多地涉足城市的除零售业以外的其他领域,通过渗透到城市的公共空间与基础设施来影响人们的生活方式、礼仪规范、文化和教育活动的方方面面。日本百货公司的生存之道在于大力促进城市对其的依赖性,并且已成为了城市及其公共生活的不可分割的组成部分。在这一进程中,"日本百货商店已超越了购物,开始等同于城市了" ①。

3.5.2 便利店网络与城市的新陈代谢

1）日本便利店

便利店(Convenience Stores)自 20 世纪 70 年代出现在日本以来,已经从根本上改变了日本人的城市生活,并且被绝大多数人认为是生活中最主要的生活服务设施。虽然大多数的便利店属于大型零售公司所有,但是相对于传统的商店形式,其自身的特点——巨大的连锁网络、较长的营业时间、较小的规模、结合社区和邻里的布点、较短的步行距离——使它更具有灵活性和适应性。"到 1996 年,日本有 48 567 家便利店,每年的销售额为 73 780 亿日元。商店的数目超过了这个国家城市区域内的警察局、邮政局和电话局加起来的总数" ②。目前,东京所有的便利店加起来的总面积规模与所有的百货商场面积总量基本相当。

2）消费信息—个人—城市

相对于依托于城市轨道系统的百货商店而言,依托于更加灵活的信息网络的连锁便利店可谓是消费与城市中最新结构关系的典型代表。它们将品牌观念、准时的递送以及高度计算机化的有关商品目录和消费者信息系统整合进了商店网点系统中。便利店的系统网络链清晰地显示了信息技术是如何作用于商店形式、商品的配送、消费者甚至整个城市。但是它们对城市的影响和其他形式的消费购物空间是截然不同的。便利店通过消费信息的收集、整理和反馈,将"信息—个人—城市"连接成了整体,从而能够快速地应对城市的发展与变化(图 3-18)。以 7-Eleven 便利店为例,"1994 年,日本有 18 亿的顾客访问 7-Eleven 便利店,其网络销售的食品比任何日本的零售商都多" ③。每一顾客的信息被商店职员记录下来,包括年龄、性别和购买的物品种类,并上传到信息网络,这样信息经过计算机的整理可以轻松地得出顾客的范围、所有产品的销售量、售完的商品种类以及销售模式的变化,从而使得这种系统轻松地抓住了市场上最微弱的流行趋势和时尚。分析整理这些信息后,通过调整商店的布点、上架商品、商品价格等手段,便利店对

① Chuihua Judy Chung,Jeffrey Inaba,Rem Koolhaas,et al. The Harvard Design School Guide to Shopping[C]. Köln:TASCHEN GmbH,2001:262

② 转引自 Chuihua Judy Chung,Jeffrey Inaba,Rem Koolhaas,et al. The Harvard Design School Guide to Shopping[C]. Köln:TASCHEN GmbH,2001:758

③ 转引自 Chuihua Judy Chung,Jeffrey Inaba,Rem Koolhaas,et al. The Harvard Design School Guide to Shopping[C]. Köln:TASCHEN GmbH,2001:758

顾客的需求可以做到快捷顺畅的反馈,从而使它们可以完美地运营和顺利地扩张。因此从这点来看,便利店已经发展成了一个信息流动的反映都市生活的网络。在这个层面上,便利店不再是固定的建筑而是流动的网络节点,因为便利店会根据信息反馈,随时在空间布点上进行调整,这也意味着便利店的开张和关门停业成为家常便饭。"1996 年,日本有 3 218 家便利店开张,而同时有 1 485 家关闭"①。

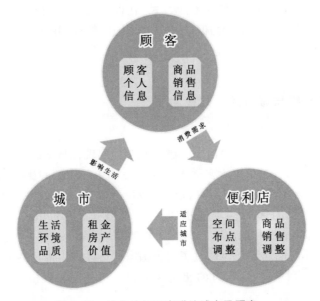

图 3-18　日本的便利店联结城市及顾客

在日本,过去房地产广告更加关注轨道交通站点的可达性和空间环境与景观的好坏,但是现在便利店的远近已成为衡量都市环境好坏的重要因素。从一个层面来看,一座城市的结构可以通过它的街区、道路和公园来感知。从另一个层面来看,城市也可以被看做是由便利店组成的结构体,众多的便利店以一种新的网络节点的形式覆盖在城市中,由此而形成的消费网络相对于城市的物质结构而言,在扩展和联系上显得更加自由和灵活。

3）城市的新陈代谢

日本建筑学界的新陈代谢派曾尝试过一种集合式建筑的表达方式,主张科技与人类和城市之间的和谐共存和有机生长。7-Eleven 等便利店公司则通过向数字信息网络进行大力投资,建设日趋完善的信息系统,从而创造了一种新型的潜在的"新陈代谢"系统。便利店可以在环境的快速变迁中持续地更新和升级,并且能够跟上消费需求的细微变化,它代表了一种可以轻松跟上城市时尚变换的系统。"东京的便利店系统促成了一种新型的都市生活,在那里资本在城市中几乎无阻力地行动;在那里通过信息手段和品牌经营,便利店公司在城市的概念和识辨性上取得了一致;在那里通过需求的预测和创造,消费的多样性和选择的自由度被表达出来。虽然这种信息网络是不易察觉的,对个人的

---

① 转引自 Chuihua Judy Chung,Jeffrey Inaba,Rem Koolhaas,et al. The Harvard Design School Guide to Shopping[C]. Köln:TASCHEN GmbH,2001:758

干涉也是很少的,但是它持续地调整着自身以适应城市的新陈代谢"①。

3.6 小结:消费是促进城市发展的有效工具

通过本章论述,我们可以看到:在美国,购物中心和节庆场所代表的消费空间及其活动是城市空间外向扩张和内向优化的重要组成部分,消费始终引导和支持着城市空间的发展与转型;在欧洲,消费购物空间的发展最终与城市认同取得了平衡,消费空间灵活地融入城市的肌理与景观之中,并在文化规划的指导下通过与城市文化活动相整合,提升了城市活力并复兴了地方文化;在新加坡,以合作-竞争机制为理念,通过高密度地设置商业消费空间,在联动与错位发展中将整个城市发展成了依托于东南亚旅游的购物之城;在阿联酋迪拜,通过创造奇观和奢侈消费来大力发展石油之后的新经济增长点——都市旅游,使得奇观体验、奢侈享乐甚至整个城市本身都成为吸引全世界游客的消费奇观;在日本,在城市交通和信息网络的支撑下,以百货商店和便利店为代表的消费空间成为城市日常生活中重要的公共活动空间并支撑着城市的运行和更新。虽然各国在如何利用消费来促进城市发展的策略上有所区别,但是我们可以看到消费确实已成为一种行之有效的工具。

中国虽然与世界发达国家的差距依然明显,但是在全球化的今天,正在步入消费社会的中国发达地区城市同样也面临着发展、转型、竞争等问题。因此,我们应借鉴国外的成功经验,摒弃对消费及消费文化的偏见,并从认识观层面上正视当代消费对城市的积极作用和巨大影响——消费时代的城市空间与消费活动、文化及其空间已经密不可分地融合在了一起,消费完全可以成为促进城市空间发展的有效工具。其实,从一些城市现象中,例如不断渗透的消费活动、不断出现的消费空间类型、不断扩张的消费空间、日益包装化的城市景观……我们已经可以直观地感受到消费活动及其文化对当代中国城市的巨大影响力。

---

① Chuihua Judy Chung,Jeffrey Inaba,Rem Koolhaas,et al. The Harvard Design School Guide to Shopping[C]. Köln:TASCHEN GmbH,2001:762

4　消费时代中国城市空间的发展图景

在全球化的影响下,无论从经济发展水平还是居民消费观念和模式来看,中国发达地区城市都已经接近或达到西方消费社会的状态:消费已经成为人们重要的生活追求;这些城市的居民与世界上的其他人一起,关注着同样的国际大事、地区热点新闻,购买同样品牌的服装、化妆品、电器、汽车,欣赏着同样的电影、电视剧、音乐、网络视频,品尝着同样的食品与饮料……可以说这些城市已经或正在进入现代消费社会。在这一过程中,消费空间及其活动与城市之间的紧密关系也日益凸显出来。这主要表现在消费活动在城市社会生活中的渗透、消费空间类型上的推陈出新、消费空间规模上的扩充、消费空间形式上的包装四方面。在这些新的城市现象背后,其实体现的是中国城市空间日趋商业化和消费化的发展态势:从城市活动来看,呈现复合化和商业化的态势;从城市功能来看,正由生产中心向消费中心转型;从城市结构来看,消费空间推动空间结构调整与扩张;从城市景观来看,呈现风格化与媒体化的态势。总之,消费已经从一种城市中的活动转变为一种包裹城市的现象[①]。

4.1　消费活动的转变与渗透

4.1.1　当代消费活动的特征

1) 商品消费向服务消费的转变

随着中国消费者主动性和个性消费意识的增强,购物的便利和乐趣成为消费过程中被关注的重点。他们希望在有限的时间内获取更多的资讯,希望消费活动成为一个愉悦、惊奇和充满体验的过程,从而得到物质和精神上的双重满足。因此,消费活动由单一的购物行为逐渐成为一种多元的、舒适的、开放的社会活动。按照消费的定义,凡是购买、占有并使用或享用物品和劳务的行为都称为消费活动。当代的消费活动早已超越了简单的以购买和占有为特征的购物行为,并延伸到休闲、娱乐、旅游、文艺、健身、教育等各种活动,这些活动以享用劳务(他人所提供的服务)和获得情感上的体验为主要特征。这意味着,体验、服务等非物质商品已成为当代人们消费的重要对象。戴维·哈维认为当代消费有一种趋势,"一种脱离商品消费、向着服务消费的转变——不仅是个人、企业、教育和健康服务,而且也进入了娱乐、表演、即兴表演和消遣"[②]。当前,中国商业与娱乐休闲空间日趋综合化和多样化,尤其是商业中心、购物中心、主题乐园等大型综合建筑和设施的出现,验证了这种消费转变的趋势。这些空间通过更加便

---

① Chuihua Judy Chung,Jeffrey Inaba,Rem Koolhaas,et al. The Harvard Design School Guide to Shopping[C]. Köln:TASCHEN GmbH,2001:194

② 【美】戴维·哈维. 后现代的状况——对文化变迁之缘起的探究[M]. 阎嘉译. 北京:商务印书馆,2004:356

捷、舒适的服务和更加多样化的选择,使得购物与吃、喝、玩、乐各种活动环环相扣,将传统的物质性消费扩展到更广阔的非物质性消费领域,这不仅改变了人们"在商场买衣服、在菜场买菜、在公园游乐"的传统消费观念和模式,而且通过连锁反应有效地刺激了消费欲求的扩大。

2)消费活动的休闲化

伴随着人类生活水平的提高,闲暇时间和可支配收入的增加,以及科技进步与社会福利制度的建立,人类正开始进入一个休闲时代。从休闲的特点来看,休闲以情感满足、自我实现为主要目的,是一种享受和获取自由、愉悦的体验过程。现代社会的休闲活动已成为人们在工作以外愉悦身心、培养兴趣、提高素质、促进社会交往与整合的重要途径,它正逐渐取代工作成为人们生活的重心和主要价值旨趣。休闲理念的确立是人类社会走向现代文明的重要标志,休闲已成为基本的社会需求,这一点已成为大家的共识。据统计,1990 年,美国人有 1/3 的时间用于休闲,1/3 的收入用于休闲,1/3 的土地面积用于休闲[①]。

中国在社会经济快速发展的背景下,人们对休闲的需求日益旺盛,休闲观念正逐渐深入人心,这也是社会进步的反映和必然结果。目前,我国的法定节假日已达一百多天,如果再加上带薪度假,那么人们有 1/3 以上的时间可以用于休闲。此外,休闲娱乐业、旅游业已成为国民经济新的增长点,繁荣的"假日经济"更是我国拉动内需、发展经济的重要途径之一。以北京为例,据统计(2006 年)市民一年有 13.5%(49.3 天)的时间用于休闲,市民平时的休闲消费支出大约为 738.4 元/月,大约占月收入的24.2%[②];平时假日的主要休闲方式是文化娱乐、购物、健身活动等,而长假期间的主要休闲方式是观光旅游、文化娱乐和社会活动等(表 4-1);有 80% 以上的市民认为休闲是一种必不可少的生活方式,并在没有生活压力的情况下,愿意从事更多的休闲消费活动(表 4-2)。这些不但说明休闲正在成为人们生活的重心,而且说明中国休闲时代的序幕已经拉开。

表 4-1　2006 年北京市民平时和长假期间经常从事的休闲消费方式

平时(除去长假)			长假("五一"、"十一"和春节)期间		
名次	休闲项目	市民比例(%)	名次	休闲项目	市民比例(%)
1	文化娱乐	64.7	1	观光旅游	42.2
2	非文化娱乐的消遣娱乐(包括购物等)	36.9	2	文化娱乐	36.9
3	体育健身	24.2	3	非文化娱乐的消遣娱乐(包括购物等)	23.7
4	户外活动	11.7	4	社会活动	12.5

① 马惠娣.世纪与休闲经济、休闲产业、休闲文化[J].自然辩证法研究,2001(5):32
② 王惠.迎接休闲时代你做好准备了吗——北京市民休闲消费状况调查[J].数据,2006(7):34

平时(除去长假)			长假("五一"、"十一"和春节)期间		
名次	休闲项目	市民比例(%)	名次	休闲项目	市民比例(%)
5	观光旅游	11.3	5	户外活动	10.0
6	养花草宠物	4.4	6	体育健身	8.0
7	个人爱好	3.5	7	养花草宠物	2.0
8	社会活动	3.4	8	参观访问	1.6
9	休闲教育	2.1	9	休闲教育	1.6
10	参观访问	1.6	10	个人爱好	1.4
11	美容装饰	0.7			

注:此调查为多选,所以加和不是 100%。

表 4-2　2006 年北京市民对休闲观点的评价(%)

休闲观点	同意	不太同意	完全不同意	未回答
休闲是一种必不可少的生活方式	88.1	7.5	2.4	2.0
在没有生活压力的情况下,愿意从事更多的休闲消费活动	80.7	12.2	4.7	2.4
休闲消费是实现自我发展,提高生活质量的必然途径	69.3	20.6	6.6	3.5
在没有生活压力的情况下,愿意减少闲暇时间来工作	41.7	29.0	25.8	3.5
休闲消费是为了体现身份与社会地位	16.9	28.6	51.5	3.0
休闲消费是一种奢侈浪费活动	11.4	24.3	62.1	2.2

　　实际上,休闲的发展与消费有着密切的关系,西方发达国家(特别是城市)逐步进入消费社会后,大众休闲方式发生了商业化的转变,并形成了庞大多元的休闲娱乐业。为此,休闲娱乐方式也从乡村模式向城市模式转化,导致人们的休闲方式从室外的非商业性的活动更多地转变为营业性休闲娱乐场所的活动,这为将休闲娱乐业纳入当代消费活动之中创造了条件,当代大部分的休闲活动也逐渐成为一种消费各种商品和服务的过程。正像法兰克福学派的阿多尔诺所说的:"我们越来越少地拥有一件东西就是自由支配的时间,取而代之的是休闲时间,而它却是由使用各种商品和服务构成的,它支撑着的是休闲业。这一过程被称为'生活世界的殖民化',原本是个人之间的关系问题却日益成为一个由商品和专业服务来中介的关系。"[①]从经济学角度分析,闲暇作为时间的组成部分是客观存在的,应看做一种稀缺资源。而休闲则是利用闲暇这种稀缺性资源,借助市场、资金、物品与环境,引导出家庭或社会所需的产品——自我实现、爱好发展、家庭幸

① 转引自【英】迈克·克朗.文化地理学[M].杨淑华,宋慧敏译.南京:南京大学出版社,2003:177

福、健康等终极目标①。一方面,各式各样的消费为人们的休闲提供了便利,消费过程所带来的情感上的满足和身心上的愉悦,其实也达到了一种休闲的目的。当前,购物已成为当代人一项重要的休闲方式。另一方面生活方式的休闲化和休闲价值观的确立,又极大地激发了消费的欲望。到底是"休闲的消费化"还是"消费的休闲化",其实很难厘清。但是可以说,当前的消费文化与休闲文化、消费活动与休闲活动是密不可分并相互促进发展的。因此,从某种意义上来讲,休闲是一种消费活动,消费也是一种休闲的过程。

当前中国的商场、购物中心等商业空间的休闲功能正在得到强化,各种休闲娱乐活动与购物并列交织在了一起,购物的过程也呈现出越来越明显的休闲乐趣。相应的,商场和购物中心也成为中国城市居民休闲的重要场所之一。从北京市民的休闲消费调查数据中可以看出,逛街购物在北京市民平时进行休闲的重要方式中位居第二(详见表4-1)。此外,娱乐消遣、观光旅游、美食品尝、情感体验、养生保健、美容健身、学习培训等新休闲方式越来越普及与流行。事实上,不论是休闲消费的发展,还是消费活动的休闲化趋势,都是中国社会进步的必然反映,也体现了大众从关注物质追求向关注精神追求的转变。如果按照波德里亚的说法,这也反映了人们开始从注重物质消费阶段逐渐向情感消费和符号消费阶段过渡,开始更加关注休闲消费中的身份象征、生活格调、自我价值实现等方面的因素。

3) 消费活动层次的转变

丹麦城市设计专家扬·盖尔(Jan Gehl)在他所著的《户外空间的场所行为——公共空间使用之研究》一书中根据人们的需求层次、参与度与主动性从低到高将户外活动分为三种层次:一是必要性活动,二是选择性活动,三是社交性活动②。借用这一理论,消费作为一种活动也可以类似地分为必要性、选择性和社会性三种层次。

必要性消费主要是指人们在日常生活或工作中不同程度上必须参与的消费活动,以满足基本生活需求为目的的简单物质性消费为主,例如购买日用品、吃快餐等。这一类型活动的特点是具有很强的目的性,追求快捷方便和注重性价比。

选择性消费则更加注重精神上的满足,物质消费并非其主要目的,人们的意愿和适宜的时间与地点是它发生的前提条件。在舒适的消费空间中进行各种消费,不仅是购物,一般还伴有休闲、娱乐等其他活动。其特点是注重商品的符号意义和消费空间的环境品质,强调活动过程的舒适和愉悦、品位和情调。

社交性消费是指在消费活动中,以自我价值的实现和认同为主要目的而发生的社会交往活动。虽说上述两种层次的消费活动中,也有可能都伴随着不同程度的社交行为的发生,但往往是被动的和无意识的。而在社交性消费中,人们的社交行为往往是主动的和目的明确的。一方面,和亲朋好友一起去商场购物、去影城看电影、去卡拉 OK 唱歌、去饭店和茶室吃饭或聊天等等已逐渐成为人们进行社会交往的重要方式;另一方面,对于消费人群而言,消费的品位和爱好可以成为划分他们的标准,当其消费方式与所处的空间形态及其归属的社会群体需要相吻合时,个体即确立了其作为"自我"的社会角色,

① 【法】罗歇·苏. 我知道什么? 休闲[M]. 姜依群译. 北京:商务印书馆,1996:55-72
② Jan Gehl. 户外空间的场所行为——公共空间使用之研究[M]. 陈秋伶译. 台北:田园城市文化事业有限公司,2000:23

从而获得心理上的满足。这种行为模式主要表现为与相同或相近品位、地位或爱好的人群在一起进行消费和交往活动。其特点是注重地位的象征和自我的认同,强调消费环境的归属感和领域感。

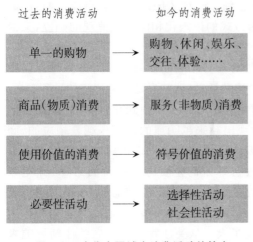

图 4-1　当代中国城市消费活动的转变

在过去,我国由于经济不发达,大部分的消费活动以必要性活动为主。但是,现在随着人民生活水平的日益提高和商品经济的繁荣,选择性消费已成为消费活动的主要内容,而消费活动的社交性倾向也日益明显起来(图 4-1)。以北京为例,受访市民中有7.3%认为交新朋友、排解孤独是休闲消费的主要动机,而 3.0%的人认为提高交际能力是休闲消费的主要动机。可以看出,人们对社会性消费活动的日益重视①。

4) 复合型消费活动——"逛"

如今,"逛街"、"逛商场"已成为消费活动的代名词,"逛"这一独特的行为充分体现了当代消费活动的种种特征:它包含着行走、休憩、感受、交往、购买、娱乐等多重行为的组合,这些行为通常总是交织在一起的;它并不一定有明确的目的和周密的计划安排,它更多的是一种选择性和社会性活动;在"随心所欲地逛"的过程中,因外界环境的刺激和本人情绪的影响,而决定了是否消费和怎样消费。针对"逛"的特性,现今许多消费空间通过营造优质的环境和氛围,通过提供便利的多种消费选择和优良的服务,并精心组织"逛"的游线,试图愉悦消费者并最大可能地激发其消费的欲求。王宁指出,"逛"的过程中,即使不买任何东西,它也是一种消费活动——对形象、符号和景观的一种视觉消费;同时也是一种时间的消费,即体验、休闲和快乐时光的消费②。另外,"逛"也是一种将各种活动有效组织起来的消费活动。买衣服、欣赏各种商品、品尝小吃、看场电影在一次"逛"的过程中完全成为可能,而且已经成为许多消费者的愉快经历。再者,"逛"也可以成为一种重要的社交方式,和亲朋好友去逛街、逛商场,分享购物经验,已经是一种十分普遍的现象了。从这点来看,"逛"更是一种将选择性与社会性消费融合为一体的消费行为。

4.1.2　消费活动的渗透与扩张

1) 传统消费空间中消费活动的多样化

由于当代消费活动的种种转变,它在城市中的渗透与扩展变得更加畅通无阻了。首先,消费空间呈现出多样化和综合化的发展趋势。现在新建或改造过的商场不再是过去单一的购物场所,其格局一般为地下层设置超市、餐饮空间等,中间几层为购物,最上面几层往往设置餐饮、电影院、儿童游乐场等,从而形成一种以购物为依托,通过"逛"将各式消费活动整合在一起的"消费天堂"(图 4-2)。不仅如此,一些商场为了促销和提高文

---

①　王惠. 迎接休闲时代你做好准备了吗——北京市民休闲消费状况调查[J]. 数据,2006(7):33

②　王宁.消费社会学——一个分析的视角[M].北京:社会科学文献出版社,2001:162

化品位,时常举办艺术展览或文化演出,这样商场也承担了文化中心的部分功能(图4-3)。过去的电影院最多在门厅处有销售饮料和零食的小卖部和柜台,而如今KTV歌房、电子游艺室、销售电影相关产品的柜台和店铺几乎出现在大部分的电影院中。以出租场地和设施盈利的体育场馆,如今除了小卖部外,运动服饰和体育产品的专卖店、咖啡吧与茶室,甚至舞厅、桑拿洗浴中心、理疗美容中心等的出现也已是习以为常的现象了。在一些餐厅中,提供美味可口的食物和优良的就餐环境不再是吸引顾客的唯一手段了,在餐厅加入表演和演出的舞台,并在顾客就餐时上演精彩的歌舞或其他形式的演出,已成为招揽顾客的有效手段。例如,全国连锁的"巴国布衣"川菜餐厅,采取了中国传统风格的室内装修,并请来了川剧的变脸大师进行现场表演,在消费者品尝香辣的四川菜肴的同时,也身临其境般地体验了一回巴蜀文化(图4-4)。这

图4-3 南京水游城购物中心中庭内的文艺演出

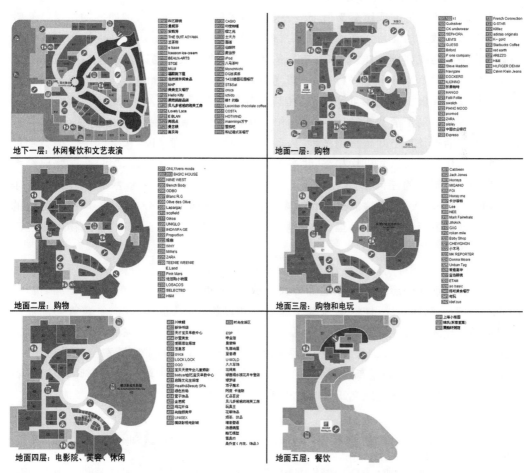

图4-2 南京新型购物娱乐中心——水游城各层平面及主要的消费活动

种消费空间功能复合化的趋势,表明通过便利的消费条件以及各种活动的联动效应,消费在深度和广度上都得到了拓展和强化。

图4-4　上海巴国布衣定西店川剧变脸的表演

2）消费活动对其他空间的渗透

由于政府不再能够或愿意支持一些公众和市民的非商业机构,例如博物馆、机场、教堂、学校等,财政上的支持正在由政府职责向私人职责转变。而且这些机构和空间也面临着与许多商店或商场一样的难题:市场的不稳定、缺乏吸引力以及被废弃的威胁。这些迫使它们不得不像商场一样行事,去思考解决问题的方式。而购物、娱乐等消费活动正是增加收入和吸引人流的重要途径。因此,各种消费活动成为一种及时的"良药",公开地或私下地借助于消费活动,这些机构和空间获得了全新的生存与发展的机会。具体表现为消费活动及其空间越来越多地"入侵"到各种非消费型机构和空间中。消费功能的出现和强化正成为这些机构和空间"多功能化"的主旋律。在美国,"目前,购物已经渗透到我们可以想象的任何空间中:机场、教堂、火车站、博物馆、军事基地、赌场、主题乐园、图书馆、学校、大学、医院。机场和购物中心正在变得难于区分。现在,博物馆给人的体验越来越像逛百货商店。甚至,城市越来越需要通过购物中心来辨认,购物中心也正在成为郊区生活的回忆"[1]。

在中国,我们同样可以明显地体会到这种渗透过程。首先,各种购物、休闲服务空间与设施不但出现在公园、广场、绿地等公共开放空间,而且出现在汽车站、火车站、机场、加油站、高速公路休息处、地铁站点等交通空间和设施中,甚至在医院、学校等与商业消费很难联系起来的公益性空间中也出现了它们的身影。依托于医院的花店与礼品店以及医疗和住院用品商店,成为许多出入医院的人们不可或缺的重要消费空间。近年来,学生生活街[2]和校园超市等新消费空间类型,在方便了师生的生活需要的同时,也意味着各种以赢利为目的消费空间名正言顺地进入了校园空间。

① Chuihua Judy Chung,Jeffrey Inaba,Rem Koolhaas,et al. The Harvard Design School Guide to Shopping[C]. Köln:TASCHEN GmbH,2001:134

② 学生生活街:通过规划(也有自然形成的)将餐饮店、茶室、书店、超市、理发店、礼品店、网吧等各种商业服务店面集中在校园或"大学城"特定的区域或者某条街道上,从而形成为师生服务的商业街。

其次,在消费活动的渗透下,传统的文化空间也正在逐渐向消费空间转变。一方面,文化馆、博物馆、展览馆等光靠门票和纪念品的销售不足以维持其生存,必须通过举办商业性的表演、展览和其他活动,或者针对社会上的热点需求开设外语、计算机、美容、保健、舞蹈等培训班,或者通过礼堂或活动空间的出租,或者出售部分用房和用地等方式来维持运营和维护。因此,我们经常可以看到这些正统的文化空间逐渐转变为提供购物、休闲、娱乐、教育等的消费场所。另一方面,一些文化馆和博物馆开始利用其收藏的珍贵藏品,借助多媒体和虚拟现实技术等新型展示或演示技术,通过一些娱乐和益智游戏活动的安排,增加趣味性和互动性,尽可能地取悦和吸引更多的参观者。此外,通过对艺术品和文化消费的营销,文化馆和博物馆成为了文化商品消费和休闲娱乐的重要场所。

再者,消费活动也渗透进入了宗教空间。传统宗教一般都提倡禁欲主义,这与商业消费所追求的财富与享乐是明显相矛盾的。历史上,宗教也确实限制了商业与消费的发展,而且当代消费文化的发展对人们宗教信仰的冲击和削弱也是巨大的。然而随着时代的发展,宗教面临着各种各样的竞争与冲击,如何生存和发展也是它们不得不面对的现实问题。在美国,各种教堂为了维持和吸引教区的居民,发展出了一种结合购物活动的"购物教堂",在礼拜的同时提供环境良好的休闲和购物空间。在中国,宗教寺庙同样面临着生存和竞争的压力,但是与根植于日常生活的美国教堂不同,它们如今更多地成为城市吸引旅游者的重要景点。寺庙周围特别是入口处的空间往往是购物商店和饭店云集的地方。虽然几乎所有的寺庙中都设有募捐箱,但是"法物流通处"常常是寺庙的必备空间。它实际上就是一种小卖部,销售宗教用品、书籍或纪念品,与寺庙外的其他购物商店相比较,其价格并不一定便宜。而一些寺庙设置的对外开放的素斋馆,以颇具特色的素面和素菜来吸引游客,实际上也是一种经营性的餐饮消费场所。与商业闹市区相融合的上海静安寺可以说是当代消费与宗教共生的典型代表(图4-5)。

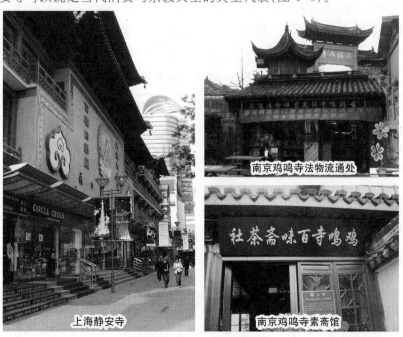

图4-5　消费与宗教的融合

最后,借助于新的科技和设施,消费活动也轻易地渗透到了大街小巷和居住、办公、生产等各种场所之中。电梯特别是扶手电梯的发明和在消费空间的应用,克服了垂直交通的限制,大量的人流在不同楼层之间可以便捷地传送,按照"最大的流通＝最大的销售量(maximum circulation＝ maximum sales volume)"①的商业定律,扶手电梯无疑极大地促进了消费的发展。"自动扶梯的成功和快速的普及,在20世纪初有效地促进了百货公司的产生与发展,这归功于它通过轻松的传输方式将实在的空间转变成了零售空间"②。(中央)空调系统在消费空间的应用,则彻底模糊了室内外空间的区别,促使消费活动摆脱了自然气候条件的限制。如今,在电梯和空调的帮助下,各种消费空间更加紧密地联系在了一起,从依托于轨道系统的地下商业街到地面的商业街区、购物中心、百货商场等都可能方便地"无缝"衔接起来,消费活动在城市中顺畅地扩展着领土。近年来,自动贩卖机陆续设置在街道、广场和各类型建筑中,更使得消费活动变得无孔不入。电脑与网络科技的发展、电子商务的普及,使得网上消费逐渐走进大众的生活。人们可以足不出户地轻松进行网上购物,付费观看或下载电影与音乐,或者参与网络游戏。网络空间与技术破除了物质空间上的障碍和距离,极大地拓展了消费活动的范围。

3) 消费活动与城市大型活动事件的结合

在消费时代,"不仅是购物活动里融入了各种事件成分,且各种事件最终也都融汇成了购物活动"③。消费活动与城市的大型活动和事件(表4-3)日益紧密地结合在了一起,并成为刺激城市发展的重要手段。城市所举办的节庆、会展④、文化展演、体育赛事等各种大型公共活动,对于城市来说,不但是弘扬城市历史文化、提高城市知名度、培育城市良好形象的重大事件,而且这些事件的发生可以极大地促进购物与消费,尤其是与旅游业和休闲娱乐业的结合,可以快速提振经济,因此能够为城市带来巨大的社会、经济、文化等方面的联动效益。在中国,据统计,几乎所有的大中城市都在竞相举办各种大型城市活动,每年定期举办的大型节庆和会展活动已有数千个,而且数量正在持续增长。1999—2000年在中国昆明举办的世界园艺博览会,对于昆明市和云南省来说就是一次难得的大事件。在整个举办期间吸引近4 000万游客到云南旅游与消费,从而带动了云南整体经济的发展。

表4-3 事先经过策划的城市事件的类型

	类型	主要事件
1	文化庆典	节日、狂欢节、宗教事件、大型展演、历史纪念活动

---

① Chuihua Judy Chung, Jeffrey Inaba, Rem Koolhaas, et al. The Harvard Design School Guide to Shopping [C]. Köln:TASCHEN GmbH,2001:347

② Chuihua Judy Chung, Jeffrey Inaba, Rem Koolhaas, et al. The Harvard Design School Guide to Shopping [C]. Köln:TASCHEN GmbH,2001:337

③ Chuihua Judy Chung, Jeffrey Inaba, Rem Koolhaas, et al. The Harvard Design School Guide to Shopping [C]. Köln:TASCHEN GmbH,2001:129

④ 节庆是"节日庆典"的简称,是指某地区或某城市以其特有的资源,包括历史、文化和艺术、传统竞技、体育、风俗习惯、风情风貌、地理优势、气候优势、遗址、胜地、古迹等为主题,自发而周期性举行的大型庆祝活动,其形式包括各种传统节日以及在新时期创新的各种节日。会展活动,是一种通过举办各种形式的会议、商务活动、展览或展销,以获取直接或间接经济效益和社会效益的大型活动。

	类型	主要事件
2	文艺/娱乐事件	音乐会、其他表演、文艺展览、授奖仪式
3	商贸会展	展览会/展销会、博览会、会议、广告促销、募捐/募资活动
4	体育赛事	职业比赛、业余比赛
5	教育科研事件	研讨班/专题学术会议/学术讨论会、学术大会、教科发布会
6	休闲事件	游戏和趣味体育、娱乐事件
7	政治/政府事件	就职典礼、授职/授勋仪式、贵宾观礼、群众集会
8	私人事件	个人庆典、周年纪念、家庭聚会、宗教礼拜、社交事件、舞会/节庆、同学/亲友联欢会

4.2 消费空间类型上的拓展

4.2.1 空间类型拓展的特征

过去,购物去商场,休闲娱乐去公园,反映了消费空间的单一和种类的匮乏。然而随着城市消费活动的渗透和扩展以及人们消费能力和需求的增长,在激烈的商业竞争下,新的消费空间孕育而生,其类型呈现出多元化的拓展趋势。

1) 商业购物空间

从空间类型上看,国内的商业购物空间呈现出多样化的发展态势(见表 4-4)。从新中国成立初期至 20 世纪 70 年代末,是具有计划经济特色的大中型百货商场加"小百货"一统天下的格局;从 20 世纪 80 年代初期至 90 年代中期,大型百货商店经历了大规模扩张、销售额快速增长以及逐渐衰退的过程;20 世纪 90 年代末至今,随着商业经济的发展,受国外商业企业、资本及其经营理念和管理经验的影响,商业的业态与空间也更趋多元化,包括购物中心、大型综合性商业娱乐中心、便利店、超市、时尚精品店、专卖店、特色商业街、专业市场等等。

表 4-4 商业购物空间的两极化发展趋势

两极化发展趋势	典型商业空间
巨型化、综合化	综合型商场、购物中心、大型仓储式超市、专业大卖场等
小型化、服务定向化、便利化、社区化	超市、便利店、时尚精品店、品牌专卖店、社区商业中心或超市

从业态和规模来看,中国新型的商业空间正面临着两极化发展的态势。一方面,是向巨型化、综合化的方向发展,主要包括两种类型:一种是位于城市中心的大型综合商业建筑或建筑群,它们采取综合化模式向顾客尽可能多地提供各式丰富的商品与文化娱乐设施,并通过完善的服务,从而使购买与娱乐、休闲等活动在相互促进中带动消费的整体增长。例如,上海的正大广场、新街口正洪街广场商业建筑群等。另一种是位于城市外

围地区或郊区,基于"汽车一次集中购物"①的理念,集中客流、对市场需求能做出快速反应的超级购物中心,服务对象是集中购物的客源。它类似于国外市郊购物中心的形态,地价较低又可缓解城市中心区的交通。它包括大型仓储式超市(例如家乐福、沃尔玛等)和以批发为主导兼顾零售的专业大卖场(例如家具市场、建材市场、汽车市场等)。它们一般有一个共同特点,就是商品的展示、销售与仓储往往集中在一个大空间内。另一方面,一些商业形态和空间则向小而精、便利型和社区化的方向发展。包括基于信息网络化与经营连锁化的超市和24小时便利店;满足人们追逐个性化和差异性需求,针对特定人群经营的时尚精品店和品牌专卖店;还有满足人们对于社区认同的需求,不仅提供丰富商品和服务,而且提供社交场所的社区型商业中心或超市。这些商业空间一般依托周边居住社区,规模较小,空间分布相对分散,经营模式灵活,服务定向化,在经营理念上强调便利性和人性化。

2)休闲娱乐空间

近年来,由于人们对享乐休闲、益智休闲、健身休闲等方面消费需求的快速增长,各式娱乐休闲空间的新类型也在不断地出现。包括:饮食休闲类,如餐饮店、快餐店、咖啡吧、茶室、酒吧等;娱乐类,如棋牌室、歌舞厅、电影院、KTV、电子游艺室、网吧、夜总会等;体育健身类,如健身房、保龄球馆、桌球厅、游泳馆、室内外球场等;益智类,如书吧、陶吧等;休闲服务类,如洗浴桑拿中心、足疗、水疗、美容中心、康复理疗中心等。国内外经济学研究认为,随着人均收入的增长、消费结构的变化,人们对休闲娱乐场所的需求也在不断地提高,而且呈现出从追求物质刺激向享乐、益智和自我提高的转变(见表4-5)。

表 4-5　休闲娱乐场所的发展趋势

社会阶段	前工业社会	工业社会	大规模消费社会或先进工业社会	后工业社会
消费需求	解决温饱	追求便利和功能	追求个性与时尚	全面追求生活质量和自我价值实现
消费结构	生理需求占主导地位,主要是对农产品和轻工产品的需求	人们对耐用品消费迅速增加,从生活必需品转向非必需品	非物质消费(如健身、文化欣赏等)增加	非物质消费与自我满足
休闲娱乐场所	室外	低档次的营业性休闲、文娱场所	中档次的营业性休闲、文娱场所	中高档次的营业性休闲、文娱场所
典型场所	公园、街道、广场、绿地	茶室、棋牌室	酒吧、咖啡屋、文化中心、健身中心	高级俱乐部、夜总会、歌剧院、美容中心、水疗(SPA)

---

① 又称为一站式消费,英文为 ONE STOP SHOPPING。

3）都市旅游空间

随着都市旅游的发展,假日经济的不断升温,城市中的旅游景点正呈现出与商业购
物空间和文化娱乐场所融合发展的态势。这些
空间不但吸引着外地游客前来观光与消费,也是
本地市民节假日消费的重要场所。王宁认为,从
消费空间的社会发生来看,消费空间发生了三次
明显的分化:第一次是消费空间与生产空间的分
化,即生产空间从原始的作为唯一消费空间的家
庭空间中分离出来;第二次是城市空间的分化,
即随着城市的消费化和后工业化,城市成为消
费、服务与市场中心;第三次分化是消费空间与
居住区域的分化,即非日常消费空间(即旅游地
点)从日常消费和生活空间中分离①。从旅游空
间结构和消费特点来看,城市旅游空间分为三大

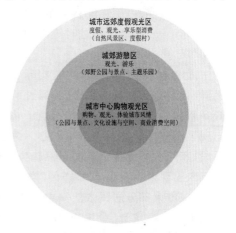

图 4-6 都市旅游消费空间的三大圈层

圈层(图 4-6):城市中心购物观光区,以购物观光和体验城市风情为主;城郊游憩区,以观
光与游玩为主;城市远郊度假观光区,以度假和享乐型消费为主②。到底是观光旅游还是
消费,其实已经越来越难以区分。

4）大事件与消费城市

另外,博览会、狂欢节、各种展销会或节庆的出现,如广州的广交会、昆明的绿博园、
洛阳牡丹花会、潍坊的风筝节、青岛的啤酒节等等,则代表了一种新的趋势,以商贸洽谈、
商品展示、文化宣传为口号,以旅游和休闲娱乐为依托,将各种主题活动项目与会展中
心、公园、街道、广场等城市空间结合起来,创造出一种体验与狂欢的新型消费空间。在
城市的“大事件”过程中,整个城市本身都成了消费空间。

4.2.2 新型消费空间

1）大型购物娱乐中心——全套消费的“圣殿”

目前,我国主力商业空间和业态正面临着新的发展,其中以巨型化、综合化为特
征的大型购物中心(Shopping Mall/Center)或城市娱乐中心(Urban Entertainment
Center)为代表,它们以其规模效应、众多的商品、齐全的功能和优良的环境,正在取
代传统意义上的商场,成为城市消费的核心空间,其中也包括一些商场的购物中心
化的改造。

(1)大型购物中心

大型购物中心是指由专业集团开发经营并拥有的商业设施的综合体,能达到一定的
商圈范围和规模,并拥有足够的停车场,使相关商店匹配协调,从而得以开展整体服务。
面积一般从几万平方米到几十万平方米不等。它是一种包括百货店、大卖场以及众多专
业连锁零售店、休闲娱乐设施、文化设施在内的超级商业中心,也是一种新型的复合型业

① 王宁.消费社会学——一个分析的视角[M].北京:社会科学文献出版社,2001:243-244
② 段兆雯,王兴中.城市营业性文化娱乐场所的空间结构研究[J].世界地理研究,2006(9):91

态,能够满足各种客流的一站式购物消费和享受。上一章所提到的明尼苏达州的美国广场就是一座典型的购物中心。作为郊区化发展的重要结果,购物中心在西方国家经历了从起步到兴盛,再到逐渐衰退的发展过程。至 2002 年年底,美国由于空置率高、客流量低、功能单一、建筑风格过时等原因导致关闭或用途改变的郊区购物中心(又称作"Dead Mall")已超过 80 家[①]。

国内通常所指的购物中心实际上是新型百货店的另一种称呼,这与国外的含义不尽相同。近年来,在城市中心区,通过购物中心的新建和原有大型商场的升级改造,形成了众多新的大型购物中心;同时,由于城市规模的扩大以及私人小汽车的普及,城市郊区也出现了一定数量的大型购物中心。总之,购物中心在中国的出现是中国商业发展到一定阶段,商业业态优化组合的必然趋势。目前,我国大城市的郊区化还处于初级阶段,中心区还未出现像欧美城市那样的"空心化"现象。虽然我国的人口、制造业在逐渐向外迁移,但城市大部分居民依然集中在中心城区。因此,我国购物中心的区位选择并不同于欧美国家。据统计,全国有 77% 的购物中心分布在城市中心区,郊区购物中心只占购物中心总量的 5%,且集中在经济发达的大城市[②]。但是,随着中心城区商业竞争的加剧和城市的郊区化发展,以及小汽车的普及,郊区购物中心的比例将有所上升。

上海正大广场(图 4-7)是目前国内较为著名的购物中心,它位于上海陆家嘴黄金地段,由捷得国际建筑师事务所设计,是一个建筑总面积 24 万 m^2,占地 3 万 m^2,地下 3 层,地上 10 层,总高 53.4 m 的巨大建筑体。它定位于"服务于当地所有的季节和所有的人们"(The mall is positioned to serve all the people in all four seasons)[③]。内部的各种消费空间通过一系列变化多样的中庭串联起来,并给消费者提供了一种复杂多变、眼花缭乱、具有强烈震撼力的购物空间体验。它的功能与业态极其多样化,不亚于一座运行的城市。其空间理念和设计手法为后来的中国购物中心发展提供了很大的启发。

(2) 城市娱乐中心

20 世纪七八十年代以后,随着人们工作之余对休闲娱乐的日益追求,还有一种典型的大规模开发项目——城市娱乐中心(Urban Entertainment Center),即所谓的 UEC 是一种典型的娱乐、零售和休闲混合物,并经常与"主题公园"的方式结合起来[④]。最为成功的案例就是美国 90 年代建成的洛杉矶环球影城步行街和日本福冈的博多运河城。这类项目由私人资本投资,与综合性的购物中心相比,其特点是虽然也有不少的购物项目,但整个项目的娱乐休闲功能更为突出,并且有相对鲜明的主题游乐项目和情境化的消费空间。这类城市娱乐中心一般有两个明显的特征:其一是模仿城市的结构布局,它们采取了一种景观与活动凝缩的方式,将街道、广场、商店、酒吧、餐馆和休闲娱乐设施囊括进来,仿造出了过去的真正的市中心;其二是将主要娱乐项目与其后的松弛活动在空间上结合起来,"唤起兴奋"与"消除紧张"在空间和时间上的紧密安排和衔接,在满足感官需

① 任冬丽. 由"Dead Mall"看中国郊区购物中心的发展[J]. 建筑创作,2004(9):30
② 任冬丽. 由"Dead Mall"看中国郊区购物中心的发展[J]. 建筑创作,2004(9):32
③ 郭俊倩,李元佩,夏崴. 购物乐趣——上海正大广场设计理念[J]. 时代建筑,2003(1):106
④ 杨宇振. 疯狂消费城市中的脉脉温情——美国捷得国际建筑师事务所大型商业项目解读[J]. 城市建筑,2005(8):29

图 4-7　上海正大广场

求的过程中创造了极强的经历性[①]。

　　2008 年秋开张的南京水游城,可谓是一座小型的城市娱乐购物中心(图 4-8),以"水"为主题,通过一条"S"形水街(地下 1 层至 5 层为贯穿空间)组织整个购物中心的空间布局并试图模仿城市的结构布局,将室内外空间有机地融合在了一起。其中包括若干国际品牌的主力店及次主力店和一流的院线影城与电玩城;餐饮包括异国风情美食街,大型特色餐饮,咖啡座、甜品屋、面包坊、茶餐厅以及地方风味小吃,根据不同消费群体分设于各个楼面;还设有一个圆形中庭广场,用于歌舞、魔术、杂技等节目的观演。

　　(3) 全套消费的"圣殿"

　　在购物中心、娱乐中心这些巨大的人工环境中,时空和气候都受到了控制,功能的多样化和完善囊括了各种消遣、休闲和娱乐设施。可以说是能够提供从购物、休闲、娱乐到旅游度假一系列全套消费的"圣殿",将原本简单的购物提升为一个追求全方位梦想与欲望满足的旅程。用迈克·费瑟斯通的话来说,"在这些场所中,购物不仅仅是一种为追求最大效用的、纯粹的理性算计的经济交易,而主要是一种闲暇时间的消遣活动"[②]。这些大型综合消费空间不仅激发了消费的革新,影响了人们的消费行为,使得"吃喝玩乐一条

---

　　① 【奥】克里斯蒂安·米昆达.体验和创意营销——打造"第三地"[M].周新建,等译.北京:东方出版社,2006:111-113

　　② 【英】迈克·费瑟斯通.消费文化与后现代主义[M].刘精明译.南京:译林出版社,2000:150

图 4-8　南京水游城

龙"的休闲购物模式逐渐为大家所接受,也带动了休闲式消费文化的蓬勃发展。但与此同时,由于其空间功能和设施过于全面,势必对许多传统的零售空间和休闲空间造成冲击。库哈斯就不无担忧地认为购物中心是传统消费方式与空间的"杀手"。

2)从大型超市到便利店与时尚小店——城市便利的消费网络

超市(Supermarket,也可称之为"卖场"),这一新型业态自从 20 世纪末进入中国以来,由于环境优良、种类相对齐全、购物快捷方便,大有取代传统零售业态的趋势,并出现了综合超市、便利店(小型超市)、仓储式超市、专业性超市等各种形式。它们一般采用建立在信息网络基础上的连锁店形式,实行敞开式售货、顾客自助服务、离开时一次结账的运作方式。随着各种商业业态之间的激烈竞争,各类超市与城市居民日常生活的联系日益紧密(表 4-6):以居民住家为原点,0.5 km 左右的邻里消费圈,对应的是便利店;2 km左右的社区消费圈,对应的是综合超市、社区超市;2～8 km 范围以内是同城消费圈,对应的是仓储式超市或专业性大卖场[1]。目前,江苏的苏果集团按此理念在南京等城市已基本形成了完善的超市网络(表 4-7)。

表 4-6　各类超市及其特点

各类超市	服务级别	出行半径	经营特点	面积	取代或挤压的传统业态
便利店	邻里级	0.5 km	满足应急性消费和便捷式消费需求	从几十平方米到数百平方米不等	小卖部小型零售店
综合超市、社区超市	社区级	2 km	满足消费者对食品、日杂、快速消费品和一般家庭用品一次性购足的需求	数千平方米左右	农贸市场中小型百货店小吃店
仓储超市、专业性大卖场	同城级	2～8 km	品类齐全,满足一次性购足和汽车一次集中购物的需求	上万平方米	市中心的百货店和商场

---

① 李程骅.商业新业态:城市消费大革命[M].南京:东南大学出版社,2004:194

表 4-7　苏果集团各种服务级别的超市

苏果超市的各种店面类型		各种店面类型的特点	服务级别
华润苏果购物广场		购物广场是苏果的大卖场,上万平方米的经营空间,能满足消费者"一站式"的购物需求与日常活动	同城级 社区级
苏果平价店		平价店是苏果 2004 年推出的新型业态,面积一般在 1 万 m² 左右,1 万多种商品,采用仓储的陈列形式,价格定位以"平价"为参考标准	同城级 社区级
苏果社区店		苏果社区店选址一般贴近社区,面积在 5 000m² 左右,商品品种大约 2 万种。同时还引进了"厨房工程",突破了生鲜经营。满足了现代小区居民的一次性购足以及生活与休闲的需求	社区级 邻里级
苏果标超店		苏果标超店是苏果最早经营的业态,面积一般为 500 m² 左右,商品品种有近 1 万种,扎根于主次干道和社区边缘,填补了便利店与社区店的空白	社区级 邻里级
苏果便利店		苏果便利店经营面积一般在 100 m² 左右,相对商品很丰富,品种约 4 000 种,以及打气、代邮等多功能服务项目,主要服务于邻里	邻里级

苏果超市的各种店面类型	各种店面类型的特点	服务级别
好的便利店	"好的"便利是苏果 2004 年创立的新型业态。选址一般在热闹商圈,商务区、高档住宅区以及学校附近,目标顾客定位在白领、高收入群体及时尚青年族,店堂设计时尚高档,商品都经过精选,大约在 2 000 种左右,满足了现代消费者的个性化需求	高档邻里级

(1) 便利店

便利店,实际上是一种小型的超市,面积从几十平方米到数百平方米不等,主要销售副食和一些小型的日用品,营业时间较长,有的可达 24 小时,可以满足人们应急性消费和便捷式消费的需求。"它是现代城市商业发展逐步细化,以人为本的服务型经济深入到城市每个细胞——街区,自我完善的经济形态"[①]。由大规模的商业经营转化成灵活方便的小型便利店,由于营业时间长、小型化和便捷化的空间和经营模式,使得它在深入城市与居住区的过程中有较强的适应能力,填补了都市消费的孔隙。在日本,便利店已成为日常生活中不可替代的消费空间,并影响着城市的"新陈代谢"(详见第 3 章)。目前,中国主要有外资的"7-ELEVEN"便利店,上海的可德便利,南京的苏果便利等便利店,其在城市中扩充速度十分迅速。

(2) 综合超市和社区超市

综合超市作为超市业态的主体,其营业面积一般在 4 000~6 000 m^2,也可以说是小型化的大卖场,满足消费者对食品、日杂、快速消费品和一般家庭用品一次性购足的需求。综合超市相对于大卖场在规模上缩小较多,在商品结构上缩减家用电器和服装等百货类商品,扩大食品尤其是生鲜食品[②]。此外,在当前日益重视居住社区服务配套的背景下,综合性超市正好成为社区商业服务体系完善的重要设施,呈现出一种社区化的发展趋势:以周边居民为固定顾客群,强调社区服务的功能,以平价为诱导,以充分满足日常生活用品消费为主要目标;一般囊括了传统的农贸市场、副食店、杂货店、小百货店乃至小吃店等多种业态的功能,甚至与银行、邮局、公共浴室、理发店、餐饮店、图书室、派出所、社区服务等生活配套设施结合在一起建设和经营。目前,社区化综合超市在郊区住区和新城的建设中已被广泛采用。这样,以社区超市为主体的空间不再是单纯的消费场所,而是逐渐转变成一个居民社会交流与联系的公共场所,日益承担起社区活动中心的作用。以南京的"苏果"为例,通过优先建设"社区店"的经营模式,并强化社区服务的功能,尤其是加大生鲜食品的经营,在激烈的超市竞争中占得先机,建立了覆盖南京主城区及其外围重要社区的超市网络,极大地方便了南京市民。

---

① 武扬. 购物者心理与行为在商业建筑设计中的体现[J]. 建筑学报,2007(1):74

② 管驰明. 中国城市新商业空间研究[D]:[博士学位论文]. 南京:南京大学人文地理系,2004:27

（3）仓储式超市（Warehouse Store）

仓储式超市 20 世纪 60 年代起源于荷兰，它是以超市为载体的新型零售业经营模式，其主要特点是货场即卖场。一般超市的营业面积与加工、冷藏、贮存面积的比例要各占一半，而仓储式超市营业与贮存面积的比率可以达到 8∶2[①]。室内空间一般十分简单，以行列式货架为主要布局模式。货架下部为商品和展示，上层为商品储存之用，并配有机械升降设施或车辆以便迅速完成补货的工作。因此，建筑一般以大空间、大体量的简单形式出现，室内净高较高，建筑一般为 1～2 层。由于占地面积较大，并需要较大的停车场，为了节约资金和方便运输，仓储型超市一般位于城市郊区或相对市中心的外围地区，结合城市快速交通进行设置。购物出行方式主要依托小汽车。在中国，仓储型超市最初出现于 90 年代初，主要以外资的麦德龙、家乐福、沃尔玛等为代表，在中国的各城市中迅速扩张，并已经出现向中小城市和中西部城市扩张的趋势。

（4）专业性大卖场

专业性大卖场或大市场采取定牌生产、定型号规格商品独家销售等方法，以整个商场来卖某一类商品，且品牌齐全、品种规格花色齐全，对普通大卖场和百货商店具有价格优势和品种齐全的优势[②]。常位于交通和运输便利之处，占地面积大，并且有较大的仓储面积，空间模式有以商业街形式组成的街区型和大型建筑综合体两种。在服务对象上，定位于吸引全城范围甚至都市圈范围的顾客来此购物。中国目前专业性大卖场主要有家电、建材装潢材料、家具家居、电子科技产品、小商品等类型。对传统的小型专业商家冲击很大。在区位选址上，建材装潢材料、家具家居、小商品等大卖场由于品种繁多，所需空间面积较大，常位于城市郊区，而电子科技产品或家电大卖场，所需空间较小，具有产品时尚化的特点，因此往往位于中心城区。

（5）时尚小店

时尚小店是指城市中临街开设的，以销售服装、饰品、家居用品、玩具、糕点等时尚化商品为主的充满个性的私营小店铺。店铺面积一般在十余平方米到数十平方米之间，主要集中在城市的商业街或生活性道路的临街面，以及公交车站、地铁与轻轨的集散空间附近。这些时尚小店是城市消费空间中虽然细小但却异常活跃的重要组成部分。因为它具有开店门槛低、投资量小、收效快、转变经营项目方便的特点；而且营业时间较为自由，一般时间较长，可以开到晚上 10 点甚至更晚；经营商品不必太多，一般存货较少，因此风险较小。不同于零售副食、百货、五金的传统的小商店，这些时尚小店一般装修较好，具有一定的品位和情调；销售的商品价格并不一定便宜，但特别注重商品的时尚和个性；主要针对的人群为青年和社会的中间阶层，尤其是白领女性。因为这一人群，一般有较高的消费能力和稳定的收入，对时尚比较敏感，又追求个性，购物的随意性较大。光顾者往往并没有明确的目标，既可以在下班的路上，也可以在饭后散步的路上，进去逛逛和看看。这种轻松便捷和个性化的购物场所对都市的购物活动是一种有利的补充，尤其可以弥补超市类零售空间在服装、家具饰品等商品方面无法满足人们对时尚和个性化的需求所带来的不足，而且还可以化解逛购物中心和百货商场太费时间的问题。近年来，在

---

① 管驰明.中国城市新商业空间研究[D]:[博士学位论文].南京:南京大学人文地理系,2004:27
② 管驰明.中国城市新商业空间研究[D]:[博士学位论文].南京:南京大学人文地理系,2004:28

我国产业结构调整的背景下,时尚小店由于其种种优势,成为许多下岗人员再次创业的选择。因此,时尚小店在城市中的发展相当迅猛,成为城市消费景观的一道亮丽的风景线。

(6)城市便利的消费网络

从便利店和时尚小店到各种超市和大卖场,这些零售空间主要针对人们日常生活的需求,充分利用其在商品种类、空间规模、区位布点、运营与管理模式等方面的优势,构筑出行便利、服务与环境优良、灵活高效的"商品—供求信息—个人—城市"消费网络。在中国,它们深受群众的喜爱,发展势头迅猛,逐渐成为城市居民的主要消费空间之一(表4-8),并促使新型的日常消费空间体系建立。许多大中城市实际上已建起了"仓储式超市与大卖场—社区综合超市—便利店、时尚小店"为主的日常消费空间构架。以南京为例,"麦德龙、家乐福、沃尔玛、金润发以及各种专业大卖场—苏果、华诚等社区超市—苏果便利、华诚24小时、时尚小店"的消费体系已建立起来,随着这一体系的发展,传统繁琐的购买生活用品的方式——去菜场买菜,去食品店买零食,去文具店买文具,去五金店买配件……渐渐被取代了,日常消费空间随之被简化了。由于便捷就意味着人们可以更加轻易和方便地进行购物消费,因此在提高人们生活质量的同时也极大地刺激了消费。

表 4-8 数据表——南京家庭消费在大卖场、超市和商场间的选择

消费选择	基本均等	商场多而大卖场、超市少	大卖场、超市多而商场少	基本是在商场	基本是在大卖场、超市	总计
户数	127	93	167	18	236	641
有效百分比(%)	19.8	14.5	26.1	2.8	36.8	100.0

3)从品牌专卖店到概念店——品牌消费的展示与纪念场所

(1)专卖店与品牌地带

"专卖"(monopoly)是指业主独占某商品的经营、生产、销售权,并通过宣传和营销使该品牌在市场上具有很强的独立性,从而垄断该品牌的销售。这种销售方式通常以专卖店、专卖柜的形式表现出来。专卖店的面积不大,从几十到几百平方米不等,一般采用连锁或加盟经营的方式。随着百姓消费水平的不断提高,对商品的认识和选购也发生了很大变化,开始注重商品质量、售后服务以及商品的文化内涵,品牌消费随之兴起。专卖店通常有两种类型:一种是按商品类型进行销售的专卖店,例如易事达文具店、苏宁电器等等;另一种是以某种品牌商品为销售对象的专卖店,是专卖店最主要的形式,例如真维丝、班尼路等休闲服装店,百丽、达芙妮等鞋店,通灵翠钻、周大生等珠宝店,资生堂、兰蔻等化妆品店等等。以品牌消费为特色的专卖店相对于传统的百货商店具有以下优势:规模一般不大,网络化的管理和营销模式,使其可以灵活地与其他的商业开发模式相结合,既可以设置于百货商店或大型商业综合体中,也可以沿街单独开店;对品牌的大力宣传、对商品的分类和定位,使消费者往往在购物前,已经对品牌有所了解,带有一定的购物目的性;销售的商品一般都含有高额的附加价值,其购物消费更多的是购物者身份的象征;

专卖店通常都有较深厚的历史和人文价值,其购物行为也成为一种文化体验的过程①。目前大多数专卖店都有一套较完整的品牌文化体系,从商品的包装、宣传和店铺的设计和装潢都无不宣扬着自身的文化理念和形象特色,并从标志、字体、色彩、包装、产品本身等到购物环境中的店面招牌、室内空间分隔、家具款式、界面设计等都达到了规范统一,目的是制造强烈的品牌印象。莱姆·库哈斯认为,专卖店和品牌地带成为城市中充满欲望和戏剧的场所,努力用各种技术手段(如独特的店铺装潢、优美的背景音乐、芳香的气味)来刺激消费者对品牌的认同,从而增加购买的欲望②。随着消费文化的发展,符号消费尤其是品牌消费已深入人心,从 20 世纪 80 年代初期开始,全球的各种品牌店数量发展迅猛,如 LV 公司 1995 年在品牌店销售的营业额大于 70 亿法郎,年平均增长几乎有27%,可以说它的成功多半依靠了其精美华贵的品牌店③。近年来,品牌消费在中国已深入人心,品牌忠诚群体在大中城市消费者中已占到 28%④,在这一背景下,品牌专卖店已成为城市中最常见的消费空间类型之一。

为了应对激烈的竞争,各种品牌专卖店开始在城市特定的区域汇集成了品牌地带,通过规模效应来强化品牌消费的吸引力。例如,纽约的麦迪逊大街(Madison Avenue)、东京的银座(Ginza)、伦敦的邦德街(Bond Street)等已成为中高档和奢侈品牌汇集的国际性品牌地带,每年吸引大量来自世界各地的顾客前来购物与旅游。在品牌消费的促进下,这些品牌地带甚至成为这些城市的代言者和象征。在我国许多大中型城市中已相继出现了专卖店相对聚集的商业街或地区——"品牌地带",如南京市的湖南路、武汉市的江汉路等,以大众休闲和运动品牌为主;而上海的南京西路近年来逐渐成为国际高档品牌专卖店云集的"品牌地带"(图 4-9)。

图 4-9 品牌地带——南京湖南路与上海南京西路

(2)品牌旗舰店与概念店

近年兴起的品牌旗舰店,实际上是一种更高级的品牌专卖店形式。相对于常见的专卖店,旗舰店空间一般相对独立,规模更大,销售商品更昂贵,空间环境更高档。旗舰店可以说是品牌的活名片,它在形象打造、与公众的关系、对品牌和商家的宣传方面均具有

① 武扬.购物者心理与行为在商业建筑设计中的体现[J].建筑学报,2007(1):74

② 参见 荆哲璐.城市消费空间的生与死——《哈佛设计学院购物指南》评述[J].时代建筑,2005(02):66

③ 荆哲璐.消费时代的都市空间图景——上海消费空间的评析[D].[硕士学位论文].上海:同济大学建筑与城市规划学院,2005:60

④ 参见 零点调查.中国消费文化调查报告[M].北京:光明日报出版社,2006:16-17

持久性的作用;它同时也是一种"可进入式广告";许多旗舰店还竭力成为该公司或品牌在所在城市的信息楼或代表,成为一种在市民的日常生活领域占据一席之地的场所①。旗舰店的设置一般青睐于纽约、东京、伦敦、香港、上海等国际化大都市,并位于区位显要、人流量大的闹市区。外观造型独特而醒目,内部装修豪华,在商品的体验和展示中常利用新型的科技(例如多媒体技术等),强调体验的互动性。店内员工的素质优良而专业,并提供周到的服务。这一切是为了时刻突出其时尚化、个性化的品牌形象和品牌文化,并为顾客提供一种全新的生活体验。20世纪末开始,在全球化的过程中,由于消费品领域的高端品牌商品和奢侈品行业竞争日趋激烈,国内外的一些高端品牌跨国公司争相花费巨资邀请明星建筑师打造自己的品牌旗舰店,这进一步强化了广告与品牌效应。例如,日本东京的由赫尔佐格和德穆隆设计的普拉达(Prada)青山店、伊东丰雄设计的 Tod's 表参道店、妹岛和世与西泽立卫等设计的迪奥(Christian Dior)表参道店(图4-10)等等,在消费文化的主导下,以一种前卫建筑的姿态出现,风格与个性成为旗舰店建筑设计的出发点,消费者的感官愉悦和由此被激发出的欲望则是其终极目的②。与东京的旗舰店不同,上海的旗舰店大都云集在南京西路和外滩附近,主要利用历史建筑,通过内部空间的精美奢华的装修和外部厚重的历史感来表达品牌的价值与地位。

图4-10　东京表参道与品牌旗舰店

随着商品符号价值重要性的与日俱增,专卖店已经不能满足商家发布产品提升品牌符号价值的目的,于是更彻底地宣传品牌文化的概念店诞生了,有时这些概念店更像是产品纪念馆,祭祀着"神圣"的品牌③。概念店展示商品并不仅仅为零售,它介绍商品的历史、文化背景、精美的构造技术、时尚的理念,装扮成教授知识的课堂、陈列艺术品的博物馆、发布商品的展览馆,最终它的目的还是为了培养消费者长期性的认同,使品牌增值,

　　① 【奥】克里斯蒂安·米昆达.体验和创意营销——打造"第三地"[M].周新建,等译.北京:东方出版社,2006:156

　　② 樊可.消费世界的都市奇观——简析旗舰店建筑现象[J].建筑学报,2006(8):76-78

　　③ 荆哲璐.消费时代的都市空间图景——上海消费空间的评析[D]:[硕士学位论文].上海:同济大学建筑与城市规划学院,2005:95

获得更广泛长久的营销效益。2004年年初,改建后重新开业的上海外滩3号(格雷夫斯事务所负责改建设计)拥有阿玛尼中国首家旗舰店、依云水疗中心、沪中画廊四家著名餐厅和一间音乐沙龙。一层与二层的服装专卖店更像是商品艺术展示厅,玻璃镜墙、绚丽的照明、蚕茧般的试衣间、雕塑般的陈列架、特选的背景音乐、芬芳的气味,多重媒介的精致设计,很难让人不把它们和艺术品联系起来。随后外滩18号、外滩6号(图4-11)等历史建筑纷纷内部改建后,汇聚了世界级高档品牌服装、配饰及珠宝专卖店和餐厅,以高档的品牌、昂贵的商品、奢华的装修,使得外滩成为上海奢侈生活的象征。

图4-11 上海外滩3号、18号和6号——汇聚了世界级高档品牌旗舰店

目前,旗舰店和概念店这种新型空间类型在中国尚处在起步阶段,其市场发展空间还很大。上海的南京西路以其显著的商圈优势,正在吸引国际时尚品牌的集聚。LV、西班牙时装品牌ZARA、法国的兰蔻等国际时尚大牌的旗舰店和概念店(图4-12)纷纷落户南京西路,上海静安区将成为国际化时尚商圈的标杆。

图4-12 上海南京西路上的旗舰店与概念店

(3)符号化的消费空间

实际上,专卖店、旗舰店、概念店不仅是消费时尚品牌的空间,也是一种符号化的消费空间。随着各种品牌店的进一步发展,店铺本身(包括建筑造型、材质、色彩、展示装置以及内部空间的限定等)开始成为企业关注的重点,用空间来营造某种情境甚至比商品本身传达的信息更加重要,店铺自身逐渐也成为了消费品。从其醒目的外部造型和形象来说,整个店铺本身就是宣传品牌的最佳广告牌,甚至成了城市时尚的地标。而在内部空间的装饰上,各种品牌店尤为注重空间体验,综合了展览馆、零售商店、剧院等空间的特征,通过精美甚至奢华的装修,或表达品牌商品本身的气质和企业文化,或形成某种差异性的主题,从而营造一种时尚而具有文化品位的体验消费氛围。与超市、快餐店相比,这些符号化的消费空间并不讲究效率,而是吸引顾客驻足停留,为他们提供舒适的感受和体验,并传达某种时尚观念或某种令人向往的生活方式。它们并不仅是销售商品的空间,更重要的是展示商品、体验品牌文化的场所,"是一种可进入式的、活动式的、可长时

间逗留的生活时尚杂志"①。实际上,这些品牌企业正是通过体验来刺激欲求并培养忠实消费者的。因此,从某种意义上来说,各种品牌店更像是品牌符号的展示与纪念场所,也是诠释符号消费的绝佳之地。

4）从"新天地"到主题乐园——都市旅游与休闲消费的"出尘之所"

20世纪中叶以来,随着城市的转型,大力发展都市旅游业就成为许多西方城市的现实选择。旅游也已经越来越多地与休闲、娱乐、购物等各种消费活动融合在了一起。

由于旅游地的消费化的关键之一在于它有知名的吸引游客的吸引物。因此,为了强化城市的消费功能,城市变得越来越旅游化,即把自己变成一个吸引物,或一个拥有多种吸引物的旅游目的地。各种公共文化设施和商业性的消费场所,如公园、博物馆、美术馆、纪念馆、剧院、音乐厅、餐馆、咖啡厅、游乐场、购物中心等等,均可成为吸引居民前来进行消费的吸引物。另一方面,城市的文化与特色也是增加城市吸引力的重要因素:传统或自然风貌、历史街区或遗迹、民俗民风甚至历史事件或传说等等都可成为一个城市吸引游客的亮点。一般来说,商业旅游与城市文化历史结合得越紧密,城市的吸引力就越强。欧美的内城复兴和文化规划都是充分利用这一点,才取得了成功（详见第3章）。总之,城市在整体上正经历着一个泛旅游化的过程。与此相联系,城市正成为一种超级商场似的消费中心和一种庞大的旅游消费景观②。

（1）"出尘之所"

罗杰克（C. Rojek）在对后现代社会的旅游和消费空间的研究中,提出了"出尘之所"（Escape Area）的概念,他认为有以下四种典型的空间:① 事故发生地——与名人或名人死亡有关的那些地点的商业发展;② 遗迹——或者在发生地或者通过舞台造型,重现过去的情景;③ 文学景区——建立在著名文学人物的虚构世界上;④ 主题公园——休闲娱乐中心,通过特殊的体验模式获得一种叙述结构。由于这些空间通过表演、设计以及被保存等手段,可以构筑逼真的场景和体验,从而为人们提供了体验日常生活界限之外的经历的机会,因此,罗杰克将它们称作"具有致命吸引力的后现代景观"③。"出尘之所"可以说形象地概括了当前城市旅游消费空间的最新类型和发展特色:依托于城市文史或虚幻世界的展示和"表演",以遗迹或梦幻的重现来构筑集观光、游乐、购物活动为一体的旅游空间。

（2）中国的都市旅游空间

目前在中国,都市旅游业已成为许多城市重点发展的产业。其中,两种旅游空间成为城市旅游的重要吸引物。一种是商业文娱型旅游空间,它依托于城市强大的商业和文化娱乐及服务功能,发展以购物、文化娱乐或休闲度假为主的旅游空间。以上海为例,到外滩去看看夜景,到南京路商业街或正大广场等商业空间去购物,到上海大剧院看场国际性的演出,到上海博物馆看看文物展,到衡山路去喝杯咖啡,已成为许多游客到上海必玩的游览项目。另一种是主要依托于城市文史体验的颇有"出尘之所"味道的遗迹型旅游空间（表4-9）。城市中的许多著名遗迹,包括历史街区、名人故居、传统民居、寺庙、园林、历史事件发生地、工业厂房等空间的整修或重建成为一种热潮,它们与购物消费结合

---

① 【奥】克里斯蒂安·米昆达.体验和创意营销——打造"第三地"[M].周新建,等译.北京:东方出版社,2006:168

② 王宁.消费社会学——一个分析的视角[M].北京:社会科学文献出版社,2001:245

③ 参见 戴维·钱尼.文化转向——当代文化史概览[M].戴从容译.南京:江苏人民出版社,2004:228-229

表 4-9 中国典型的"出尘之所"

出尘之所	特点	典型的出尘之所
事故发生地	与名人或后来值得瞩目的人的死亡有关的那些地点的商业发展	南京中山陵、南京郑和宝船公园
遗迹	或者在发生地或者通过舞台造型,重现过去的情景	上海新天地、南京夫子庙、南京"1912"街区
文学景区	建立在著名文学人物的虚构世界上	上海大观园、无锡水浒城、南京阅江楼
主题公园	休闲娱乐中心,通过特殊的体验模式获得一种叙述结构	深圳主题公园群、常州恐龙园

在一起获得了更多的发展商机和活力,并成为吸引外地游客和本地市民的旅游休闲场所。以南京为例,新建于 20 世纪 80 年代的夫子庙,是一种传统民居风格的街区型商业旅游空间,以小商品零售、餐饮、文化展示、娱乐等功能为主。灰瓦白墙、小桥流水的复古建筑环境重现了往昔的秦淮风情,可以说是一种以舞台化的形式重现过去的典型"出尘之所"。经过数次扩建和整治,已经形成了南京最具活力的商业旅游空间和外地游客必到的景点。目前,南京许多遗迹的恢复重建实际上与历史原貌大相径庭,只是保留原有的韵味和风格,真正的意图是以历史文化的旗号来发展城市旅游和休闲产业。如总统府

事故发生地:南京中山陵

文学景区:南京阅江楼

遗迹:南京1912街区

主题公园:常州恐龙园

图 4-13 南京及附近的旅游消费空间——"出尘之所"

旁边的"1912"街区,只是保留少数几栋民国建筑,其他大部分都是按照商业街区的形式重新规划和建设的,打造了一个极富民国韵味的休闲餐饮空间,近期已成为一个吸引游客的重要景点。甚至历史上并不存在,而仅存在于传说或历史文献中的"景点",也被挖掘出来成为发展旅游的素材。例如,南京狮子山的阅江楼由于明代的朱元璋和宋濂各自撰写过一篇《阅江楼记》而为世人所知①,历史上因种种原因并未开工建设。然而,在下关区政府的主导下于2001年建成,现已成为南京著名的旅游景点和城北的标志性空间,并带动了相对落后的下关区的经济发展(图4-13)。

(3)上海"新天地"

上海的"新天地"就是一处典型的"出尘之所"(图4-14)。它位于上海市中心繁华的淮海中路南侧,占地面积3万平方米左右,改造前是有近百年历史的成片的石库门建筑街区,也是上海近现代民居建筑的典型代表,展示了殖民文化与本地文化冲突融合的历史印记。从20世纪90年代末期开始,上海对这一地区进行了改造,部分石库门建筑被保留并改建,并且适当增加了反映时代特征的新建筑。从整体上以新旧建筑对比、中西文化混合来表现时空跨度和文化差异的距离美感,从而营造出一处让中外游客体验上海风情的都市情境空间。建成后吸引了众多高品位的商家入驻,形成一个集餐饮、购物、娱乐等功能于一身的国际化休闲、文化、娱乐中心。其中包括酒吧、咖啡馆、西餐厅、时尚精品店、国际画廊、新概念电影中心及大型水疗中心等。如今,这种将历史街区的复兴改造和消费空间开发相结合的成功模式,迅速被其他城市所借鉴,例如南京的"1912"街区、杭州西子湖畔的"西湖天地"、宁波三江口的"老外滩"、嘉兴的梅湾历史街区等等,都是结合历史街区的复兴改造而形成的时尚消费空间(图4-15)。

图4-14 上海的"新天地"

(4)主题公园

多年来,主题公园或主题乐园并没有统一的定义,但是主题公园大致包括这样几个内容:"为旅游者的消遣、娱乐而设计和经营的场所;具有多种吸引物;围绕一个或几个历

---

① 据记载,明代开国皇帝朱元璋在南京卢龙山以8万军队大败陈友谅40万人马。为纪念这一决定性的胜利,朱元璋于1374年再度登临此山,赐改卢龙山名为狮子山,下诏在山顶建阅江楼,并亲自撰写了《阅江楼记》,又命众文臣每人写一篇《阅江楼记》,大学士宋濂所写一文最佳,后入选《古文观止》。

杭州西子湖畔的"西湖天地"

宁波三江口的"老外滩"

嘉兴的梅湾历史街区

图 4-15　国内著名的"复兴改造＋消费空间开发"的历史街区

史或其他内容的主题；包括餐饮、购物等服务设施；开展多种有吸引力的活动；实行商业性经营，收取门票等。"①1955 年，美国迪士尼公司在洛杉矶建成的迪士尼乐园，将动画和电影技术、新型娱乐科技与游乐园相结合，用主题情节贯穿各个游乐项目，引起了极大的轰动，这可以说是世界上第一个现代意义的主题公园。随后，在世界各地都兴建了大量的主题公园，它们结合各自的自然环境与文化传统产生了许多新的类型。但是，大部分都采用象征性的、卡通化或符号化的、梦幻的、超现实的等设计手法来创造一种身处梦境的奇异体验。正因为如此，罗杰克认为主题公园是"出尘之所"的最典型代表。由于它在空间上具有的鲜明的主题与梦幻的情境，在游乐项目上强调的体验游乐与互动参与，可以说是兼具了当代消费发展的最新特点，因此对其他城市消费空间产生了巨大的影响。其主要设计手法和理念已经被主题购物中心、主题餐厅等消费空间所借鉴。甚至不少学者也在惊呼，城市正在变得越来越"迪士尼化"了。

（5）深圳主题公园群

中国最早的主题公园为 1989 年诞生于河北正定县内的"西游记宫"，随后，深圳华侨城集团投资创建的"锦锈中华"的成功开业，正式揭开了我国主题公园发展的序幕。经过 20 多年的发展，我国已经形成了数量繁多、类型各异的主题公园，在中国城市休闲娱乐业和旅游业的发展过程中发挥了重要的作用。其中，位于深圳湾畔的由华侨城集团投资的"锦绣中华"、"世界之窗"、中国民俗文化村是中国 20 世纪末最成功的主题公园群。80 年代末到 90

① 李洁，路秉杰. 世博会与主题公园发展的互动影响分析[J]. 旅游学刊，2006(11)：31

年代初陆续建成后,每年吸引本地市民和外地游客数百万人次。"世界之窗"占地48万m²,以"世界与您共欢乐"为主题,将世界奇观、历史遗迹、古今名胜的微缩景观展示与民间歌舞表演和狂欢巡游汇集一园,给大众提供了一个快速了解世界历史文化的窗口。"锦绣中华"占地30万m²,也是将反映中国历史、文化艺术、古代建筑和民族风情的微缩景区与官方典礼、民俗风情表演活动相结合,可以称作是中国的历史文化之窗。中国民俗文化村占地20万m²,是国内第一个荟萃各民族的民间艺术、民俗风情和居民建筑于一园的大型文化游览区,游客在村寨里可以了解各个民族的建筑风格,还可以欣赏和参与歌舞和艺术表演、工艺品制作,品尝民族风味食品,欢度民间喜庆节日,从而领略中国56个民族的风情。三者可谓是典型的集锦式、微缩景观主题公园,以领略世界或民族风情体验为主题,并配套休憩、餐饮、购物等空间和设施,虽然设置了一些互动性的活动,但是参与性不强。随着人们休闲和旅游方式的改变,其游客数量有所下降。

随后,深圳又陆续建设了"青青世界"和"欢乐谷"等新一代的主题公园。青青世界位于深圳大南山的月亮湾畔,占地20万m²,有度假区、园艺馆、果园、陶艺馆、侏罗纪公园、蝴蝶谷等主要景区,还设置了露营区、烧烤场、钓鱼池、民艺广场等活动空间。以自然风情与农家乐为主题,以休闲度假与旅游观光相结合,力图将一种具有浓厚现代色彩的山林野趣突现出来。"欢乐谷"(图4-16),位于深圳华侨城杜鹃山,占地35万m²,是国内新一代集旅游度假与休闲娱乐为一体的大型主题公园,设置了度假酒店,并运用了现代休闲理念和高新娱乐科技手段,注重充分满足人们参与、体验的需求。游乐区共分九大主题区,有100多个游乐项目,包括太空梭、悬挂式过山车、四维影院等新型刺激型游乐项目。这两者相对于第一代主题公园而言,明显弱化了观光,增加了休闲度假和一些参与性高和娱乐性强的项目。因此,开业以来同样获得了巨大成功,成为深圳新一代的旅游吸引物。

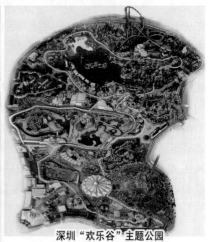

图4-16 深圳"世界之窗"和"欢乐谷"主题公园

(6)都市旅游与休闲消费的"出尘之所"

为了制造更多更好的城市吸引物,城市打造吸引物的过程中不但重视观光与商业消费的整合,而且越来越强化这些空间在体验上的独特性和差异感,即通过构筑反映地方历史文化的场景或梦幻般的场景——"出尘之所"来拉开与日常生活的距离,从而通过这种时空上的反差来制造"致命吸引力"。从上海"新天地"到深圳的主题公园群,各类"出尘之所"的不断涌现,也见证了当代中国都市旅游与休闲消费的快速发展。

5)从星巴克到酒吧——体验西方情调的休闲与交往空间

自从快餐业的巨头麦当劳与肯德基登陆中国以来,由于集高效性、可计量性、可预测性和可控制性为一体的崭新服务方式,再加上充满卡通符号和欢乐气氛的空间环境,在中国引领着一种新兴的、时尚的饮食和生活方式。在这些西方式的餐饮空间中,即便顾客不点任何食品,也可以坐下看书、和朋友聊天甚至工作,不会有人去驱赶你,这无疑为消费者提供了一种特殊的体验,"是为了获得一份连接美国和外部世界的特殊经历。尽管消费者并不很喜欢巨无霸的味道,但是,他可能喜欢坐在纽约或巴黎餐厅的感觉。这也许可以称为一种形式的'瞬间移民',或一次前往遥远而迷人的国度的经济旅程。那些选择麦当劳的人们将快餐厅视为一种新型的社会空间。在这里,他们可以和朋友、同事以及商业伙伴交往、放松。这份经历使他们更有现代感,并成为其拥有更高社会地位的象征"①。在麦当劳与肯德基之后,必胜客(Pizza Hut)、星巴克(Starbucks)、各式酒吧等西方文化的休闲餐饮空间相继在中国出现并不断扩张,已成为一些人群体验西方文化和进行休闲交往的重要活力空间。

(1)星巴克

目前,星巴克是唯一一个把店面开遍四大洲的世界性咖啡品牌,它在全球拥有超过1万家的分店。在中国,星巴克正在不断扩充分店,并越来越多地受到了年轻人和白领阶层的欢迎,甚至有一家分店设在了北京故宫里,并由此引发了广泛的争议(图4-17)。其实,星巴克最擅长的是咖啡之外的"体验":如个性化的店内设计、暖色灯光、柔和音乐、自由随意的氛围等。在星巴克,人们在购买咖啡的同时,也买到了时下人们非常需要的一种东西:一种体验、一种生活方式、一种

图4-17 故宫内的星巴克

生活态度。"中国人光顾星巴克不是为了喝咖啡,而是在公共背景下体现自己是新潮一族"②。另外,星巴克的顾客大多是白领和专业人士,由于店面的环境能够较好地体现他们的身份和品位,星巴克得到了这一阶层的认同,并成为他们进行时尚社交的场所,例如谈心、交友、商务会谈等。

(2)酒吧

在西方,酒吧③并不是简单的饮酒的场所,而是一种以社交和休闲为主要目的的文化

---

① 【美】安东尼·奥罗姆,陈向明.城市的世界——对地点的比较分析和历史分析[M].曾茂娟,任远译.上海:上海人民出版社,2005:124

② 转引自 赵颖.星巴克在中国成功的秘诀——营销制胜[J].管理科学文摘,2003(12):28

③ 酒吧(Bar):大英百科全书的解释是,在英国及其影响所及的地区供应酒精饮料的商店;也指出售酒品的柜台,最初出现在路边的小店、小客栈、小餐馆中。随后由于酒的独特魅力及酿酒业的发展,人们的社会意识提高,酒吧便从客栈、餐馆中分离出来。在不断发展壮大的过程中,逐渐演变为以社会交往和休闲娱乐为主要目的的文化消费场所,并成为城市公共空间的重要组成部分。

消费场所,也是城市公共空间的重要组成部分。中国正处在社会全面转型的时期,传统的交际方式和聚会方式逐渐落伍,从90年代开始,具有休闲、文娱等消费行为特性的酒吧逐渐成为中国大城市中主要的夜间休闲消费空间之一。例如北京的三里屯、后海,上海的衡山路(图4-18)、新天地,广州的环市东和沿江路等街区,南京"1912"街区等都已形成酒吧街或酒吧聚集区。我国的酒吧在经营形态上可以分成音乐吧、的吧、主题吧和表演吧等几类,因此,酒吧可以说是以饮料和食品消费为基础的一种多元化的休闲娱乐和社会交往的空间。唐卉与李立勋的研究发现,在光顾广州市酒吧的消费者中,以放松为目的去酒吧的占35.36%,其次是为了聚会和交友,分别占20.37%和17.06%[①];消费者选择酒吧的主要因素是氛围和音乐、表演,其次是装修和价格,而对于酒吧的实物消费酒水食品则考虑较少,这也是与传统餐饮空间之间的重大差别之一。这说明,酒吧在很大程度上是特定社会群体——白领和向往小资生活的人群的休闲消费空间,是其对自我身份获得认同和肯定的场所。因而他们更看重酒吧的氛围和情调,更注重消费过程中所带来的体验[②]。包亚明在对上海酒吧考察后指出:"上海酒吧,特别是衡山路酒吧因为成功地演绎了'东方香榭丽舍'之梦,在短短的两三年里已经成为消费主义全方位地进驻日常生活的一个绝妙注脚"[③]。

图4-18　上海的衡山路酒吧街

(3)体验西方文化的休闲与交往空间

其实,麦当劳的汉堡、星巴克的咖啡、酒吧的饮料并不一定特别美味,而且价格一般偏贵,那么为什么还在中国乃至世界各地受到了欢迎呢? 这主要是因为在此消费的人们注重的是一种体验式的符号消费:或是为了获得"瞬间移民"的快感,或是亲身实践西方的生活方式,或是表现自己的时尚或新潮,或是表达自身的品位和身份。而且,由于干净和优雅的环境,较大的自由度,这些场所也为时尚人群提供进行社会交往和获得身份认同的好去处。

6)从机场购物中心到地铁商铺——依托于交通集散的消费据点

如今,依托于交通节点和设施发展出来的商业消费空间,已成为购物中心之后又一个重要的消费空间类型。依托大量人流集散所带来的优势,机场、火车站、长途汽车站、

① 唐卉.以广州酒吧为代表的休闲消费空间研究[D]:[硕士学位论文]. 广州:中山大学人文地理系,2005:44

② 唐卉.以广州酒吧为代表的休闲消费空间研究[D]:[硕士学位论文]. 广州:中山大学人文地理系,2005:44

③ 包亚明.上海酒吧:全球化、消费主义与生活政治.http://news.tom.com

客运港、城市轨道站点等往往会成为一个城市商业开发的重要触点,并形成一定规模的商圈。这种商业消费空间具有垄断市场、集中的人流、疲劳且易受影响的旅客以及购物流线与集散流线相整合等特点。因此,不少学者认为,在这些空间中消费的进程可以被系统地引导、强化和加速,因而蕴含着巨大的商机。这点已越来越多地被人们所认识到,机场的购物中心化、交通商业设施的综合立体化,以及城市轨道交通系统引导城市开发(TOD模式)等现象出现在了许多的城市中。上一章所提到的依托城市轨道站点发展起来的日本百货商场,正是商业与交通成功结合的典范。

伴随着中国交通运输业的快速发展,依托于交通建筑和设施的新型商业突破了以往相对简单的小卖部的形式,出现了免税店、特色商店、餐饮店、咖啡吧、茶室,甚至大型的购物中心等多种形式的购物和休闲空间,交通空间与商业消费空间正在融合发展(图4-19)。

图4-19 南京禄口机场中的消费空间

(1) 机场购物中心(airmall)

过去,好的机场被定义为效率——旅客快速到达和离开一个地方。而新的机场本质上则更像迷宫——通过流线的组织来减缓旅客,拖着旅客以迂回线路的方式经过商店门面,并"强迫"他们进行机场购物,从而创造了比任何购物形式都要高的收益。英国的希思莱机场(Heathrow)每平方英尺的销售额在2 500美元(图4-20),美国的匹兹堡机场(Pittsburgh)是1 200美元,而一家美国的购物中心的销售额平均在250美元[①]。英国机场管理公司(BAA)是世界上最成功的机场商业发展范例:"世界上最大的机场商业经营者;60%的收入来源于零售活动;被大家认为是零售股更胜于交通股;销售额超过10亿美元,并且控制着8%的世界上的免税市场(130亿美元);在英国所有的香水购买中名列第五;销售出的书和劳力士表比英国其他任何一家零售商都多;在市场上销售其自主的酒精饮料品牌;发展出世界上第一个机场管理的工商管理硕士学位;通过自己拥有和管

① Chuihua Judy Chung,Jeffrey Inaba,Rem Koolhaas,et al. The Harvard Design School Guide to Shopping[C]. Köln:TASCHEN GmbH,2001:180

理的机场,掌握着每年 1.88 亿的旅客。"①如今,BAA 的模式已成为有关机场和其他交通系统发展的标准。例如,纽约中央车站(Grand Central Terminal)最近完成了 1.75 亿美元的改造,包括一个新购物广场。华盛顿车站的购物中心,是继斯密森航空博物馆(Smithsonian Air and Space Museum)之后成为华盛顿特区造访人流第二多的地点,并从中获得了巨大的经济利益②。因此,库哈斯认为,"机场购物如此有力地出现在零售景观中,看上去就像购物进化的重要的下一步,就像当时的百货商场或购物中心一样"③。

图 4-20 英国的希思莱机场的购物中心化

目前,中国机场的购物中心化趋势正日趋明显,但与西方发达国家相比,尚处于起步阶段。2006 年,中国所有机场服务收入总和为 228.5 亿元,其中非航空业务收入所占比例不到 40%。而在非航空业务收入中,机场零售业收入所占比重估计为三分之一,总的市场规模也就在 30 亿元左右。而与此同时,2006 年全球机场零售市场总值预计达240 亿美元④。首都机场新建成的 T3 航站楼内(图 4-21),其规划的零售面积达到了45 200 m²,相当于北京燕莎商场的两倍,主要包括:约 12 600 m² 的国内零售区、约10 600 m²国际免税品区、约 15 000 m² 的餐饮区、近 7 000 m² 的便利服务区(包含银行、外币兑换、酒店咨询、计时休息区、商务中心、网络服务,以及其他为旅客出行提供便利的服务等)。目前,T3 商业区建成后,商业面积和店铺数量是目前 1、2 号航站楼总和的两倍,旅客人均所拥有的商业面积等指标已接近或超过新加坡机场、香港机场等国际先进机场。浦东机场现有航站楼的纯商业面积只有 8 000 m²,但随着浦东机场 2 号航站楼的启用,其商业面积将达到 2.8 万 m²。预计从 2008 年第二季度起,浦东机场的商业租赁收入将实现突飞猛进的增长,2008 年全年的商业租赁收入将实现 75% 的同期增长⑤。目前,购物中心化的趋势在中国已经扩展到火车站等大型交通设施中。例如,正在建设的南京铁路南站中,其规划的商业消费面积达到 2 万 m² 左右。

① Chuihua Judy Chung,Jeffrey Inaba,Rem Koolhaas,et al. The Harvard Design School Guide to Shopping[C]. Köln:TASCHEN GmbH,2001:182

② Chuihua Judy Chung,Jeffrey Inaba,Rem Koolhaas,et al. The Harvard Design School Guide to Shopping[C]. Köln:TASCHEN GmbH,2001:184

③ Chuihua Judy Chung,Jeffrey Inaba,Rem Koolhaas,et al. The Harvard Design School Guide to Shopping[C]. Köln:TASCHEN GmbH,2001:175

④ 一座有待挖掘的"金矿"——中国机场零售业务.民航资源网 http://news.carnoc.com/list/93/93991.html

⑤ 一座有待挖掘的"金矿"——中国机场零售业务.民航资源网 http://news.carnoc.com/list/93/93991.html

图 4-21 首都机场 T3 航站楼内的购物街

（2）轨道交通站点商业消费空间

随着城市轨道交通系统的发展，尤其是以 TOD 开发模式的广泛运用，结合轨道站点

进行开发的商业娱乐空间，成为城市开发中的一种新型消费场所。在空间的开发模式上一般有以下两种模式（图 4-22）。一种是节点型的开发模式，站点空间与上方的商业娱乐空间（有的还有办公、居住）等空间垂直叠加，形成一幢站点商业与地面商业空间一体化的大型综合体建筑。地上地下的多种功能分布在不同层面上，相互之间采用垂直联系。其优点是空间的集约化，能够充分发挥轨道交通带动地区高强度

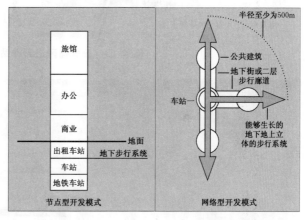

图 4-22 依托于轨道交通站点的商业开发模式

开发的能力。这种地铁站点上盖物业的模式，在中国已有不少成功案例。另一种是网络型的开发模式。轨道交通站点内商业开发，一般位于地下，它包括车站站厅层的商铺和地下商业街。在整体结构上，以站点为依托，以多条地下步行道或空中的步行廊道连接周边公共建筑，构成网络状的城市综合立体空间。站点周围往往建成商业、服务、娱乐和会议、办公、金融等功能空间。此类综合体往往是在节点型的基础上发展而来，其影响范围可以突破站点周边而扩展到更大的城市区域。这种模式在土地紧张的日本运用较多（图 4-23）。目前，网络型开发模式也是我国城市中心区商业开发的主要模式。南京的新街口地下目前依托于地铁一号线的地铁商铺达到 8 000 m²，并通过 16 个地铁通道与周边的新街口百货、中央商场、东方商城以及德基广场、莱迪地下购物中心等商场的地下商业空间连成整体，最终形成了近 5 万 m² 的地下商城，有力地支撑了新街口商圈的繁荣（图 4-24）。

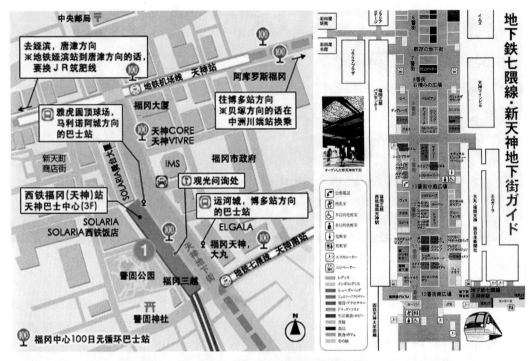

图 4-23　日本福冈市天神站地下商业街

图 4-24　南京新街口地下商业街

（3）依托于集散人流的消费据点

这些依托于交通网络和站点而出现的消费空间,借助人流的聚集效应来刺激消费并获得经济发展,说明当代消费的发展已经找到了更加高效和便捷的生存方式。它们在方便来往人群的同时,也给人们造成了错觉,世界正在成为与由交通网络所连接的一个个跨越时空距离和文化差异的消费节点所组成。

7）从节庆会展到世博会——城市巨型的消费与狂欢场所

在城市的各种重大事件中,节庆会展活动可以说是对城市的经济发展和消费拉动的作用最为明显。以澳大利亚为例,节庆活动已融入到国家的发展战略之中。每年澳大利亚各地要举办数百个节庆活动,其中,澳大利亚最富盛名的国际化节庆——墨尔本赛马节,每年举办期间成为吸引世界游客的旅游目的地。而意大利米兰市是一个与各种节庆会展活动密不可分的城市,各种事件活动在不同季节举办不但保证了城市全年的活力,而且活动的地点正是遍布城市各个角落——大部分的广场和街道、公园、主要的公共建筑都成为活动的场所(表 4-10),这样,由于一年中持续不断的活动,整个城市都成为吸引世界各地游客前来观光、消费与狂欢的场所①。

表 4-10 意大利米兰市的节庆活动及其场所

时间		事件	场所
3 月	月初	世界秋冬时装发布会	Freia 会展中心
	第三个周六	自行车公路赛	城市中心区为起点
	第三个周末	所有博物馆、纪念馆向公众开放	博物馆、纪念馆
		世界旅游产业博览	米兰博览中心
4 月	复活节后周一	花卉博览	Moscova 大街
	月中	世界马拉松大赛	全城
	第三周	艺术家室外作品展览	Bagutta 大街
5 月		室外艺术展	Naviglio 运河河畔
		水上竞技、音乐会	水上飞机机场
		战争胜利纪念日游行	主要街道
6 月	第一个星期天	Festa del Naviglio 阳光日活动	大街小巷
		城市夏日娱乐活动开始	Parco Sempione 公园
	第三个星期天	Christopher 庆祝日	Naviglio 河畔教堂对面广场
		电影歌舞文化节	
		趣味摄影、摄像展	Fiera 展览中心
		花卉园艺展览	Venezia 公园
		圣人纪念日	Villa Reale 花园
7、8 月		拉丁音乐纪念活动	
		露天电影放映节	Rotonda 的临时展厅
9 月		意甲联赛	San Siro 运动场
	月初	威尼斯电影节放映	
		F1 方程赛	专业赛场

① 参见 彭高峰. 城市节庆空间与城市形象设计[M]. 北京:中国建筑工业出版社,2006:62-63

时间		事件	场所
10 月	第一个周一	钟楼节庆	Ciribiciaccola 钟楼广场
	第一周	世界 IT 展览	Freia 会展中心
	月初	世界春夏时装发布会	Freia 会展中心
11 月		米兰文学奖颁奖典礼	
12 月	七日	Sant Ambrogio 节（地方节日）	Sant Ambrogio 巴西利卡
	七日	Oh bej Oh bej 集市	Sant Ambrogio 巴西利卡
	七日	剧场开幕节	Scala 剧场
1 月	六日	传统游行	从 Duomo 到 Sant Eustorgio
	每个周六	Darsena 工艺品集市	Darsena
	第三个周六	古玩书籍集市	Naviglio 运河河畔
2 月		世界时间最长的狂欢节	全城

（1）中国的大型节庆和会展活动

目前，我国不少城市都在积极举办一些具有较大影响力的节庆活动。以洛阳牡丹花会为例，自 1983 年起，已成功举办了二十多届。以花会为媒介，还精心安排了商贸洽谈会、信息技术及产品博览会、高科技成果交易会、房地产交易会，以及别具特色的洛阳牡丹灯会、洛阳民间艺术周、洛阳民俗文化庙会、洛阳牡丹书画摄影作品展等多种经贸、文体、旅游、休闲活动。实际是一个融赏花观灯、休闲娱乐、旅游观光、经贸合作与交流为一体的大型综合性经济文化活动。整个节庆活动，不但打造了国际知名的洛阳牡丹品牌，促进了花卉产业和城市对外经贸活动的发展，并全面带动了消费服务业及旅游业的发展。类似的还有青岛国际啤酒节等。经过十几年的发展，青岛啤酒节已经从当年只有 30 万市民参加的地方性节日发展成为今天超过 300 万国内外游客参加的国际性东方啤酒盛会。目前，啤酒节已成为青岛市的"市民节"、"狂欢节"，并成为青岛市的重要旅游资源和城市品牌。

在会展活动方面，由于全球经济和区域经济一体化的发展，近年来，以商务会议、产品展示与宣传、信息与文化交流、贸易咨询与洽谈、参观学习等为主要目的的博览会、会展、会议、论坛等活动在各个国家和城市频繁举办。会展业（Convention and Exhibition）[①]已成为当代最具发展潜力的热门产业之一。与节庆活动的举办一样，会展业的发展也可以提高城市经济增长质量，提升城市知名度，起到宣传城市形象和特色的重要作用。目前，我国的会展业及其空间发展较快，从展销会、学术论坛或其他大型会议，到广交会、昆明世界园艺博览会、海南的博鳌亚洲论坛、南宁的中国-东盟博览会等国际性会展，都给举办的城市带来了巨大的经济和社会效益。

据统计，中国现在已有数千个定期举办的大型节庆和会展活动（见表 4-11）。这证明

---

① 会展业，又称为会展经济，是一种通过举办各种形式的会议、展览或展销，以获取直接或间接经济效益和社会效益的产业。

一种新型的有组织的社会各阶层都踊跃参与的大型狂欢和消费活动已开始成为城市发展的助推器。

表 4-11　中国著名大型城市节庆及会展活动

	类型	著名节庆及会展活动
1	自然生态类	哈尔滨国际冰雪节、钱塘江观潮节、贵州黄果树瀑布节、千岛湖秀水节、青岛海洋节……
2	文化艺术类	长春国际电影节、上海国际电影电视节、吴桥国际杂技艺术节、南宁国际民歌艺术节、北京国际音乐节、丽江国际东巴艺术节……
3	物品类	宁波国际服装节、潍坊国际风筝节、自贡灯会、浏阳花炮节、景德镇瓷器博览会、淄博陶瓷琉璃艺术节……
4	人物类	孔子国际文化节、株洲炎帝文化节、包公文化节、昭君文化节、关公文化节、伏羲文化节……
5	民俗类	拉萨雪顿节、内蒙古那达慕大会、西双版纳泼水节、成都道教文化节、江西国际傩文化艺术周、台江县苗族姐妹节……
6	旅游类	上海旅游节、北京国际旅游文化节、昆明国际文化旅游节、黄山国际旅游节、宜昌国际三峡旅游节、周庄国际旅游节……
7	饮食类	青岛国际啤酒节、太原国际面食节、泗洪螃蟹节、昆明国际美食节、淮安中国淮扬美食节……
8	赛事类	F1世界锦标赛中国大奖赛、北京国际马拉松赛、环青海湖国际公路自行车赛、银川国际汽车摩托车旅游节、岳阳国际龙舟节……
9	博览类	昆明世界园艺博览会、2010年上海世界博览会、杭州世界休闲博览会、无锡太湖博览会……
10	花卉类	洛阳牡丹花会、开封菊花会、南京国际梅花节、成都国际桃花节、罗平油菜花节……
11	政治经贸类	中国进出口商品交易会(广交会)、南宁中国-东盟博览会、东北亚暨环渤海国际商务节、泛珠三角区域经贸合作洽谈会、博鳌亚洲论坛……

（2）世博会

世界博览会是在一定时段内,在较为明确空间里举办的世界性展览活动(以下简称世博会)。世博会依其出资性质、展览内容不同分为综合类世博会(如中国 2010 上海世博会)和专业类世博会(如 1999 昆明世界园艺博览会)两大类①。自 1851 年英国伦敦的万国工业博览会开始,一种新型的消费空间——博览会展空间就此诞生了。迈克·克朗

---

① 张浪,[荷兰]尼克·诺森,戴军,等. 创造·展示和谐城市——上海世博公园实施方案解析[J]. 城市规划, 2007(1):79

对世博会如此评价,"工业化、批量生产的消费品,新通信技术的能量以及资本主义的力量汇集在一起,通过空间的精心组织和装点,呈现出多样化和壮观的场面,将一个貌似的全世界浓缩到了一个空间中,商品交易会的感召力几乎等同于宗教:现代社会新的一套膜拜仪式、新的膜拜地点、商业的礼拜仪式,以及商人牧师。沃尔特·本杰明将这些地方称为'朝拜物神——商品之地'"。① 如今,世博会已由当初以展示和炫耀产品、交易商品为目的,发展成为世界各国社会、经济、文化全面交流的重要载体,并同奥运会一起成为当今世界的盛会。以 2010 年上海举办的世界博览会为例(图 4-25),它占地 5.29 km² 的园区,以各国展馆和专题展馆为主体,并设置了庆典广场、各类表演场所、各国纪念品销售市场,以及各种休闲娱乐空间;历时 184 天,共吸引了游客超过 7 300 万,从而成为史上参观人数最多的世博会,它为上海所带来的巨大的消费效应是不可估量的。可以说,世博会也是一个以"会展与狂欢"为主题的公园。此外,昆明世界园艺博览园,简称昆明世博园(图 4-26),占地 218 hm²,包括 6 个专业类园和 5 个大室内展馆,以及相关的商业服务设施。据会后统计,博览会期间共接待海内外游客 942 万人,门票收入 3.4 亿元人民币。在博览会的强力拉动下,1999 年云南全省吸引的海内外游客达 3 800 万人次,旅游总收入达 204 亿元,增幅高达 49%②。现在的世博园内由于保留了绝大部分展会期间的主要景点,仍然吸引着大量市民或游客前来游玩和消费。

图 4-25　上海世博会

(3) 城市巨型的消费与狂欢场所

实际上,这些城市的大事件或大型活动不管是商贸会务活动还是城市旅游的推介活动,其实都不重要,最重要的是它能激起大众狂欢式的消费。事实证明,在活动举办期

① 【英】迈克·克朗. 文化地理学[M]. 杨淑华,宋慧敏译. 南京:南京大学出版社,2003:157
② 周常春,戴光全. 大型活动的形象影响研究——以'99 昆明世博会为例[J]. 人文地理,2005(2):39

图 4-26　1999 年昆明世界园艺博览园

间,通过联动效应和规模效应,商务人士、游客与市民的消费和狂欢的欲望将被放大。在举办活动空间的带动下,更多的城市空间甚至整个城市都可能成为一个巨型的消费与狂欢场所。

8)*从网上商店到网游——无限拓展的消费世界*

随着信息技术的发展,电脑和互联网进入大众生活,人们的视野由现实世界拓展到了一个新型的数字化虚拟世界。而电子商务①的广泛应用,意味着现代商业在经营理念、

---

①　电子商务一般用 EC(Electronic Commerce)电子商务或 EB(Electronic Business)电子业务来表示。其中 EC＝Web＋Business,即信息技术＋Web＋商业业务;而 EB＝电子市场＋电子化交易＋电子化服务。我们可以对电子商务作如下定义:电子商务就是指利用计算机和通信技术(或者说通过电子信息技术)在网上进行商业企业的业务活动。具体说就是在网上处理信息流和资金流的业务活动。电子商务的基本作业流程是:消费者通过网络浏览商家商品,选中后与商家签订购货单,确定付款方式;认证中心对交易各方进行认证;银行系统在网上划拨货款;运输部门将货送给消费者。参见 谭家玉.电子商务—虚拟商场—商业新业态[J].商业研究,2003(8)

经营模式和经营手段上发生了一场崭新的技术革命。电子商务引来的网上消费、网上付费和网上结算等诸多的交易行为架构在整个广域网上，在时空上极大地削弱了"产—供—销"环节中的限制，在供求双方开通了一条高速公路，从而加快了商贸的流通，促进了经济繁荣。由于互联网连接世界的各个角落，网络消费在空间上有较大的自由度和广度，并且可以足不出户的进行一些消费活动，因此对传统的各种消费空间势必会造成一定的冲击。但是，正像许多学者所认为的，数字化虚拟空间并不能完全取代人们面对面进行交往的需求，也取代不了人们在真实世界进行消费体验的需求。

（1）网上商店

作为网络经济的产物和商业企业的一种新型经营形态，网上商店和网上购物，这些年在全球迅速扩张。虚拟商场打破时空限制，将商业企业通过 Internet 推向全世界，而且是 24 小时营业。商家可以通过 Internet 网上的虚拟商场向全球宣传自己的企业形象，宣传自己的商品和优良服务；可以通过电子商务大大拓宽销售市场，扩大企业影响，使企业获得更多的商业机会，并伴随着订货和采购成本的大大降低，企业进一步获得更大的经营利润。虚拟商场实际上可以看成是网上超市，它在便利程度上远远超过了传统的超市：它可使消费者通过网上的多媒体导购系统足不出户地挑选和购买商品；同时它也可以扩展购物眼界，提高和丰富消费者的购物知识，并扩大选购的机会。

网上商店在我国的发展也是异常快速，成功的网上购物已成为许多白领阶层和青少年的经历，并受到越来越多人的喜爱。据中国社会科学院互联网研究发展中心 2006 年 2 月公布的数据，中国有 2 200 万网民进行过网上购物[1]。现在，国内外的网上商店不计其数，几乎任何一种商品都可以通过网络买卖。淘宝网[2]与当当网[3]等可以算作国内最为成功的网上商城（图 4-27）。淘宝网以方便的商品搜索和陈列系统、实用的聊天和商谈系统、相对安全的支付系统以及收货或收钱后的评价系统（在一定程度上约束了买卖双方，并规避了部分风险），为广大群众提供了一种新型的商品买卖平台。

（2）网上娱乐空间

网络经济的发展不仅改变了以往的经济发展方式和产业结构，而且创造出了新的消费模式，带动了新的商机。一个突出的现象是：以网络游戏、网络聊天、在线影视娱乐等为主要形式的网上娱乐空间逐渐进入广大群众的生活。网络休闲娱乐正在打造一个新兴的巨大产业。伴随着各种网络娱乐模式的出现，以图铃、电影、MP3、flash、电子图书、游戏、软件、网络游戏装备和道具等为代表的网络虚拟产品也层出不穷。

近年来随着宽带在我国的快速普及，畅游游戏世界、联网对战可谓是一大潮流，并对传统游戏形成了冲击。大多网络游戏以计时收取费用，但现在将网络游戏中的服装、道具或经验值作为虚拟商品进行出售，已成为许多网络游戏的盈利工具。此外，随着电子邮件、资讯、BBS、软件下载等相继进入我们的生活视野，网络聊天也逐渐成为众多网民休闲生活中不可缺少的一部分。从最初的 BBS 上轮流发帖子，到七嘴八舌的网上聊天室，再到 QQ 或 MSN 聊天，特别是最近开始普及的网上语音聊天与视频聊天，给人情淡薄的

---

① 闫浩.消费新时代[M].北京：五洲传播出版社，2006：96

② 网址：http://www.taobao.com.cn

③ 网址：http://www.dangdang.com

图 4-27 网上商城——淘宝网首页

现代社会带来了一个相对自由畅谈的场所。而多媒体技术的不断完善和网速的不断提高,通过网络观看直播的球赛和新闻报道,或收看电视,或欣赏和下载影视和动漫作品,已逐渐成为了常见的娱乐方式,并大有取代电视、收音机、录音机、DVD 播放机等家电产品的趋势。

（3）无限拓展的消费世界

网络消费空间的出现,不但突破了传统的商场、超市、商业街等物质空间的局限,将人们的消费空间推向了无限的虚拟空间,而且极大地弥补了因空间、时间、交通等条件所带来的不便,使消费者在任何时间足不出户地进行购物、休闲、娱乐成为可能。总之,增长势头迅猛的虚拟消费空间证明消费已借助信息网络技术获得了新的扩张途径。

4.3 消费空间规模上的扩张

由于消费活动在城市生活中的全面渗透和拓展以及各种消费空间类型上的不断创新,再加上快速城市化所带来的消费需求,过去由居住区、工厂、企业占绝对主导的城市传统格局正在被打破。无论是在市中心,还是在郊区,城市可供购物、休闲、娱乐、旅游的空间与场所都在不断增加。美国有1/3的土地用于与消费有关的休闲活动。在中国,消费空间规模上的扩张已成为普遍现象,尤其是在发达地区的大中城市中表现得尤为明显。在上海,商业用房近 10 年来面积增长近 5 倍,截至 2004 年年底,上海商业

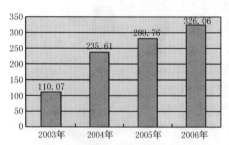

图 4-28　2003—2006 年南京商业营业用房施工面积(万 m²)

(商场店铺)建筑面积已经达到 2 857 万 m²①。2003 年南京商业营业用房施工面积 110 万 m²,2004 年为 236 万 m²,2005 年达到 280 万 m²,其中竣工面积超过 32 万 m²,2006 年施工面积更是达到了 326 万 m²,其中竣工面积超过 66 万 m²,比 2005 年分别增长 16.4％ 和 106.2％(图 4-28)②。

总的看来,商业消费空间的不断扩张在城市空间格局上主要表现为以下四个方面:原有商业核心区的扩张与充实,消费空间结构由单中心向多中心网络化的转变,邻里、社区、同城三级消费圈的逐步完善,以及消费空间的内向与外向"中心地化"的同时演进。

4.3.1 原有商业核心区的扩充与优化

由于受当时经济水平和消费能力的限制,城市原有的商业核心区无论是在商场数量和规模上,还是在服务档次和经营项目上,都已无法适应现代社会发展的需求。但是由于老城区居住人口密度依然较大,而且小汽车发展起步不久,到市中心消费仍是中国大

---

① 未来上海商业地产郊区为发展重点. http://www.91office.com/news/news_2628.htm

② 参见 2003 至 2006 年的南京市统计年鉴。

部分城市居民的选择。因此,现阶段内聚优化依然是城市发展的主要方向之一,通过中心地的聚集效应,许多城市的商业核心区得到了不断扩充与优化。

1)原有商业核心区的扩充

为了满足不断扩大的消费需求,城市中的消费空间必须持续扩张。而聚集效应最强、配套相对完善、区位优良的城市原有的商业核心区无疑是消费空间聚集和扩充的最佳地点。改革开放以来,各个城市的商业核心区都不同程度地得到了扩充。

以南京新街口地区为例(图 4-29),最初只有新街口百货和中央商场两家大型百货

图 4-29 南京新街口商业中心区的不断扩充

商场,随着近二十几年的发展,出现了华联商厦、金陵百货、金鹰商城、南京商城、苏宁银河、东方商城、大洋百货、万达商城、德基广场、金轮广场等十数家大型商场和购物中心,附近还聚集了万达购物广场、时尚莱迪购物中心、华新商厦等集中式商铺大卖场以及苏宁电器城、五星电器城、国美电器城、大众书局、新华书店等大型专业性商场(表4-12、表4-13)。加之地铁、地下商城及步行系统的建成,形成了地上与地下一体化的巨型消费空间群,并进一步巩固和强化了新街口商圈在南京乃至区域消费中的核心地位。

表4-12　新街口主要百货商场和购物中心情况列表

商场或购物中心名称	层数	大致面积(m²)
金鹰商场	6层	45 000
东方商城	6层	20 000
新街口百货	6层	41 000
中央商场	6层	45 000
苏宁银河	5层	20 000
大洋百货	8层	70 000
德基广场	7层	20 000
金轮广场	6层	55 000

表4-13　新街口主要集中型商铺情况列表

集中型商铺名称	总经营面积(m²)	主要业态	商铺面积区间(m²)
时尚莱迪购物中心(地下)	10 000	服饰、日常生活用品	10~15
万达购物广场(1楼)	2 000	服饰、日常生活用品、美容	25~35
华新商厦	7 000	休闲服饰	10~20
长发银座	9 000	餐饮、美容、美发	60~140
地铁商铺	8 000	餐饮、服饰、书籍	10~80

　　目前,南京的新街口商圈,紧随北京王府井、上海南京路之后,在全国10大"中国著名商业街"中排名第三。在1.6 km²用地内(包括周边发展地区),新街口商圈聚集了众多消费商业空间,密集程度之高,在全国也不多见。2007年,新街口地区商业面积约达70万m²,娱乐面积约8万m²,金融面积10万m²,商务面积约37万m²,另外还有20万m²的地下商业设施。日均客流量30万~40万人次,双休日超过60万人次。在黄金周期间,新街口的日均客流量甚至达到100多万人次[①]。

---

　　① 2007年南京新街口商业地产项目报告. http://www.fangce.net/Article/yingxiao/fenxi/200711/1030.html

2）原有商业核心区的优化

另一方面,由于社会大众消费层次的提高以及消费需求更趋个性化和多样化,这势必会对消费空间提出更高的要求;加之土地制度的改革和商品房政策的实施,在中心地的聚集效应下,为了土地和空间利用效益与效率的最大化,原有商业核心区的空间功能和环境质量的优化和提升成为必然(图4-30)。

首先,在市场机制作用下用地布局发生了演替,核心区原有的居住区与单位企业用地以及低档商业用地(市场、小型零售等)被经济效益更高的高档商业用地(例如购物中心、大卖场等)所取代。

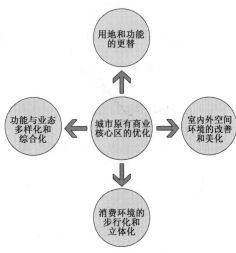

图4-30　城市原有商业核心区优化的主要内容

其次,在消费活动的全面渗透下,核心区的用地和建筑在功能上也更加强调混合利用,过去相对单一的功能业态被更加多样化和综合化的功能所取代,零售与办公、商务、金融、文娱、餐饮更加紧密地结合在了一起。许多原有的大商场也都经历了购物中心化的改造过程,例如,南京新街口原有的两家国营大商场——新街口百货和中央商场,从90年代至今经过了数次扩充和改造,已经由过去单纯的零售商场转变成了综合性的购物娱乐中心。

再次,由于交通方式的改变,尤其在城市轨道交通的支撑下,为了提供更加安全和便捷的消费环境,以"人车分流"为原则的商业区步行化以及地上、地下综合立体化成为原有商业核心区的发展趋势之一。南京新街口正洪街步行广场(图4-31)以及地铁一号线、二号线开通后所形成的大规模地下商城,通过广场和地下商业街及步行廊道,将地铁站周边数座大型商场和购物中心连成整体,形成了一个更大规模的适于"闲逛"的消费环境。不无夸张地说,如今的南京新街口更像一个巨型的购物中心。

图4-31　改造后的南京新街口正洪街步行广场

最后,由于顾客对消费空间环境的关注度日益提高,原有商业核心区室内外空间环境的改善和美化成为吸引顾客的重要手段,形象优美、干净卫生、配套设施与服务齐全的空间环境,无疑更能激发消费者的欲求。南京新街口中央商场2006年对商场进行了大规模的装修改造,以提高购物环境的档次。重新开张之后,月营业额同比增长10%～

20%,其中室内环境质量的提高可谓功不可没。

4.3.2 商业消费空间结构由单中心向多中心网络化的转变

由于城市的不断扩大,受出行距离的限制,城市原有的单中心商业结构已越来越无法满足居民的消费需求。各级商业消费中心以及商业街或成规模聚集的沿街时尚小店的不断出现,使得消费空间在城市中的扩张正呈现出多中心网络化的发展态势。

1）单中心向多中心转变

随着消费经济的发展和城市的不断扩张,城市格局由过去的单中心向多中心结构演

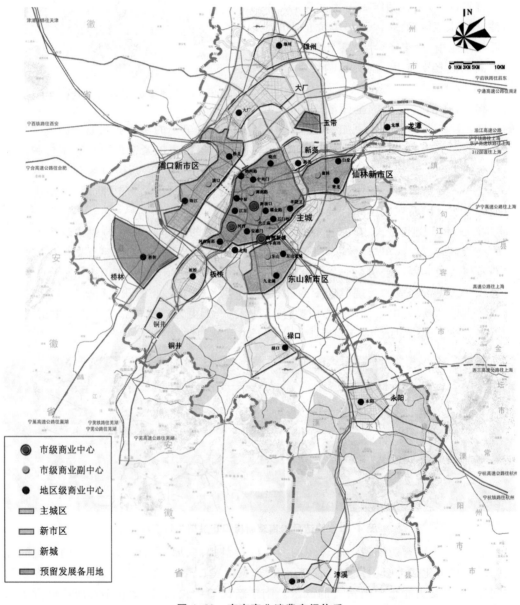

图 4-32   南京商业消费空间体系

变,随之也出现了多个商业中心区。以南京为例,随着城市的发展,已由最初的单核心——新街口地区,发展到如今的两个市级商业中心——新街口与河西,第三个商业副中心——火车南站地区,五个市级商业副中心——湖南路、夫子庙、浦口、仙林、江宁东山已基本形成;另外,规划或已形成的地区级商业中心有二十余处(图4-32)。

2) 网络化发展

另外,城市各级商业中心正由于各种中小型消费空间,特别是沿街而设的各种店铺和时尚小店的连接作用形成网络化的发展态势。近年来,由于产业结构的调整,促使许多第一、二产业的劳动力向商业服务业转移。尤其是在商品经济快速发展的带动下,"破墙开店"和"底商上住"的开发模式使得大街小巷上遍布各式店铺,再加上超市和各种连锁店的普及,现在的消费空间像一张密布的蜘蛛网覆盖在城市中,人们可以越来越便捷地进行各种需求的消费了。这些沿街而设的中小型消费空间,对超市以及大商场是一种有力的补充。例如,南京新街口商业中心区,虽然大商场林立,但其周边依然有大量的沿街而设的各种小店铺,通过消费空间"点、面、线"的结合,最终完善了新街口商圈的功能(表4-14)。

表4-14 新街口临街小商铺情况列表

临街商铺	主要业态	主力面积区间(m²)
石鼓路靠近莫愁路段	花卉礼品、服饰、美容美发	20~40
汉中路以西	药店、花店、休闲娱乐(酒吧、茶座等)、美容美发、餐饮	20~40、100~200
汉中路以东	药品、服饰、汽车美容	20~40
王府大街	特色餐饮	100~200

4.3.3 邻里、社区、同城三级消费圈的逐步完善

伴随着消费活动向日常生活的全面渗透,消费空间在城中的布局与设置也相应的与市民的行为习惯和消费需求愈发紧密地结合在了一起。一般来说,消费出行距离的远近决定了消费空间的规模和等级:近距离出行的消费需求趋向日常基本型,消费空间规模小、功能简单、服务等级也较低;远距离出行的消费需求则更趋向综合化和享乐型,消费空间规模大、功能齐全、服务等级较高。

1) 三级消费圈的完善

随着便利店、超市、购物中心等新型消费空间的不断发展,从市民的消费需求和消费出行的结构来看,邻里、社区、同城三级消费圈已初步形成并在不断地完善。居家附近0.5~1 km左右的便利店、农贸市场和时尚小店是购物的邻里消费圈,以步行为主;2~5 km左右的综合超市、社区超市和中型商场是购物的社区消费圈,以自行车和公交出行为主;5 km范围

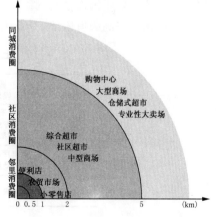

图4-33 日常三级消费圈模式

以外的购物中心、大型商场、仓储式超市、专业性大卖场则是同城消费圈,以公交和小汽车出行为主(图4-33)。2004年南京市编制了《南京市商业网点规划(2004—2010)》,在这一规划的指导下,南京已初步形成了三级消费圈的格局(表4-15)。

表 4-15 南京商业零售网点与消费圈

消费圈级别	商业零售网点类型	服务半径(km)	服务人口规模
邻里级	便利店、小超市、时尚小店	0.5~1	3万人以下
	农贸市场	0.5~1	
社区级	中型超市	2	3万~10万人
	大型超市	3	
	仓储会员店	5	
	社区购物中心	3~5	
同城级(甚至扩展到都市圈范围)	大型专业店	>5	10万人以上
	家居建材商店	5~10	
	市区购物中心	10~20	
	城郊购物中心	30~50	

与此同时,各种新兴的休闲娱乐空间在城市中的扩张也呈现出类似邻里、社区、同城三级消费圈的发展态势。相关研究指出,上海市区的娱乐休闲设施可分为市级、区域级和社区级(表4-16),其在空间上的发展特点为:规模大、实力强、品牌好的顶尖娱乐设施分布在城市的中心地带,数量少,档次高,服务全市,往往与商业购物空间相结合,市民的消费活动与目的比较多元化,呈现商业地型的特征;而大量普通的、需求量大的休闲娱乐设施则散布在城市新村与小区等居民集中地区,以满足城市居民日常普通的文化娱乐需求,目的明确单一,就近原则起主导作用,呈现居民地型的特征;介于两者之间的娱乐休闲设施主要分布在城市的区域中心,是商业地型向居民地型的过渡。由此构成了由三个层次组成的娱乐休闲设施的网络体系[1]。实际上,从出行范围和服务人群来看,市级的娱乐休闲设施——高级俱乐部、专业大型表演场所、大型综合娱乐城等以及大型购物中心

表 4-16 上海市的娱乐休闲设施等级特征

分布地区	典型的文化娱乐休闲设施	分布特征	设施规模	设施数量	综合程度
市级商业中心(副中心)	高级俱乐部 专业表演场所 大型综合娱乐城	商业地型 ↓ 居民地型	大 ↓ 小	少 ↓ 多	综合为主 ↓ 单一为主
区级商业中心	歌舞厅、KTV、影剧院 体育活动及健身中心、文化馆				
居住社区	游戏机房、电脑网吧、棋牌室				

---

① 柳英华,白光润.城市娱乐休闲设施的空间结构特征——以上海市为例[J].人文地理,2006(5):8

中设置的相关娱乐休闲设施,对应的是同城消费圈;区域级的——歌舞厅、KTV、影剧院、文化馆、体育健身中心等,对应的是社区或若干社的消费圈;而社区级的——游戏机房、网吧、棋牌室、茶室、饮食店等,对应的是社区或邻里消费圈。

2) 社区和邻里消费圈的融合发展

近年来,由于居民出行与交往范围的日益扩大,社区和邻里的界限变得淡化与模糊,出现了邻里社区化或社区邻里化的现象,这就要求公共服务和商业资源最好兼具规模性和便利性。另一方面,各种商业业态之间的竞争加剧,在商圈和服务范围上的互相入侵和重叠将体现得更加明显,这也会使得邻里与社区消费圈更加交错和难于区分。南京苏果超市在 2003 年开始的社区店战略,通过延长服务时间、扩充社区店数量等手段使社区店包容了便利店的原有小商圈,并对华诚 24 小时等其他品牌的便利店造成了不小的冲击。因此,社区—邻里消费圈一体化的发展也许将成为未来趋势之一。

4.3.4　商业消费空间的内向聚集与外向扩散同时演进

随着城市新城建设与旧城更新的推进,中国城市家庭在消费出行结构上出现了内部聚集和外向扩散并存的趋势。内向聚集是指邻里—社区范围内的基本型日常消费空间和商业中心区中的享乐型消费空间的不断充实与完善;外向扩散则是指伴随城市新区建设和外围交通网络及设施的完善,不断出现的依托郊区住区和交通干道而形成的商业消费空间,包括主题乐园、度假村、郊区商业中心、仓储式超市、专业性大卖场或大市场等。从商业消费业态在城市空间的布局来看,一般位于市中心的消费环境成熟区以零售、休闲、娱乐等业态为主导,而城市外围的消费环境发育区则以批发、度假等业态为主导。

1) 商业消费空间的内向聚集

由于受私人交通工具和公共交通工具的限制,以及一些旧有消费观念的束缚,在未来很长的一段时间内,商业消费空间的内向聚集趋势仍将占主导地位,"这种内向的社区中心地化消费趋势,就是把原有分隔的邻里消费圈和社区消费圈集合在一个大的消费体系内,既可满足家庭日常消费和公共产品服务需求的'一站式'要求,又能构建一个具有多层次社区成员共享的交往空间,强化社区的自组织能力"[①]。这包括原有商业核心区的扩张与充实、城市商业次级中心体系的建立,以及邻里与社区消费圈的完善与充实。最明显的现象就是城市商业消费空间结构呈多中心网络化的发展。

2) 商业消费空间的外向扩散

从目前态势来看,商业消费空间的外向扩散将是一个漫长的发展过程。"西方发达国家城市化的道路表明,制造业的郊区化和居住的郊区化尚不能称为城市的郊区化,只有大型商业设施郊区化、郊区的大型商业中心和城市商业中心区的商业设施形成抗衡之势,家庭在郊区可以享受到原本只能在市中心可以享受到的综合商业服务后,城市才真正进入郊区化时代"[②]。很明显,目前中国的郊区化商业消费空间无论在功能、规模还是数量上,还不足以与城市内部的商业中心区相抗衡。据统计,全国有 3/4 左右的购物中心分布在城市中心区,而且城市郊区的主要商业业态以批发为主导。但是随着城市形态

---

① 李程骅.商业新业态:城市消费大革命[M].南京:东南大学出版社,2004:204

② 李程骅.商业新业态:城市消费大革命[M].南京:东南大学出版社,2004:206-207

和空间结构的外向大扩展、便利的公共交通和私人交通体系的形成,以及消费观念的更新,中国城市的商业消费空间,将呈现出"郊区化"和"都市圈化"的发展态势。如今,中国城市轨道交通、城际铁路、高速铁路的大力发展,必然进一步强化城市商业消费空间外向扩散的发展态势。

以南京为例,有三个城市级商业副中心位于主城以外:浦口新市区中心、仙林新市区中心、江宁新市区中心。其中,浦口副中心今后将承担为江北地区服务和辐射苏北和安徽的功能,并与金融、办公、休闲娱乐结合成为多功能、综合性的商业中心,商业设施的总建筑面积将达到 40 万 m^2 左右。仙林副中心以服务仙林新市区为主,兼顾辐射新尧、龙潭和镇江西部等地区。江宁副中心主要功能是以服务江宁区为主,兼顾分担部分主城商业中心功能,为南京南部地区居民服务①。另外,南京规划或已形成的地区级商业中心有十余处位于主城以外。此外,2005 年 5 月,南京市统计局与南京市商贸局联合进行的消费品市场吸引力调查结果显示,外地消费者人数占调查总人数的 35.9%,大部分来自马鞍山、滁州、芜湖等南京都市圈范围内的城镇,外地消费者人均消费金额为 1 599 元,比本地人均消费高出 51%②。这说明,南京的商业消费空间"郊区化"和"都市圈化"的发展态势已初步显现。

4.4   消费空间形式上的包装

消费时代是注重个性与形象的时代,社会中的各种物品也相应地日趋风格化和视觉化。与此同时,各种消费空间为了在激烈的竞争中吸引更多的顾客,对其空间环境与建筑形象的精心设计、装饰和包装,就成为了重要的手段之一。因为消费空间就像销售的商品一样,标新立异的形象就是其本身最大的宣传,只有与众不同才能吸引人们的关注,并留下过目不忘的印象。加之在后现代主义建筑思潮的影响下,规划设计的重点开始由功能转向了形式。于是,我们可以看到波普、立体、构成、高技、西方古典、中国传统等各种风格的建筑形式粉墨登场,建筑本身的要素(体量、造型、风格、结构、材质、色彩等)和非建筑要素(商标、图案、广告牌、霓虹灯、显示屏等)都成为消费空间进行装扮的元素和符号,城市景观也由此更趋多元化。在形式化的包装下,城市与建筑艺术不再是高雅的艺术,形式或形象成为大众可以解读和消费的符号。当前,无论是西方世界还是日益开放的中国建筑市场,独特形象的塑造与建筑表皮的装饰已成为消费空间进行包装的重要策略,而且这一策略的运用正日益扩展到其他类型的建筑。其实,城市空间的风格化和表皮化的趋势也是规划与设计对消费文化的发展所做出的应对。

4.4.1   独特形象的塑造

一方面,由于在消费文化的影响下,高雅文化与大众文化之间的界线变得日益模糊,尤其是广告、时装、流行歌曲等深入人们的日常生活,使得世俗化、商业化、个性化的美学

---

①　参见《南京市商业网点规划(2004-2010)》

②　崇峻. 外地消费者已成为我市商品市场重要的消费力量. 南京市统计局相关统计分析. 详见南京统计局网站 http://www.njtj.gov.cn/_siteId/4/pageId/63/columnId/426/articleId/34338/DisplayInfo.aspx

元素左右着大众的兴趣与爱好。为了迎合消费者的口味,就必须以"新、奇、特"为原则,通过建筑与空间的独特形象的塑造,通过视觉冲击将消费者各种现实生活中难以实现的"梦想"呈现在眼前,以赢得消费者的关注或好感,这已成为当代许多建筑与空间设计的准绳,正像莱姆·库哈斯所认为的,由于当代城市中的建筑形式代表的正是消费的欲望,所以建筑师应该从满足大众消费愿望的角度出发,不断地创造新奇的形式从而顺应消费时代的城市本身的发展逻辑。他所参与创作的一系列奇观建筑正是对消费社会的回应。另一方面,一个拥有独特造型或风格的建筑,确实能够起到广告效应,从而带来经济效益。例如,弗兰克·盖里设计的毕尔巴鄂古根海姆博物馆有可能成为历史上最具广告效应的建筑,与其说它是一栋文化建筑,还不如说它是一栋消费主义建筑或者干脆说它是一个吸引全球游客来此观光的"奇观"消费品。"毕尔巴鄂效应"无疑给建筑与空间的包装注入了一剂"强心剂",独特形象的塑造成为当代规划设计的潮流。尤其是形体夸张、通俗具象、商业艳俗、复古怀旧、诙谐荒诞等几种风格化的空间造型制造了强烈的视觉效果。

1) 形体夸张

各种结构、材料等技术的不断突破,使得建筑在造型和体量上的设计更加自由。对巨大体量、奇特造型、夸张形体的追求,已成为建筑与空间自我推销和宣传的重要手段。毕尔巴鄂古根海姆博物馆、悉尼歌剧院等世界知名建筑就是典型的以巨大的体量、夸张的造型而取胜的建筑。类似的还有彼得·埃森曼设计的美国俄亥俄州辛辛那提大学的阿诺夫设计艺术中心,以"Z"形和"S"形空间系统经过复制、偏转和叠加,最终形成一个形态夸张且错综复杂的整体空间结构系统。1996年建成后引起了轰动,并迅速地成为旅游景点。扎哈·哈迪德(Zaha Hadid)设计的德国维特拉家具公司消防站是解构建筑的经典之作。它虽然规模不大,但大胆采用了交叉的斜线与斜面以及建筑不常用的锐角空间,通过线性空间的交错穿插从而形成蕴含"速度与运动"的夸张形体,给人强烈的视觉冲击力。此后她的一系列作品,更加自由和夸张,给人的视觉冲击犹如海啸袭来的感觉。而库哈斯设计的美国西雅图公共图书馆,通过虚实相间的夸张形体,创造了一种"新旧媒体共存、互动的场所,实现都市建筑空间与媒体虚拟空间的首次结盟"[①]。此外,他设计的葡萄牙波尔图的 Casa da Musica 音乐厅、海牙舞蹈剧院等等,都是吸引眼球的奇观建筑。

在国内,近年来随着建筑市场的对外开放,许多世界知名建筑师也在中国一展身手,他们以一个又一个令人震惊的形式满足着大众对奇观的消费需求,为此许多人不禁惊呼:中国成了外国建筑师的试验场。广州歌剧院国际招标方案,可以看成是国际明星建筑师设计的奇观建筑的大比拼,最后的实施方案是扎哈·哈迪德的"圆润双砾"的方案,同样是以夸张的形态取胜。法国建筑师安德鲁(Paul Andreu)设计的国家大剧院的国际竞标中,以一个超大型的蛋型体量而赢得了设计权。而库哈斯中标的 CCTV 新总部方案,设计了一个体量庞大、造型奇特的"大门式"摩天楼,整座建筑就像一件抽象的雕塑品。另外,北京奥运会的"鸟巢"、"水立方",上海世博会中国馆的中标方案,上海环球金融中心大楼等同样通过夸张形体或新颖造型吸引了世界人民的目光(图 4-34)。这些城市巨型工程已成为城市进行营销和彰显中国发展的重要工具[②]。

① 朱涛. 信息消费时代的都市奇观——世纪之交的当代西方建筑思潮[J]. 建筑学报,2000(10):21

② 参见 王莉莉,张京祥.全球化语境中的城市巨型工程及其效应透视[J].国际城市规划,2008(6):53

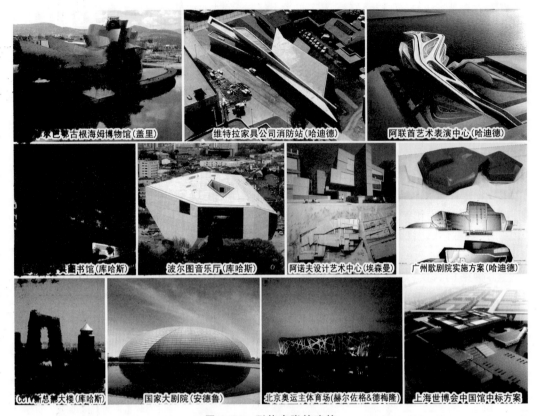

图 4-34　形体夸张的建筑

2) 通俗具象

在消费文化的推动下,大众趣味日益受到社会的重视,采用具象语汇的手法,以某些通俗易懂的具象物作为造型或装饰的建筑其实早已屡见不鲜了。最著名的应该是迪士尼乐园以卡通人物和童话世界为造型的游乐建筑群了。拉斯维加斯同样是一座充斥着此类建筑的城市,以狮身人面像和金字塔为造型的赌场是其中最为著名的建筑。弗兰克·盖里所设计的鱼舞餐厅,以一条跃起的鱼为造型,其通俗易懂的形象使该建筑为大众所熟知。采取同样的手法,盖里在舍雅特总部设计中采用了望远镜的造型,这一设计满足了业主寻求大胆设计以引起社会关注的愿望。总之,他的"建筑艺术包装"的形式创作手法是对激烈竞争下商品经济社会的大众消费需求的回应,正像他所说的,"我热爱民众,也许我的作品中有迎合民众的倾向"[①]。罗伯特·文丘里设计的"BASCO"展室,将硕大的英文字母 B-A-S-C-O 以建筑物为背景在立面上一字排开,整个建筑更像耸立在路边的地标性广告。日本建筑师山下和正设计的人面宅,完全按照人脸的造型设计建造完成。充当窗的"眼睛"、充当风道的"鼻子"、充当入口的"嘴"都是非常实用的建筑要素。这栋位于街边的建筑就像一个巨型的"观察者",以同样生动的表情回望着人们投来的惊奇目光。此外,还有迈克尔·格雷夫斯(Michael Graves)为迪士尼中心设计的天鹅和海豚饭店。这些都成为通俗具象型的建筑的经典之作。

目前,我国也出现了类似的建筑。已载入吉尼斯世界纪录的北京天子大酒店,其外

---

① 转引自 薛恩伦. 圣莫尼卡学派与建筑艺术包装[J]. 世界建筑,2001(4):81-86

形就是一座放大版的彩塑福禄寿三星像,建筑共 9 层,高 41.6 m,福禄寿三星好似一件外衣一样,罩在板式高层上,其先由铁丝网定型,然后在上面加灰,贴面砖,整体形象极其逼真,气势恢弘,建成后已吸引了大批好奇的游客和媒体记者。此外,台湾建筑师李祖源设计的沈阳方圆大厦,以具象的中国铜钱的造型同样取得了夸张的视觉效果。安徽淮南钢琴加大提琴造型的规划展示馆以及"球拍大厦"的设计方案引起了大众媒体的关注(图 4-35)。这些建筑的出现说明世俗化品位已经开始影响中国当代建筑创作了。

鱼舞餐厅(盖里)　　舍雅特总部(盖里)　　人面宅(山下和正)　　"BASCO"展室(文丘里)

迪士尼中心的天鹅和海豚饭店(格雷夫斯)

北京天子大酒店　　沈阳方圆大厦　　淮南规划展示馆　　淮南"球拍大厦"

图 4-35　通俗具象的建筑

3)商业艳俗

由于消费活力、多样化的表现形式以及世俗大众化的口味,商业景观在消费社会中越来越受到大众的欢迎。《向拉斯维加斯学习》一书就大力鼓吹商业景观对建筑设计的借鉴价值。拉斯维加斯可以说是最具商业味的都市景观了,在那里建筑完全被热闹繁杂的商业景观所吞噬。为了让建筑与商业环境更好地融合,鲜艳色彩的运用、商业元素和非建筑构建(广告、标牌、旗帜、显示屏等)的装饰、新奇夸张的造型、多种风格形式的拼贴等等,已成为许多当代建筑设计的常见手法。以设计大型商业消费建筑而闻名的捷得事务所最擅长将商业元素融入建筑设计中。他们大部分的作品可以形容为一幅幅色彩斑斓、风格杂糅的拼贴画。

以日本福冈博多运河城为例,捷得事务所利用曲线的步行内街和象征运河的水景来组织整个建筑群体,并在其中穿插形形色色的建筑元素。消费者可以看到红、黄、蓝、绿各种艳丽色彩在建筑中的大胆对比运用,也可看到各式材质的对比,更可以看到小品、卡通人物造型、抽象雕塑、植物、旗帜、商标、霓虹灯、水面等各种或冲突或融合的元素在商业空间中的并置,这一切创造了一个超级"热闹"的消费乐土。由于作品过于商业化和世俗化,捷得事务所难免受到一些人的批判——"包装的"、"表演的"、"夸张的"、"图像化的"、"布景的"、"拼贴的"、"假的"、"不真实的"等等是捷得受到批评中最常见的字眼[①]。

---

①　杨宇振. 疯狂消费城市中的脉脉温情——美国捷得国际建筑师事务所大型商业项目解读[J]. 城市建筑,2005(08):30

但这些评论也正好反映了商业艳俗的建筑在包装与设计上的惯用手法。

如今,国内的一些新型的购物中心已突破了以往大型商场的传统建筑形式,更注重将建筑打造成鲜艳世俗的商业景观:上海正大广场、南京水游城、深圳铜锣湾广场等以鲜艳的色彩和碎片化而富有动感的立面设计,渲染出了一种喧哗热闹的商业气氛。而以商业步行街为代表的城市商业中心区如今在各式各样的旗帜、商标、广告、霓虹灯等的装点和覆盖下,充斥视野更多的是艳俗的商业元素和景观,而建筑本身的立面已经变得不再重要。例如,上海南京路步行商业街、武汉江汉路步行商业街、南京湖南路商业步行街等都是如此(图4-36)。商业景观的喧嚣和纷杂已成为人们感知城市空间的主要内容。

图4-36　商业艳俗的建筑

4）复古怀旧

人们总有一种怀旧的情结，"保存过去的冲动是保存自我之冲动的一部分"[①]。而且，消费时代大众需要的是对历史的体验，而不再是历史的警示与借鉴功能。既然有这种需求，传统的样式、复古的情结必然也会被利用来进行建筑与空间的包装。一种是按照传统的样式进行复原或复制，如拉斯维加斯的巴黎大酒店、威尼斯大酒店、卢克索酒店等等，原样复制的埃菲尔铁塔、圣马可广场、金字塔成为人们体验历史风情的商品；另一种则是从传统建筑中汲取灵感之后进行提炼与抽象，并与现代设计手法相融合，通过象征、隐喻等手法强调与传统样式的"神似"。后现代建筑思潮特别强调从传统中汲取灵感，一系列后现代建筑代表作，如美国电报电话大楼、温哥华图书馆（摩西·萨沃迪设计）等等，通过传统建筑符号的运用，透露出一股复古怀旧的气息。上世纪末兴起的新城市主义，同样是从历史与传统村镇空间中汲取灵感，通过类型学的设计手法，将美国人梦想中的传统小镇再现于人们的面前。

在中国，以北京西客站、南京夫子庙、上海城隍庙、西安大唐芙蓉园等为代表的按中国传统风格来建设的建筑、街区或主题乐园，在国内大有市场。当然，也有中国美院象山校园、苏州董氏义庄茶室等等强调"神似"的蕴涵传统味道的建筑。此外，在崇洋心理和复古情绪共同需求下，中国也出现了大量仿西洋古典风格的建筑，从商业建筑、住宅、办公楼甚至到行政中心，例如南京的雨花区政府大楼被戏称为"小白宫"。近年来，上海"新天地"在国内引起的轰动效应，使人们认识到在商业化的包装下，地方的历史文化可以创造出更多的经济价值。之后，对历史街区、旧建筑、工业厂房进行复兴改造并开发成商业消费空间的案例在各大中城市中更是不断出现（图 4-37）。这些蕴含复古怀旧气息的建筑与空间不但迎合了大众怀旧的心理，而且通过提供历史文化的体验，一定程度上缓解了大众由于地方传统特色丧失而产生的焦虑。

5）诙谐荒诞

在这个追求个性、时尚的时代，放纵不羁、标新立异、逐怪猎奇等不和谐、不统一的元素更能让人们从诙谐荒诞中去领略那种刻骨铭心的奇趣。例如，美国的塞特事务所（SITE）[②]为 BEST 连锁超市所设计的某购物中心，整个体型十分简洁，只在其入口做了一个意想不到的处理，入口是一个破损的墙脚，而墙角被挪到一边，从而形成一个诙谐幽默的场景。甘特·杜麦尼格（Gunther Domenig）设计的维也纳中央银行采用了一个抽象怪物的形象，每天进出的人流就像被怪物张开的大嘴所吞噬，同样取得了诙谐的效果。

现在，这种设计在我国还处于探索与尝试阶段，尚没有被普遍接受。其主要表现在一些小型前卫建筑的室内和店面装饰上，如酒吧、特色餐厅、专卖店、售楼处等。位于北京北四环中华民族园西边的"恐龙谷"酒吧就是一座诙谐荒诞的建筑，整座建筑变形为一座巨大的"火山"造型，在洞穴般入口上方的巨型恐龙骨架成为又一大猎奇卖点（图 4-38）。

---

① 转引自【美】戴维·哈维. 后现代的状况——对文化变迁之缘起的探究[M].阎嘉译. 北京:商务印书馆，2004:117

② SITE 事务所是英文"Scuplture in the Environment"（环境中的雕塑）的缩写，事务所的名称也宣告了建筑师的设计原则，即要将建筑作为环境中的一种雕塑艺术来设计。

拉斯维加斯的巴黎大酒店　　拉斯维加斯的威尼斯大酒店　　拉斯维加斯的卢克索酒店

温哥华图书馆　　　　　　美国佛罗里达州庆典小镇(新城市主义)

上海城隍庙　　　　　　西安大唐芙蓉园　　　　　中国美院象山校园

复古——北京西客站　　崇洋——南京雨花区政府大楼　　怀旧——北京798艺术区

图 4-37　商业艳俗的建筑

BEST连锁超市(SITE)　　维也纳中央银行(杜麦尼格)　　北京"恐龙谷"酒吧

图 4-38　诙谐荒诞的建筑

6）形象＝焦点

综上所述,城市空间通过独特形象的塑造,不但能引起社会大众的关注,而且还可能拉动城市的(旅游)消费并提升城市的整体形象。这是因为在追求个性和视觉刺激的消费时代,视觉焦点和舆论焦点的汇集则意味着能够产生潜在的消费动力。此外,在迫切实现现代化和赶超欧美心态的影响下,焦点汇集的"城市奇观"还蕴含着"前卫"、"开放"、"先进"、"领先"等象征意义,它们已经和城市发展水平与形象、政府领导的政绩以及大众的认同挂上了钩,并成为一个城市获得知名度和肯定的象征物。因此,为了追求形象焦点所带来的消费效应和象征意义,从领导到大众,从设计师到开发商,都开始热衷于打造城市的奇观建筑。追求"高、大、独特、新奇、震撼"甚至成为城市建设的重要原则。

4.4.2　建筑表皮的装饰

在传统的建筑学中,建筑表皮通常被理解为建筑内外空间的围护,而如今,由于场地条件和周边建筑环境的限制,消费建筑的形体和造型在设计上往往受到制约。尤其是在高密度开发的商业中心区内,各种消费建筑与城市的关系被挤压为一层二维的面——建筑空间的室外表皮。因此,建筑所要传达的消费信息大都汇聚其上,消费建筑的表皮成为其表达个性和文化内涵的重要媒介。此外,在消费文化的影响下,特别是在商品花哨包装的启发下,建筑表皮已逐渐成为消费商业建筑设计的重中之重,表皮以装饰的方式取得了与建筑的造型体量和功能空间对等的地位。当前,表皮化策略的应用已扩展到其他各种类型的建筑与空间中,并且呈现出图案化、材质化、肌理化及影像化的趋势。在各种表皮化的装饰下,建筑的外表最终成为取悦大众的视觉产品。

1）表皮的图案化

受商品包装和商业景观的影响,如今建筑的表皮不再是简单的围护结构和形式单调、色彩均匀的表面,而呈现出色彩斑斓、图案丰富的视觉效果,它更像是建筑设计师作画的画板。文丘里设计的 BEST 购物中心,简单的建筑形体表皮上装点了白色和红色的花瓣图案,就像裹着一层包装纸一样,通过醒目的图案化表皮向消费者明确传达了该建筑的商业功能和意义。采用同样的手法,位于纽约第五大道的 LV(Louis Vuitton)旗舰店,在日本设计师村上隆的设计下,放眼看过去就像用 LV 包装纸包裹起来的巨大礼盒,尤其夜晚在内部灯光的映衬下,整个旗舰店会呈现出发光糖果盒子的奇妙效果。伊东丰雄设计的 Tod's 表参道店,其设计灵感则来自表参道旁的景观绿化,建筑的表皮是由剪影般的树状结构与透明玻璃两种材质构成,两者之间的对比和组合产生了戏剧化的图案效果——整个建筑看上去就像一个披上了树的剪影的不存在的玻璃盒。库哈斯在伊利诺工学院麦可考米克论坛学生活动中心项目设计中,干脆将建筑大师密斯本人的头像图片作为建筑的立面,隐喻了密斯对学校的巨大贡献。

20 世纪 90 年代早期,深圳"世界之窗"等主题公园旁边的数个高层居住楼盘也采用了图案化的表皮——海景花园的几何图形、桂花苑的世界地图、湖滨花园的海洋图案——整个建筑群就像是华侨城主题公园群的广告牌一样,给当时单调的建筑外墙设计带来一丝新意。南京水游城的表皮图案则采用了花纹图样与鲜艳色块相组合的方式,进一步渲染出了热闹纷杂的商业气氛。如今这种图案化的建筑表皮已成为国内不少新型商业消费建筑的重要特征(图 4-39)。

图 4-39　表皮的图案化

此外，在涂鸦①文化与艺术的影响下，国外许多建筑的表皮成为涂鸦的重要界面。从文化上看，涂鸦建筑折射出的是波普文化、街头文化和青春文化的活力；从效果上看，涂鸦建筑创造的是一种独特的具有强烈视觉冲击力的图案化表皮。建筑表皮的涂鸦，使得建筑具有了与户外广告牌一样的威力，并成为了波普艺术的最佳展示媒介。受国外相关案例的启发，在四川美院师生、艺术家、当地民众和政府的共同努力下，2007 年重庆市九龙坡区黄桷坪建成了"世界第一涂鸦街"（图 4-40）。在长达1.25 km 的黄桷坪沿街的老楼外墙面上进行涂鸦艺术创作；线条、文字、符号、卡通形象、色块等各种涂鸦元素

德国莱比锡某涂鸦建筑

重庆黄桷坪"世界第一涂鸦街"

图 4-40　涂鸦建筑——表皮的图案化

---

①　涂鸦起于上世纪，美国华盛顿的一个送货小子德米特里，他随处涂写自己的绰号"Taki183"，以一种最简单的方式达到表现自己的目的。这个举动不仅使他登上了 1971 年的《纽约时报》，也使涂鸦（Graffitti）——这个来自希腊文"书写"的词成了一个艺术名词，街头涂鸦就此开始。涂鸦内容包括文字、卡通人物、政治口号乃至宗教题材。

在一栋栋楼房间自由转换与跳跃,最终形成了一幅色彩绚丽、图案纷杂、动感十足的波普长卷,原先破旧的建筑群就像套上了一件时髦的外衣。黄桷坪的涂鸦街可谓是一种极端的表皮图案化的案例,但是它在社会上引起的轰动和随后由于旅游观光所带来的经济效益也正是消费时代建筑表皮化的根本动力之一。

2）表皮的材质化

由于各种新材质在建筑设计中的应用,建筑的表皮早就突破了砖、石、木、混凝土、钢、玻璃等常见材料。众多新型材料,如不锈钢、穿孔铝板、金属丝网、液晶显示玻璃、合成薄膜、纺织纤维、木板、竹片、藤条等的应用极大地丰富着建筑表皮的创作并改变着建筑的形象。表皮的材质处理也成为建筑表达个性的重要因素。因为,材料的不同颜色和质感将赋予建筑不同的风格,而不同材料的不同组合又为建筑艺术的创造提供了多种的可能。赫尔佐格和德梅隆以善于通过各种材质的处理来创造新颖的建筑表皮而著称,他们设计的东京普拉达青山店,是一座由菱形框架和数百块的玻璃构成的"玻璃之塔"。凹凸不平的表皮在光线的折射和反射下,营造了水晶般的感官效果。在伦敦拉班现代舞中心的设计中,他们采用了半透明的彩色聚碳酸酯板和少量透明的无色玻璃共同构成了美妙的建筑表皮:聚碳酸酯板上瑰丽的色彩,随着自然光线波动,如同彩虹般炫目;呈环抱状的"凹"形平面,也令建筑因观察角度不同而效果各异;而且,投影在建筑表皮之上的室内舞者的曼妙身姿,产生了一种魔幻般的效果也成为了表皮的一部分①。此外,一些材料本身还承载着丰富的符号价值。各种光鲜亮丽的新材质,例如不锈钢、镀膜玻璃、穿孔铝板、液晶显示玻璃、合成薄膜等等象征着前卫时尚,是新型商业消费建筑常用的材料。日本表参道上的一系列由明星建筑师设计的表皮建筑(旗舰店)大多采用了这些新型材料。而一些传统或自然材料,例如砖、石、木、竹片、藤条等,则蕴含着历史和文化的信息,是文化型表皮建筑常用的材料。赫尔佐格和德梅隆设计的美国加利福尼亚州多明莱斯葡萄酒厂,他们设计一种金属丝编织的"笼子",把形状不规则的小块石材(取自当地的火山岩)装填起来形成"砌块",把它砌筑在混凝土外墙和钢构架上,从而构成了独特的建筑表皮。这种表皮既能通风、平衡昼夜温差,还使得整个建筑与当地的景色融为一体,从而与地方文脉产生了呼应。由于奇特的表皮和设计师的明星效应,该酒厂已成为当地的旅游景点之一。

目前国内,许多设计师都将建筑设计的重点放在了材质化表皮的装饰上。例如,马达思班设计的宁波天一广场,设计的焦点放在了如何通过表皮的处理来营造浓郁的商业气氛。据统计,一共设计有一百多种不同的立面,立面材料形式做法有十多种,包括水泥、面砖、铝板、玻璃砖、玻璃、钢丝网、百叶等等。"这个体系将整个建筑的复杂的立面逻辑弱化并使之退后成为一种肌理背景。在其之上二次立面即商业广告和标识系统,以灯箱、织物、显示屏、LED 投影等形式出现,将构成建筑物的最终外表状态。这样,建筑的使用者将参与到设计的过程中来。他们可以按照自身的要求灵活地调整广告牌的角度"②。最终,整个广场建筑群创造了一个与商业信息互动的灵活可变的表皮,并保证了购物体验的多样化。他在宁波城建展览馆的设计中同样将关注的重点放在了表皮上,通过彩色

---

① 李凌.关注表皮——浅析赫佐格与德默隆建筑创作中表皮的处理手法[J].城市问题,2006(3):83

② 马清运,卜冰.都市巨构——宁波中心商业广场[J].时代建筑,2002(5):81

玻璃砖和玻璃幕墙构筑了一个图案化的表皮,给人以新颖时尚的感觉。刘家琨设计的成都市"红色年代"娱乐中心是一栋烂尾楼改造而成的娱乐建筑,表皮策略发挥了极大的作用——通过横向编织的红色喷塑铝合金百叶覆盖在整座楼的表面,不但大大地缩短了施工周期与难度,而且创造了令人印象深刻的建筑形象。王澍设计的宁波博物馆,建筑形体虽然极其简单,但是由黄色木板和青砖组成的表皮却抽象地表达了中国传统砖木建筑的韵味(图 4-41)。

图 4-41　表皮的材质化

3) 表皮的肌理化

　　另外,通过同一种材料的不同铺砌方式,或图案的重复使用,或不同材质之间的对比,以及表皮上的构件(梁柱、幕墙框、窗洞、窗间墙等)及其所产生的光影效果,可以产生新奇质感和肌理效果的表皮。伊东丰雄设计的日本 Mikimoto 珠宝旗舰店,别出心裁地在白色光洁的外墙上布置了不规则的窗户,外墙既是表皮又是支撑结构,模糊了墙和窗的界限,形成的醒目肌理在表现手法极具时尚的韵味。赫尔佐格和德穆隆在德国埃伯斯沃德技工学院图书馆的设计中,挑选了德国艺术家托马斯·鲁夫收集的旧报纸上的历史照片作为题材,运用丝网印刷术连续地印制在建筑的外立面上,产生趣味性的表皮肌理。不同的材料(混凝土和玻璃)被印上相同的图案,从而具有了统一性,不但唤起人们对历史的回忆,而且整个建筑远看就像被套上了一件时髦的外衣一样。

　　目前,表皮的肌理化在国内也相当时髦。例如张雷设计的南京规划局改建工程,通过立面竖条凹窗的上下错位排列构筑了一个肌理化的建筑表皮。而他设计的南京"W"住宅,极其简单的形体外表虽然只采用了红砖一种材质,但是通过不同的红砖砌筑方式,却产生了丰富质感的表皮。童明在苏州董氏义庄茶室的保护改造设计中,则通过灰砖的特殊砌筑方式,形成与苏州历史街区氛围相协调的表皮。保罗·安德鲁设计的苏州科技文化艺术中心,其主体墙壁采用了新型金属穿孔板制作,由混乱曲线构成的表皮肌理,在意韵上与富有苏州传统文化特色的花格窗、冰花瓷器相印合,从而用新的技术新材料完美地诠释了苏州的地方特色(图 4-42)。实际上,北京奥运会主体育场"鸟巢"是一座将"表皮"和"建构"融为一体的新建筑,独特的结构构件及其光影效果形成了极富肌理感的表皮。

日本Mikimoto珠宝旗舰店　　德国埃伯斯沃德技工学院图书馆　　苏州科技文化艺术中心

南京市规划局办公大楼　　　　　　南京"W"住宅　　　　　　苏州董氏义庄茶室

图 4-42　表皮的肌理化

4) 表皮的影像化

如今,新科技和新材料的突破,使得建筑的表皮从固定的物质走向了变换的影像。由于流动变换的影像无疑比固定的图像更加有视觉上的冲击力,表皮的影像化使得建筑与空间变得更加具有媒体感染力,并成为传播时尚信息的重要媒介。举办过 2006 年世界杯的慕尼黑安联大球场通过表皮和灯光的组合创造了一个极具震撼力的视觉效果。在巨大曲面形体上采用了数千块菱形半透明的 ETFE 充气嵌板包裹,并通过发光装置的嵌入,从而可以发出白色、蓝色、红色或浅蓝色光,同时发光状态(强度、闪烁频率、持续时间)都可以通过仪器控制。"视觉效果,光,顶尖的球员,戏剧性,都是足球演出的一部分",设计者赫尔佐格宣称,作为建筑师,他们的任务即是为这演出提供合适的舞台和布景,"建筑必须是一种感官和智能化的媒介,否则,它就太无趣了"[①]。位于东京的作为某社区标志的"风之卵(Egg of Wind)"是伊东丰雄设计的影像化表皮建筑之一。这个小型建筑是一个仅由数根极细的钢管支撑而飘浮在 4 m 高的空中的鹅卵形体,其表皮由穿孔铝片和液晶显示屏以及射灯组成,充分体现了建筑临时性的概念。其表皮通过不断地变换形象和角色,从而打破了建筑的固定性,并成为与时尚互动的"传感器":在白天,它是个反射阳光的金属蛋;到了晚间,它则失去了金属性,一会儿,在内射灯的照射下,变成了一个全透明的发光水珠;一会儿,表皮又成了大屏幕,投射着即时新闻和商业广告[②]。而让·努维尔则更擅于通过表皮的光影效果来表达建筑的影像化特征。他设计的阿拉伯世界文化中心就是这样一栋电影化的建筑。它的建造使用了前卫的技

①　转引自 杨峰. 表皮 媒介 科技——解读德国慕尼黑安联大球场[J].世界建筑,2005(04):91

②　陈晞.表皮的"临时性"演绎——解读伊东丰雄的"透层化建筑"理念[J].建筑师,2004(08):95

术以及现代的材料,用类似于照相机光圈的控光装置来组织和使用光线,"表皮"的每一个控光单元都是复杂的,有生命力的。通过开启与关闭,以及连续扩张和收缩的空间运动,为参观者创造了一系列连续的、运动的、时间的空间场景,以至于它似乎介于建筑与电影之间。

北京奥运会国家游泳中心——"水立方"可以算得上是中国最著名的影像化表皮建筑了,简单的方盒子形体由气泡状的表皮所包裹。这种独特的表皮是采用了先进的 ET-FE 气枕结构,也是世界上建筑面积最大、功能要求最复杂的膜结构系统。加上出色的灯光设计,每个气泡可以变幻各种颜色,并可以组合成各种图案。在夜晚,形成了变幻莫测、流光溢彩的"水立方"。此外,位于南京中山东路与太平南路交叉口处的长发国际中心(CFC),运用最新技术的表皮处理,使得两座高层塔楼的外皮组成一个巨大的显示屏,上演不停变幻的图案和广告图像,通过震撼新奇的视觉冲击,成为传播商业广告信息的巨大媒体(图 4-43)。

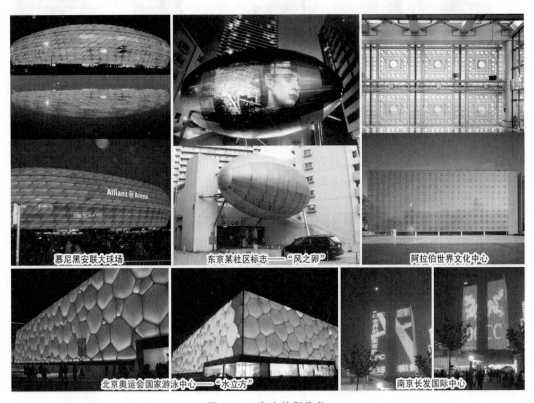

图 4-43　表皮的影像化

5) 表皮＝时装

国内外建筑师们不约而同地选择表皮这一"策略"大做文章,这是因为在消费文化和视觉消费的驱动下,表皮成为体现建筑个性与符号意义最直观的空间元素。表皮制造出的令人过目难忘的形象,不但成为企业和品牌最好的广告,而且由此而引起的消费者感官愉悦与体验和消费欲望才是最终的目的。爱美的人需要漂亮的时装来打扮,漂亮的时装也能引起人们的消费欲望,消费时代的建筑和空间也是如此,它们需要图案化、材质化、肌理化、影像化的表皮来装点,拥有漂亮"外衣"的建筑同样能激发消费欲望。从这层意义来讲,建筑表皮等同于时装。总之,时装性的建筑表皮一方面可以拓展设计创作的视野,并通过独特的艺术处理手法丰富建筑的形式与内涵,从而应对消费社会追求时尚的需求。但另一方面,也存在哗众取宠的危险,即不顾及结构与功能的真实需求而片面追求表面的光鲜或趣味。

4.5 消费时代中国城市的发展态势

4.5.1 城市活动——呈现复合化和商业化的态势

由于消费活动及其空间在中国城市中的不断渗透和扩展,城市的日常生活和公共活动都日益显现出复合化和商业化的态势(图 4-44)。城市活动的这种变化无疑将影响城市空间的运行与发展。

图 4-44 中国城市活动呈现出复合化和商业化的态势

1) 消费活动向日常生活的全面渗透

在城市中,不但购物、游憩、娱乐等各种消费性活动日益纠葛在一起,难以区分,而且过去相对单纯和简单的居住、工作、交通、社交、文化等各种城市活动,也越来越多地受到消费活动的影响和渗透。当前,小区和社区开发中强调超市等商业服务空间与设施的配套,使得人们一出门就可以更加便利地购物、休闲、娱乐和享受到有偿服务。近年来逐渐兴起的商务经济、会务经济、创意经济,从一个侧面反映出工作与会议服务、金融和信息服务、商贸咨询、创意与策划等新型服务性消费和文化消费的紧密关系。城市交通空间和设施中出现的广告牌和显示屏,出售报刊、礼品、饮食品、服装等的小型店铺,意味着人们在匆匆的赶路过程中也可以轻松地消费和接受各种消费资讯。过去的社交活动中往往是简单的面对面交谈或结伴去公园游玩,而今天,和朋友一起逛街和分享购物快乐,在茶室和餐厅里边品尝食品和饮品边聊天,组织集体旅游等等这些带有群体消费性质的文娱活动已成为当代人进行社交活动的重要方式。原本高雅自律的文化活动如今也往往掺杂了更多的商业性因素,商业赞助、商品销售、宣传与炒作似乎已成为艺术创作与展览必不可少的内容。总之,当今消费活动已经盘根错节地融入城市的日常生活中,其复合化和多样化的发展态势已成为必然,这也必将进一步促进空间类型和开发模式的多样化发展。

2) 消费活动与城市公共活动的整合

"无孔不入"的消费活动,一方面满足了市民的物质和精神需求,方便和丰富了居民的日常生活;另一方面促进了城市活动的复合性和多样性发展,激发了城市的活力。库哈斯将商业消费空间看做是建筑奉献于城市公共活动的第一块阵地,其实已经意识到当代的公共活动回避不了购物、娱乐等消费活动的影响。但是,消费活动对其他城市公共活动是否会有较大的负面影响呢？部分学者从批判的角度出发,认为由于消费活动的冲击,弱化了以往公共活动相对单纯的社会交往与整合功能,是造成当代社会人情冷漠现实状况的重要原因。

在现实中,人们的交往行动主要发生在工作场所、居住社区以及被称为"第三地"的其他场所,包括旅游、购物、休闲娱乐等消费活动发生的场所。随着休闲时代的来临以及人们消费观念的转变,人们在"第三地"——消费空间中发生交往行为的几率日益增加,甚至成为社会交往的主要场所。因此,当代的消费活动不可避免地成为一种重要的社会交往和社会整合的过程。李程骅认为当代商业的新业态正悄然打造着"社会交换"的新时空:"新业态"的消费空间,不仅仅具有消费者和商家之间经济交换的显性功能,还具有促进以社会需要、精神需要满足为目的的社会交换的功能,这种功能作为隐性功能,具体又体现在三个层面上:消费者之间的社会交换、消费者与商家之间的社会交换以及对一个全新的"市民社会空间"的营造①。

首先,在当今社会中,与亲朋好友一起通过各种消费活动进行交流和增进感情已是一种再平常不过的社会交往活动了,随着情感消费和符号消费的兴起,消费也逐渐成为人们突破传统社交范围和阶层界限的公众接触与交往的重要方式。在开放、自选的新型消费空间中,由于消费心理上的趋同性和认同感,使得爱好、品位以及在生活方式可能成为团结或区分顾客的重要标准,顾客可以围绕购物技巧、商品的功能、文化意义进行讨论和交流,在无形中造就一个个消费共同体,并结成兴趣一致的休闲、娱乐的小组织或团体,强化自身价值观的认同感。这样看来,消费活动已成为一种打破原有社会结构,扩大交往范围的重要途径。

其次,在各种消费活动中,消费者与服务人员、商业企业在无形中就形成了一个模拟的人际关系的世界,并建立起一种象征性的交换关系,这不仅仅只是服务和金钱之间的有限交换,还有像情感、感觉、经验、知识、洞见等等之类的交流,同时还包括诚信、信用、归属感等情感关系的建立。消费者对商品品牌的追逐和钟爱,以及商品会员俱乐部的出现和流行,就反映了消费者与商业企业之间的一种社会交换。注重品牌符号消费的各种品牌专卖店无疑就是这种社会交换发生的重要场所。

再次,如今的一些新型综合化消费空间,例如购物中心等,由于将文化展演、社会交流等功能融入消费活动之中,从而起到了新型的"市民广场"的作用。通过各种城市活动的多向互动,对于需要摆脱人情淡漠的孤独感、渴望扩大社会交往的现代人来说,无疑是一种新的满足②。在日本,"百货商场已经成为日本公共生活的中心,它早就超越一个购物的场所,购物场所也是社会交流、消遣和娱乐的场所。它也是一个新的行为规范产生和锻炼的竞技场"③。与日本社会文化相似的中国,随着进一步的发展,大型消费空间也完全有可能成为城市居民公共生活的中心。此外,社会交往的休闲化趋势,使得茶室、咖啡屋、酒吧等休闲空间在很大程度上为城市居民提供新型的公共活动与交往的空间,有助于拓展新时代的市民社会空间。

---

① 李程骅. 论商业新业态的隐性功能[J]. 江海学刊,2006(3):104-106
② 李程骅. 论商业新业态的隐性功能[J]. 江海学刊,2006(3):106
③ Chuihua Judy Chung,Jeffrey Inaba,Rem Koolhaas,et al. The Harvard Design School Guide to Shopping[C]. Köln:TASCHEN GmbH,2001:749

事实上,具有社会交往功能的消费活动一方面使得城市中的各种新型消费空间在人们的日常和公共生活中扮演着越来越重要的角色,另一方面它实际上也是一个城市社会整合的活动。王宁认为"消费是一种社会整合的重要生产活动"[1]。以上三个层面正当的社会交换,可以使消费者生产和再生产友谊、诚信、团结、归属感和认同感,从而导致社会的整合。当然,消费活动并不能完全替代城市的公共生活,因为人们之间的交往和情感交流也可以不通过任何消费活动而完成。其次,大部分的消费活动毕竟是以盈利为目的,因此,商业、经济、利益的因素确实会对城市的公共生活产生一些负面的影响,这也是不少学者对消费进行批评的重点。再者,适当的消费有着整合社会的作用,同样的,不适当的消费活动也会造成社会的不稳定。例如,奢侈消费会败坏社会风气和加剧社会阶层的分裂,假冒伪劣产品的消费会加剧社会的不信任度。

4.5.2　城市功能——正由生产中心向消费中心转型

在西方发达国家步入了后现代社会(消费社会)的过程中,这些国家的城市也由工业中心、生产中心向文化中心、消费中心转变(表 4-17)。尤其是从 20 世纪 70 年代开始,欧美一些城市掀起了内城复兴的热潮,这更加速了城市功能的转型。其特点是房地产开发、消费活动与地方文化复兴相整合的城市更新方式。巴尔的摩(Baltimore)内港复兴的成功理念——"创造良好的商业氛围,将市中心改造成企业中心、发达的服务和旅游业中心"[2],已成为欧美国家历史城市复兴的主要原则。德波拉·史蒂文森(Deborah Stevenson)指出,"随着资本主义的发展,城市景观变得快速地全球化,生产从福特制向后福特制的转变,以及后现代取代现代成为文化表现的主要形式。结果在城市中,物质与符号方面之间的关系发生了变化,更多的注意力从生产及其空间上集中到了消费、自然和潜在的都市文化、多样化和创新性以及代表这些属性的空间上。与生活方式和旅游有关的都市特性和都市体验,成为新服务经济的主要中心"[3]。当前在全球化的进程中,西方生产和消费方式的转型带来了波及全球的影响——全球城市体系的建立和跨国经济体的运行,使得西方制造业向第三世界国家转移,而金融与信息服务功能则向区域中心城市集中。中国作为全球重要的经济新兴体,不可避免地参与到了这一转型过程中,尤其是发达地区的城市也正在发生类似的转型。

表 4-17　城市功能转型

社会阶段	前工业社会	工业社会	后工业社会
时间	18 世纪中叶以前	18 世纪中叶至 20 世纪中叶	20 世纪中叶至今
新兴产业	手工业	机械制造业、交通运输业、化学工业、电力工业等	以信息技术和生物技术为主的高科技产业、休闲娱乐业与旅游业、文化产业等

---

[1]　王宁.序二//[法]尼古拉·埃尔潘.消费社会学[M].孙沛东译.北京:社会科学文献出版社,2005:4

[2]　转引自 华霞虹.消融与转变——消费文化中的建筑[D]:[博士学位论文].上海:同济大学建筑与城市规划学院,2007:74

[3]　Deborah Stevenson. Cities and Urban Cultures[M]. 北京:北京大学出版社,2007:93-94

社会阶段	前工业社会	工业社会	后工业社会
社会消费的状态	禁欲式消费	大众化消费	消费个性化、休闲化、娱乐化
城市主导功能	政治军事中心、初级贸易中心	生产中心、商贸中心、交通运输中心、	信息中心、文教中心、消费中心、服务业中心

1) 城市生产方式的转型

改革开放 30 多年来,中国的工业现代化取得长足进步,工业生产一度是许多城市的重要职能,也是推动中国经济发展的重要动力。当前,在全球化的背景下,特别是中国加入 WTO 之后,产业布局调整在城市、区域甚至全球层次上深化展开。一方面,由于城市化的进程中城市的快速向外扩张,使得许多原先位于市区边缘的工业、仓储、运输等用地很快被城市扩展区所包裹,迫于土地价值最大化的压力以及城市景观环境等方面的需求,一些工业企业向城市外围迁移,部分落后工业则停产关门;另一方面,由于区域经济一体化和全球化的发展,大量工业在布局上正由东部发达地区向中西部欠发达地区转移,甚至由国内向其他发展中国家转移。在产业结构与技术升级方面,劳动密集型的制造业正在向知识密集型的高新技术工业发展,与此同时,发达地区的城市产业的重点正在由第二产业向更具创新性和高附加值的第三产业转移(图 4-45)。另外,随着市场化的深入,各级政府为了减少财政压力,明显缩减了社会福利开支,许多原先靠国家财政支持的公共服务机构不得不走向市场开始自负盈亏,它们借用商场的生存之道,开始与各种商业活动相结合,提供各种服务或文化商品。加之社会进步带来的文化和服务性商品消费需求的增长,文化商品、金融与信息服务、休闲服务、教育服务等非物质商品生产成为社会生产的重点。

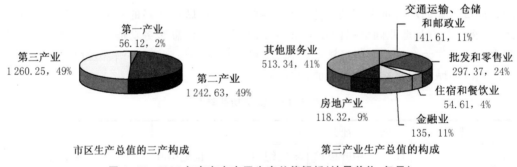

图 4-45　2006 年南京市市区生产总值解析(计量单位:亿元)

此外,生产方式由传统工业向服务业及商业的转变,造成中国发达地区城市旧城区大量生产、运输及仓储用地的闲置,再加上住房和土地的商品化和市场化,这为房地产开发和城市更新提供了空间和机会,也为城市功能的转型提供了现实基础。

2) 城市消费方式的转型

消费文化的影响与社会的进步带来了大众消费模式和观念的极大变化。人们对购物、休闲、娱乐等需求与日俱增,这促使以零售业、娱乐业、服务业等为主体的第三产业迅速成为城市新的经济增长点,而满足这些功能的空间在需求上也随之增长。房地产业的蓬勃发展,建筑和空间作为商品的消费随之不断兴起,这不但包括商品房或写字楼的购买,也包括形象化和表皮化建筑所带来的视觉消费,以及各种新型消费空间和"出尘之所"所带来的体验式消费。

由于人们消费欲求的不断增长和多元化发展,这对承载各种活动的消费空间提出了更高的要求,这促进了消费空间在城市中的不断扩张与类型的不断拓展。另一方面,一些建筑与空间成为商品后,其符号价值在消费中日显重要。建筑或空间的区位、环境、形象、体验及其所带来的品位、身份意义,成为许多城市居民空间消费的主要内容。例如,经常在小商品市场购物或是经常在普通商场购物或是经常在精品购物中心购物,这几种不同的消费场所不但得到的空间体验是不同的,而且也足以显示消费者的身份差异。正是从这层意义来讲,在今天的社会消费活动中,人们将逐渐从对空间中物品的关注转向对空间本身的关注(第5章将详细进行论述)。

3) 都市旅游的兴起

随着工作时间的缩短和长假制度的实施,加上城市中文化与服务消费的兴起以及城市环境的不断改善,依托于购物消费和城市观光的都市旅游开始兴起(表4-18、表4-19)。居伊·德波在《奇观社会》一书中指出,现代城市通过美化和装饰后,以城市景观、文化或生活方式的打造或展示来供居住者和旅游者消费,从而实现自身经济发展的需要[①]。在我国城市产业结构调整的过程中,旅游业也担当了刺激经济持续增长的重任:原有的旅游景区加强了文化资源的开发和宣传,并针对城市居民强化了度假、休闲及娱乐功能;使用功能和经济效益已经衰退的城市工业区或历史建筑和文化建筑,通过改造、整治及文化包装后成为休闲购物和旅游观光的场所;各种大型的节庆赛事活动在各个城市中争相举办。可以说,现代都市旅游的发展促使"空间消费"进入了前所未有的广度和深度——所有的具有特色的自然景观和建筑空间都有可能转变为消费对象。英国学者戴维·钱尼(David Chaney)认为,"游客的参观也是一种生产,旅游业的前提是文化差异可以作为旅游文化的资源被占用。游客关心的主要是那些构成'一个地点'之独特性的符号或标牌"[②]。因此,除了城市中的特色空间或景观,城市的整体形象和特色也成为吸引旅游者的重要因素。越来越多的城市认识到了这一点,开始将注意力转移到了城市"软件"的建设上——复兴地方文化、提升服务水平、加大城市包装宣传的力度等等,这些措施使得城市本身也越来越像旅游商品。总之,都市旅游的兴起增强了城市的消费功能。

表 4-18　2006 年南京市旅游经济主要指标

指　标	2006 年	2005 年	2006 年占上年百分比(%)
全市接待国内外旅游者(万人次)	3 900.92	3 307.63	117.9
接待国内旅游者(万人次)	3 800	3 220	118.0
接待海外旅游者(万人次)	100.92	87.63	115.2
全市旅游总收入(亿元)	462.8	379	122.1

① 【法】居伊·德波.景观社会[M].王昭凤译. 南京:南京大学出版社,2006:119-127
② 【英】戴维·钱尼.文化转向——当代文化史概览[M].戴从容译.南京:江苏人民出版社,2004:91

表 4-19　2006 年上海市旅游经济主要指标

指　　标	2006 年	2005 年	2006 年占上年百分比(%)
国内旅游者来沪人数(万人次)	9 684	9 012	107.5
外省市来沪旅游人数(万人次)	7 327	6 805	107.7
本市市民在本地旅游人数(万人次)	2 357	2 207	106.8
国内旅游者人均消费支出(元)	1 466	1 452	101.0
国际旅游入境人数(万人次)	605.67	571.35	106.0
国际旅游(外汇)收入(亿美元)	39.61	36.08	109.8

4）生产中心向消费中心的转型

综上所述,从中国社会经济发展的现状和规律来看,随着城市产业结构与布局的调整以及"退二进三"战略实施的深入,城市的生产功能正在弱化,而城市的购物、休闲、娱乐和旅游等消费性功能正在逐渐地凸显出来。正在步入消费社会的中国发达地区城市由生产中心向消费中心转变的态势表现得尤为明显(图 4-46)。这一功能转型既是社会与经济发展的必然要求,也为消费空间的拓展和消费文化的进一步传播提供了条件。

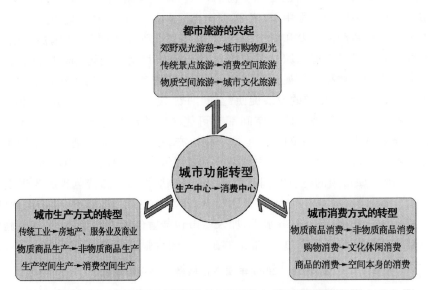

图 4-46　中国城市的功能转型——由生产中心向消费中心转变

4.5.3　城市结构——消费空间推动城市调整与扩张

从城市发展的历程来看,消费空间的发展与城市空间的演替密不可分。迈克·费瑟斯通认为,"由于工业化过程已经远去,城市变成了消费中心,七八十年代的城市发展趋势就变成了对购物中心的重新设计和扩张"[①]。这一观点虽显片面,但却反映了以购物中心为代表的商业消费空间在当前欧美城市发展中的重要性。正像前文所说的,欧美国家

① 【英】迈克·费瑟斯通. 消费文化与后现代主义[M]. 刘精明译. 南京:译林出版社,2000:151

从二战之后的大规模郊区化到七十年代能源危机之后的内城复兴,郊区购物中心和节庆消费场所在这两个城市发展阶段中起到了不可忽视的作用——消费与城市空间的建设(或改造)相结合是保证成功的秘诀。因此,欧美城市商业消费空间从市区到郊区然后再返回市区的过程也是推动城市空间演替与发展的关键。"过去的半个世纪,购物和城市之间的关系已经由购物作为城市的重要因素转变为城市化的必要条件"①。

不同于西方城市的发展经历,中国在快速城市化的过程中城市空间呈现出内向调整优化与外向扩张并存的态势,即旧城更新与郊区建设同时进行。但是,消费空间同样起到了决定性的作用(图 4-47)。由于人们消费需求的不断增长与消费模式的变革,特别是由过去"对消费的抑制"到"充分满足人民生活所需"这一观念上的根本转变,人们对各种消费空间的需求成为推动城市空间演替的重要推力。尤其是 1990 年以来,中国城市土地市场和商品房市场的逐渐形成和完善,孕育了新的城市空间生长机制。

图 4-47　消费空间推动中国城市的调整与扩张

1)消费空间促进城市内向优化

土地有偿使用和商品房像商品一样买卖之后,提高土地容积率、置换土地功能、追求土地利用的效益与效率就成为驱动中国城市内部空间结构更新的主要动力。零售商业和其他第三产业用地与空间在经济效益上的高回报率,使得城市核心区原有的居住和工业用地被置换出去,城区工厂企业和居住大批外迁。"退二进三"成为许多城市建设的主旋律,证明"金融投资已开始从大量生产的地点和空间向都市的消费空间转移"②,这更加剧了城市消费空间的重整和扩张。此外,随着城市财力的积累,以及政府和市民对城市功能、环境品质和形象特色的重视,许多城市开始对工业用地、历史街区、商业中心、滨水区等城市衰败区进行复兴改造,这些空间为消费空间的建设开发提供了舞台。例如,上海苏州河两岸的改造、南京新街口正洪街广场改造以及湖南路步行商业街的整治和改造、嘉兴环城河沿线的整治等等,这些地区的复兴都借鉴了西方城市的经验,各种消费空间的开发和整治是最主要的内容。与此同时,不同商业用地与空间之间也发生着演替。由于商业用地对土地等级分异的反应最为敏感,受地租和回报率的影响,不同等级和业态的商业空间势必不断地进行分化重组。原来市中心的低级商业设施的部分将转移到城市边缘地区,取而代之的是经过改造或新建的中高档购物中心和专卖店,这些中高档商业空间向中心区聚集,并伴随着空间结构的优化与环境品质的提升。此外,市区多级商业中心体系和消费圈的建立,对城市发展的促进作用也是不可忽视的。

---

① Chuihua Judy Chung,Jeffrey Inaba,Rem Koolhaas,et al. The Harvard Design School Guide to Shopping[C]. Köln:TASCHEN GmbH,2001:194

② Deborah Stevenson. Cities and Urban Cultures[M]. 北京:北京大学出版社,2007:96

2）消费空间引导城市外向扩张

随着交通通信技术的发展,中国城市正在步入"小汽车时代"和"快速公交时代",尤其是人们出行方式的变化,大中城市的居住与商业资源向郊区扩散正成为新的浪潮。虽然像美国那样无节制的高度郊区化在中国是不可能的,但是城市郊区化是不以人的意志为转移的。以北京为例,2000年近郊区总人口比1991年增加了239.9万人,年平均增长率为4.2%,高出全市人口年平均增长率1.8个百分点①。其他大中城市也出现了类似的情况,如上海浦东新区、天津滨海新区、南京江宁新市区等的快速发展,应该说都是我国城市快速外向扩张的明证。一方面,居住的郊区化,尤其在郊区购买"第二居所"的观念成为市民新的置业倾向,导致购买力大规模外移,这需要增添相应的商业设施,并可能形成诸多功能独立于市商业中心的商业功能区。另一方面,由于仓储大卖场、家居超市、专业市场、主题乐园等占地面积大的商业消费设施,在低廉的地价和便捷的交通运输条件的吸引下,纷纷选择在城市郊区的交通干道附近落户,从而进一步引导和加剧了城市外向扩张发展的态势。"在未来的几年内,中国城市家庭开车去郊区大卖场购物消费,将会演化为群体的社会性运动"②。另外,"自驾车出游"等新旅游方式的流行,以及郊区旅游景点与度假区的兴起,伴随着各种配套消费空间与游客和服务性人员的聚集,城市郊区的建设发展也面临着新的契机。例如,距南京市区28 km的汤山镇,依托温泉度假,大力发展旅游服务业和房地产业,如今已发展成具有相当规模、设施齐全的旅游度假小城。

4.5.4 城市建筑——呈现风格化与媒体化的态势

中国在西方消费文化的冲击下,城市变成了建筑表现个性的舞台,城市景观也日趋多元和时尚。尤其是在国内外明星建筑师的参与下,一些经济较为发达的城市成为奇观建筑的实验田。在这种"追逐视觉奇观"的潮流的推动下,我们可以用风格化与媒体化来形容城市建筑的最新发展态势(图4-48)。

图4-48 中国城市建筑呈现风格化与媒体化的态势

1）建筑的风格化

当代中国城市建筑尤其是消费建筑对形式和表皮的注重,表明建筑变得越来越像商品一样需要包装,而建筑的形式取代空间本身和功能成为被关注重点。这是由于:一方面,随着大众传媒技术的发展,图像日益成为媒介的主导,视觉表现成为展现建筑最为直观的方式。另一方面,在中国社会文化转型的大背景下,建筑形式在消费文化中获得前所未有的内在动力。大众消费欲望的膨胀、多元化的价值诉求,使建筑设计获得了前所

---

① 刘秉镰,郑立波. 中国城市郊区化的特点及动力机制[J]. 理论学刊,2004(10):69
② 李程骅. 新业态与南京都市圈消费的"中心地化"[J]. 地方经济社会发展研究,2005(7):101

未有的自由;技术与观念的突破,使得建筑师的设计可以轻易地突破重力、功能和结构的制约。以传统的观念看来,今天的建筑形式变得如此五花八门,甚至怪诞不经。对于形式的重视与突出,使得形式与功能之间关系的讨论在消费文化语境中失去了以往的意义,"形式至上"逐渐成为消费社会规划设计的基本理念。但是仅有光鲜精致的形象和外表并不够,在消费社会中,差异意味着消费的卖点。在经历了单调的现代主义建筑景观之后,人们更渴望个性与自由的建筑景观。建筑形式与其他建筑相比的差异越大,就越能吸引大众的注意,城市中的消费建筑更是充分认识到了这一点。这导致城市建筑日趋风格化,通过独特形象的塑造和建筑表皮的装饰,建筑获得了自身的"风格"——个性和特色。因此,我们可以看到,各种建筑设计与包装的手法层出不穷,或触发猎奇的心理,或勾起怀旧的情调,或世俗地献媚一下,或幽默地调侃一下,或夸张地震撼一下,都是为了创造建筑的个性和特色并拉开与日常生活场景的差距,同时也可以满足大众多样化的口味。与此同时,大众对建筑风格化形式从感知到欣赏再到体验,使得形式与功能相对脱离之后,成为一种可供消费的商品。"风格化的建成环境是个性消费和差异消费的主要内容,它们与种类丰富、形式各异的其他商品一起构成了多样化的城市生活方式及各种独特的知觉和情感体验"[①]。

总之,风格化的趋势证明中国当代建筑正从功能的生产消费转向形式与趣味的生产消费,形象及其蕴含的文化意义取代空间使用功能成为建筑的主导价值。这带来的结果是城市景观由过去的单调统一向异质多元的转变——各种形式与风格的空间和建筑在我们居住的城市中不断地出现,如同一幅拼贴画汇入我们的生活,城市也由此步入了众声喧哗的时代。

2)建筑的媒体化

中国当代建筑的风格化,一方面弱化了建筑的实用功能,另一方面建筑的社会文化功能却得到进一步的拓展。时下流行的奇特造型与表皮策略,使得建筑的形体和表皮不再仅仅是物质性的建筑元素,其意义已超越了传统建筑学范畴,进入了当代社会更加多元与复杂的消费文化语境,并开始成为建筑与城市、消费与生活交流的媒介。"媒介就是插入传播过程之中,用以扩大并延伸信息传送的工具"[②]。通过建筑,社会中的一些人可以向另一些人传播生活方式、审美方式以及各种文化特征,甚至还可以传播包含具体事件的信息,它在一定程度上也能起到统一社会思想、建立社会关系的作用。可见,建筑既是可以直接作用于人的一种实体,又是一种媒介和信息的载体。当前,随着建筑的市场化和商品化,建筑及其空间从某种意义上来说也是一种商品。因此,它们也要遵循消费品的运作规则,不但要通过风格化的包装来吸引消费者的眼球,还要向消费者传达诸如格调、风格、地位、审美甚至某种生活方式等符号意义。因此,建筑与空间就成为承载和传播当代中国社会多元价值观的重要媒介。

一方面,如果我们仔细品味各种风格化的建筑,其实可以不难体会到它们通过视觉刺激所要表现和传达的文化意义。形体夸张的建筑是对前卫时尚的追求,折射出的是对

---

① 华霞虹.消融与转变——消费文化中的建筑[D]:[博士学位论文].上海:同济大学建筑与城市规划学院,2007:140

② 【美】威尔泊·施拉姆.传播学概论[M].陈亮,等译.北京:新华出版社,1984:10

中国摆脱落后面貌的急切需求和融入全球化的强烈愿望,这在城市形象工程中表现得尤为明显;通俗具象和商业艳俗的建筑是对商业、世俗和平民爱好的响应,商业建筑为了赢得更多普通市民的喜爱,其建筑设计的关注点理所当然地放在了形象化或世俗化的表达上;复古怀旧的建筑是反映了在快速城市化和现代化的过程中人们对历史与传统的缅怀,为了与现代化城市建成环境拉开差距,具有稀缺性和情感价值的复古怀旧的形式无疑是最佳的选择;诙谐荒诞的建筑则是对正统严肃文化的反叛,这是休闲娱乐建筑为了博得大众一笑的常用手段。事实上,这些文化意义正在日益成为大众消费(欣赏、光顾到体验)这些建筑的真正对象。

另一方面,建筑的表皮化使得建筑越来越像商品标识或广告牌一样可以传达更加丰富和醒目的商业与文化信息。特别是一些设计通过新型材料、灯控技术、多媒体技术或电子显像技术的应用,使建筑的表皮像显示屏一样成为建筑与周围环境的一个交流、感知、反应和相互作用的重要媒介。上文所提到的南京长发国际中心,就是一组典型的媒体化建筑,其表皮就是传播商业和时尚信息的"显示屏"。像努维尔、赫尔佐格和德梅隆、伊东丰雄等著名建筑师,在实践和理论中都对建筑的媒体化进行了相应的探索。但他们的作品并不仅仅意味着一种能由外界的环境而改变折射或者颜色的"电子玻璃"的革命,也不是简单在建筑物外表面上覆盖一层显示屏,而是指使建筑内涵的"媒体化",把电子媒介的流动性和非实体性从技术层面转到认识论的层面——将消费社会的建筑看做是反映都市生活与时尚的"传感器"。因此,表皮化的建筑媒体特性关键在于要借助表皮的可变性、流动性和非实体性特征,建筑才能够更加自由和轻松地进行"变装"并传达信息,从而跟上时尚的潮流。

总之,建筑的媒体化既是消费文化发展的结果,也使得城市中的建筑与空间成为消费文化价值观传播的重要媒介。

4.5.5 小结:中国城市与消费正日益融合发展

本章以消费活动及其空间为主要切入点进行全面的考察。从各种现象和发展态势来看,当代中国城市与消费正日益融合在一起,无论是城市活动与城市功能,还是城市结构与城市建筑等方面都在日益商业化,在这一过程中,消费文化的逻辑正在不可避免地渗透进城市发展之中。

5　消费文化语境下中国城市空间的消费逻辑

　　过去,城市中的空间和建筑更多的是一种承载包括消费活动在内的各种城市活动的物质载体。然而进入消费社会之后,消费文化渗透到城市社会的方方面面,在城市空间市场化和商品化的背景下,消费已成为推动城市空间发展的有效工具,这在外国发达国家的城市中表现得尤为明显(详见第 3 章)——当代城市空间在市场化和商品化的背景下表现出了明显的商品生产—消费的印记。

　　第 4 章对消费时代的中国城市空间发展的种种现象进行了论述,从表面上看是消费活动和消费空间在城市中的不断渗透和扩张,但实质上是城市本身——城市生活、功能、空间以及景观日益消费化的过程,实际上也是消费文化逻辑日益渗透到城市发展中的过程。这种消费逻辑主要表现在以下三个方面:由空间中的消费(consumption in space)向空间的消费(consumption of space)的转变,空间消费的重点由使用价值向符号价值的转变,以及城市本身成为商品。

5.1　从空间中的消费到空间的消费

5.1.1　从"空间中的生产"到"空间的生产"

　　由于生产与消费是社会生产关系中不可分割的一对要素,因此在对"空间的消费"进行论述之前,不能不先谈一下"空间的生产"。"空间的生产"这一概念是由法国哲学家、社会学家亨利·列斐伏尔在 20 世纪 70 年代提出的,他从空间的纬度出发,对资本主义社会的日常生活、生产关系的再生产、消费社会、城市权利、主体意识城市化、城市变革的必要性、从本土到全球范围内不平衡发展等问题作了广泛的考察和论述。在他的经典之作《空间的生产》(1974 年)中,他提出了当代社会已由空间中事物的生产(production in space)转向空间本身的生产(production of space)的重要观点,并认为这一转变是生产力自身的成长,以及知识在物质生产中的直接介入,其具体表现在具有一定历史性的城市的急速扩张、社会的普遍都市化,以及空间性组织的问题等方面①。二战之后,由于生产方式的转变(福特制向后福特制的转变、工业经济向知识经济的转变)和科技的进步以及日益的全球化,西方发达国家开始将生产的重心由物品向空间转移,它们通过工业化与去工业化、本土全球化与全球本土化、中心化与去中心化、社会结构的分化与重组、空间的隔离与控制等等举措,不断地对城市的物质空间、经济空间、社会空间进行全方位地整合与重构,这已成为新时代资本主义不断发展的动力之一。这是因为,空间的生产已成为资本积累和利润最大化的有效途径。尤其是进入消费社会后,资本的积累过程越来越多地和全球性的房地产投资、开发和建设及相关产业联系在了一起。也就是说,城市空

---

　　① 包亚明.现代性与空间生产[C].上海:上海教育出版社,2003:47

间已经成为商品,它在发展过程中也要遵循资本积累和利润追逐的规律。"空间作为一个整体,进入了现代资本主义的生产模式:它被利用来生产剩余价值。土地、地底、空中甚至光线,都纳入生产力和产物之中。都市结构挟其沟通与交换的多重网络,成为生产工具的一部分。城市及其各种设施港口、火车站等乃是资本的一部分"[①]。西方国家无论从郊区化到内城复兴,还是从产业在全球层次的转移和调整到世界城市体系的建立,空间始终是关键因素,从结果上看这些过程无疑创造了更多的空间商品,而更多的空间生产就意味着更多财富与权利的根植点,这也是以不断扩大消费为目标的消费社会的必然要求——将更多的事物纳入商品生产与消费的环节之中。列斐伏尔在论述空间生产的相关理论中,也看到了消费文化与资本主义空间生产之间的相互关系,他指出"对于空间的征服和整合,已经成为消费主义赖以维持的主要手段。因为空间带有消费主义的特征,所以空间把消费主义关系(个人主义、商品化等)的形式投射到全部的日常生活之中。消费主义的逻辑成为社会运用空间的逻辑,成为日常生活的逻辑,控制生产的群体也控制着空间的生产,并进而控制着社会关系的再生产"[②]。因此,我们可以说,消费文化与消费社会的政治经济和空间组织有着密切的关系,而且其最具代表性的现象就是正在由"在空间中的生产"向"空间的生产"的转变(图 5-1)。

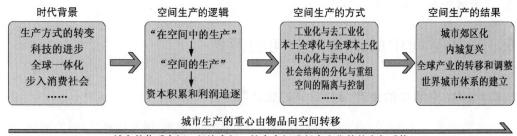

图 5-1 "在空间中的生产"向"空间的生产"的转变

当前,中国正在快速地城市化:一方面是城市向郊区和乡村的扩张,以新城、郊区住区、大型购物商业空间、开发区、工业园区为代表的新城市空间正在不断地被生产;另一方面城市生产方式由传统工业向以知识和服务为主的服务业及商业的转变,造成中国发达地区城市中心区大量生产、运输及仓储用地的闲置,再加上住房和土地的商品化和市场化,这为房地产开发和旧城更新提供了空间和机会。目前,旧城的衰败区或闲置土地的再开发已成为许多城市建设的重点,将这些地区改造成景观休闲绿地或广场、购物中心、商务中心、高档住区、创意产业园等是最常见的举措。事实上,城市生产型空间向商业零售等其他类型空间的转变也是空间生产的过程。此外,在经济全球化的背景下,中国城市(尤其是发达地区城市)已成为承接西方产业转移的重要空间,沿海地区已成为世界的制造业基地,上海与北京正在成为亚洲乃至世界的金融中心之一……从这些全球空间重组和功能调整的现象中,我们至少可以说,"局部消费社会"的中国城市已纳入了

---

① 转引自 包亚明.现代性与空间生产[M].上海:上海教育出版社,2003:49

② 转引自 包亚明.序——都市研究的发展脉络//包亚明.现代性与空间生产[M].上海:上海教育出版社,2003:10

全球性空间生产的体系之中。

5.1.2 城市空间中的消费

从传统的观念来看,城市居民的各种消费离不开相应的消费空间,因而可以看做是"空间中的消费":在商场中购物,在餐饮店中品尝美食,在酒吧中品酒聊天,在游乐园中游乐,在健身馆中健身,在美容院中享受美容服务,等等。城市各种消费空间是消费活动得以进行、消费文化得以传播的物质载体。然而随着消费活动向城市生活方方面面的渗透,消费空间及其类型的不断拓展以及城市空间功能的日趋综合化和混合化,不但消费空间与非消费空间之间区分的界限变得越发模糊,而且城市中可以承载消费活动的空间也越来越多了。与此同时,从欧美的内城复兴到中国一些城市的旧城更新,为了解决城市中的非工业化问题,过去用于生产的空间向消费空间的转变、曾经的工业景观向休闲购物景观的转变更成为了城市复兴与更新战略中的重要一环,甚至也出现了将城市本身作为消费场所的复兴运动,城市中的消费功能因而不断得到加强。换句话说,消费——城市空间中的消费,以及为满足消费而不断出现的城市空间,已成为我们日常生活中不可或缺的组成部分,城市正在成为名副其实的消费中心。

5.1.3 城市空间的消费

由于生产与消费是社会生产关系中不可分割一对要素,从"空间中的生产"到"空间的生产"的转变,意味着城市空间作为商品的消费在所难免。从当前城市发展的态势来看,商品意义层面上的空间消费确实已成为了社会上较为普遍的现象之一。

1)城市空间作为商品

在资本和利润的驱动下,土地和空间作为一种稀缺资源必然将成为一种商品,一种消费品。列斐伏尔在对资本主义社会进行全面考察后指出,"空间像其他商品一样既能被生产,也能被消费,空间也成为消费对象。如同工厂或工场里的机器、原料和劳动力一样,作为一个整体的空间在生产中被消费。当我们到山上或海边时,我们消费了空间。当工业欧洲的居民南下,到成为他们的休闲空间的地中海地区时,他们正是由生产的空间(space of production)转移到空间的消费(consumption of space)"①。

其实从广义上来讲,使用意义上的空间消费自古就有。但是,真正商品意义上的大众参与的"空间消费"主要始于二战之后,随着西方发达社会全面进入消费社会以及大规模郊区化的推进,尤其以英美为代表的西方政府对国家福利的减少和市场自由化的推行,建筑空间的市场化不断得以深化,私有化参与和商业化开发在城市建设中逐渐占据了主导地位,房地产业成为国家的支柱性产业,这为全社会范围内的"空间消费品"的出现提供了基础。

另一方面,由于城市休闲娱乐业的发展和城市旅游的兴起,在当代消费逻辑的驱动下,许多城市空间成为可观、可玩、可游和可以体验的商品。除了可供销售或出租的住宅、写字楼等商品房外,更多的城市空间,例如一些城市的商业消费建筑、文化建筑、旅游景点、节庆空间以及城市的标志性空间和建筑,也成为供人们消费的商品(图5-2)。迪士尼乐园可谓是其中最成功的例子,梦幻般的童话世界和各种疯狂的娱乐设施相结合,创

---

① 包亚明. 现代性与空间生产[M]. 上海:上海教育出版社,2003:50

造了可游玩、可观赏、可体验的极具吸引力的娱乐空间产品。毕尔巴鄂古根海姆博物馆，与其说是文化建筑，不如说是成功的消费品，它对整个城市的旅游、文化等消费经济的提振作用是有目共睹的。阿联酋迪拜近年来建设的一系列世界奇观通过提供视觉消费与体验消费型的空间商品，成为吸引全球高端客流的旅游度假和购物目的地。而近年来兴起的奢侈品牌的旗舰店，由于建筑独特的设计与包装，加上明星建筑师参与设计所带来的明星效应，使得建筑本身成为消费品，甚至比店内陈列和销售的奢侈商品更吸引消费者。库哈斯在设计纽约普拉达旗舰店时提出，要像搭送购物袋一样出售建筑空间，这清晰地反映出了这类型建筑的商品特性。

香港迪士尼乐园　　　　毕尔巴鄂古根海姆博物馆　　　　纽约普拉达旗舰店

图 5-2　世界著名的空间商品

总之，空间的"游玩、观赏、体验"可以像"使用、购买"一样地创造价值和利润，这进一步拓展了空间消费的内涵及空间商品的类型。城市中的空间和建筑因而也具有了更加普遍的商品意义。作为商品，城市中的许多建筑与空间在生产—消费的过程中同样也要经历设计、加工、生产、包装、宣传、销售等一系列环节。其中，土地是生产资料，设计师是负责商品建造与包装的设计者，各种新闻报道、售楼广告和其他媒介则是促进销售的宣传者，而购买者、使用者、观赏游玩者、体验者无疑是空间的消费者。

2）从"空间中的消费"到"空间的消费"

由于消费社会空间日益商品化及其消费内涵的拓展，城市空间已从过去的财富的消耗者、体现者转变为了财富的创造者①，并已纳入消费社会的生产—消费体系之中。英国社会学家齐格蒙特·鲍曼（Zygmunt Bauman）认为空间的消费已成为新时代增加财富和权力的重要方式②。这无疑加剧了"空间中的消费"向"空间的消费"的转变，即城市空间不再仅仅是消费活动发生的场所，空间本身的消费也正在成为消费社会的突出现象。这一点在局部消费社会的中国城市的发展过程中也正在日益凸显出来。

首先，商品房市场的完善，见证了"空间的消费"已成为大众重要的消费项目。中国住房体制和土地使用制度等的一系列改革，不但促进了产权意识的觉醒，而且孕育了充满活力的商品房市场。产权的买卖转让和房屋的租赁进一步促进了城市二手房市场和租赁市场的发展。一个蓬勃发展的房地产市场正在不断壮大和完善。据统计，2003 年我国房地产开发完成投资首次突破 1 万亿元，同比增长 29.7％，房地产及建筑业增加值占GDP 的比重接近 9％，房地产业已成为国民经济的重要支柱产业。从购买主体看，个人

---

① 华霞虹.消融与转变——消费文化中的建筑[D].[博士学位论文].上海：同济大学建筑与城市规划学院，2007：227

② 参见【美】乔治·瑞泽尔.后现代社会理论[M].谢立中，等译.北京：华夏出版社，2003：226

购买商品住宅面积持续快速增长,所占比例不断提高,2003 年个人购买住宅面积占比已达到 96.43%,个人已成为商品住宅的购买主体①。在追求物质生活水平的大背景下,房地产商品已成为中国大众的重要消费品。尤其是在房价一涨再涨的过程中,房地产已不再是单纯的居住需求性商品,更成为社会上重要保值增值的投资性商品。

其次,人们对城市空间环境品质的日益关注,使得"空间中的消费"向"空间的消费"的转变成为可能。过去,人们更关注空间中发生的各种活动,更关注建筑与空间的使用功能;而随着步入消费社会进程的推进,加上购物中心、历史商业街、主题乐园等环境优良的大型综合型消费场所的出现,人们认识到消费空间本身也可以提供愉悦的体验,空间中销售的商品不再是唯一的决定因素,而建筑或空间的形象与环境的好坏、档次的高低、特色的鲜明与否在很大程度上也决定了是否会吸引更多的消费者。消费空间的环境品质和特色具有生产潜在消费动力的效应,并逐渐成为关注的重点;而且这种影响正在从消费空间不断扩展到居住空间、工作空间甚至整个城市。在商品房销售、城市吸引投资和人才等方面,空间环境品质已成为不可或缺的影响因素。

第三,城市中空间视觉消费和体验消费的不断增长,更加丰富了"空间的消费"的内容。社会大众对建筑形式的关注,使得形式从空间使用功能中脱离出来,成为可供人们消费的商品。因为,引人瞩目的空间形象可以带来巨大的社会和经济效益,甚至可以极大地促进休闲购物、城市旅游等其他消费活动的发生。以国家大剧院、北京奥运会场馆、CCTV 新总部大楼、上海东方明珠电视塔等为代表的城市奇观,都已证明了奇观建筑形式的观赏就是一种可以创造财富的视觉消费。此外,由于可以为人们提供各式各样非凡的感官刺激和情感体验,主题乐园、主题餐厅、主题购物中心、休闲历史街区等因此也成为一种体验性商品。肯德基、麦当劳在中国之所以广受欢迎,事实上都离不开空间的体验功效——美国化的空间为人们提供了一种"瞬间移民"的体验(安东尼·奥罗姆、陈向明,2005)。深圳"世界之窗"等主题乐园前些年取得的成功,其根本原因在于通过浓缩集锦式的场景满足人们快速游览中外名胜古迹、体验异域风情的需求。近几年,酒吧作为一种新型休闲消费空间在中国逐渐兴起,研究表明经常光顾的消费者来此消费的并非酒精饮料,而是空间的体验——追求生活品位、体验异国文化与非日常生活文化(唐卉、李立勋,2005)。包亚明也赞同此观点,他认为上海衡山路酒吧是一个表演的舞台,既表达了一些中国人对于异国情调的迷恋,又体现了融入"全球化"进程的强烈愿望②。此外,上海"新天地"的巨大成功同样离不开体验环境的营造,它通过新旧建筑对比、中西文化混合来表现时空跨度和文化差异的距离美感,从而创造出了一处既能体验地方风情(上海殖民文化)又能感受异国情趣(时尚休闲消费)的戏剧化场所。如今,在中国不仅是消费的空间,就连办公、居住等空间也开始流行各种"体验"。不少公司的办公空间按住家的风格进行装潢,意图通过温馨的家庭氛围体验来促进员工的团结和友爱,从而提高凝聚力与办公效率。上海近郊的居住区——泰晤士小镇,则通过对英国传统城镇、街道和建筑空间的模仿,为向往西方传统文化的居住者提供了一种身处英伦的差异性体验。而万科集团开发的深圳的第五园小区,将中国传统水乡元素进行提炼并运用到小区空间、建

① 陈兰.我国房地产市场发展现状与趋势分析[J].科技促进发展,2007(3):9
② 包亚明.游荡者的权力:消费社会与都市文化研究[M].北京:中国人民大学出版社,2004:203-214

筑和景观的营造中,让居住者体验到了江南水乡的风情,并满足了人们怀旧的心理。这些开发案例的成功,更加激发了开发商对空间体验策略的重视(图5-3)。

图5-3 空间可以成为一种体验性商品

第四,都市旅游的兴起,进一步强化了城市"空间的消费"的发展趋势。如今北京、上海、苏州等许多城市已成为重要的旅游产品,休闲购物和城市风情体验与观光已成为刺激城市"空间的消费"的重要吸引点。

综上所述,在消费社会,城市正从小范围和使用意义上的空间消费向大众参与和更广泛意义上的空间消费转变。空间消费的内涵也已由简单的使用拓展到购买、光顾、游玩、观赏以及体验等方面(图5-4)。

图5-4 "空间中的消费"向"空间的消费"的转变

5.2 从空间使用价值的消费到空间符号价值的消费

作为消费品,空间和其他商品一样,既有使用价值的消费,也有符号价值的消费。由于空间与场所是满足人们需求的重要的现实物化形式,因此,建筑与空间不仅能满足人们对居住与使用等方面的功能需求,而且其本身也是一种能够满足心理和情感上需求的商品。由于当代消费文化的重要特征就是符号消费,目前城市中的建筑与空间的符号消费特征也正在日益突出,这进一步强化了空间的商品属性(图5-5)。

5.2.1　空间使用价值的弱化

一方面,在空间日益商品化的过程中,城市空间和建筑更多地成为产生利润的工具,它们的实用性功能可以根据空间消费市场的需求进行变换,因此其使用功能变得不再固定和单一。尤其在消费活动对城市各种类型空间的全面渗透下,空间功能的混合、调整或置换已成为当代城市空间发展的一大特征。另外,在产业结构调整和城市更新过程

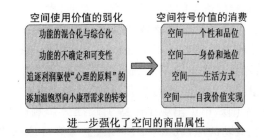

图5-5　从空间使用价值消费到空间符号价值消费

中,传统意义的生产空间也可以轻而易举地转变成其他类型的空间,比如工业产房可以改造成文化创意街区、超市或节庆场所。空间的使用功能的不稳定进一步弱化了空间使用价值的重要性,因为现代建筑的功能变换可能比建筑的造型改变一下更容易。

另一方面,空间符号功能的凸显,弱化了空间使用价值的重要性。由于在消费社会,商品的符号价值超越使用价值成为创造利润的主要来源。因此,在空间商品化的过程中提高利润的最重要方法就是让空间附加上更多和更受欢迎的符号意义,按照阿尔文·托勒夫的说法就是给空间添加上更丰富的"心理的原料"[①]。于是符号价值的生产与消费成为空间商品生产者关注的重点。通过包装、展示以及广告等大众传媒的反复宣传鼓动,开发商有意识地培养消费者对空间符号意义的关注并激发他们对符号的欲望。当前的各种楼盘的广告将此体现得最为明显,品质、身份、地位等符号意义总是商品宣传的重点。与此同时,中国社会的进步必然带来消费模式的变化,如今空间商品的消费正在由温饱型需求向小康型需求转变,这自然而然地为空间符号的消费提供了可以支撑的欲求市场,因为空间功能和价格不再是消费者考量的唯一因素。王步云在南宁市商品房购买决策影响因素的研究中,发现商品房的投资价值(即保值增值的功能)和居住环境及品质是购买者优先考虑的因素,并优先于销售价格和房屋质量等因素,这在购买"第二居所"的消费者中表现得尤为明显[②]。

5.2.2　空间符号价值的消费

如今,城市空间的形象与环境、风格与品质、空间形式等所蕴含的丰富的文化内涵和象征意义成为空间符号消费的主要对象。空间的消费也不仅仅关乎消费者的兴趣爱好,而且与个性和品位、身份和地位、生活方式、自我价值实现等紧密地联系在了一起。

---

① 阿尔文·托勒夫认为,商品设计已逐渐注重顾客的额外心理要求。制造商已开始把心理因素注入基本产品,而一般顾客也极乐意为这种看不见的利益付出代价。因此,商品的"品质"一词,已逐渐开始指向环境及地位方面的连带关系,而最终是指产品的心理内涵。参见【美】阿尔文·托勒夫.未来的冲击[M].蔡伸章译.北京:中信出版社,2006:120-121

② 参见 王步云.商品房购买决策影响因素的研究——基于南宁市商品房消费群体的调查[J].现代商业,2008(2):176-178

　　1）个性和品位

　　城市中的建筑和空间的风格化趋势,满足了人们个性化的消费需求。由于市场的竞争,必然促进空间商品个性化的发展,尤其形象上的个性和特色日益成为吸引消费者的卖点。第4章所提及各种风格化的建筑,实际上是大众日益多元化和个性化消费需求的体现。这些建筑不但提供了与众不同的视觉刺激,还满足了人们对个性和品位的追求:形体夸张的建筑受到了前卫和时尚人群的青睐,通俗具象或商业艳俗的建筑更多地得到了世俗阶层的欢迎,而诙谐荒诞的建筑则更容易获得"叛逆"青年的肯定。近年来,中国城市中出现了一些引起社会影响的时髦空间,它们所象征的个性和品位正是它们成功的原因。例如,北京、上海等各地兴建的SOHO住区,由于集合了"自由办公、自由生活"的理念,受到了年轻创业者、自由职业者的欢迎;文化艺术人士聚集的文化创意街区(北京798艺术区[①]等)吸引人的卖点是自由的文化艺术氛围和带有历史文化韵味的建筑;而年轻上班族和白领阶层休闲交往的酒吧街真正销售的并不是饮料,而是时尚的西方情调(图5-6)。由此可见,个性和品位作为一种符号无疑已经为空间带来了更大的附加价值。

北京建外SOHO　　　　　北京798艺术区　　　　　北京三里屯酒吧

图5-6　空间——个性与品位的消费

　　2）身份和地位

　　在空间商品的消费过程中人们日益看重身份与地位的符号意义。人们的社会地位与距离越来越多地通过消费空间商品的落差来进行衡量。不同阶层、职业、年龄、性别和不同亚文化的群体会消费与自身身份和地位相协调的空间商品。从目前中国城市的消

---

　　① 　北京798艺术区的这片厂区位于北京朝阳区酒仙桥街道大山子地区,是原电子工业部所属706、707、718、751、797、798等6个厂的区域范围,面积60多万平方米。从2001年开始,来自北京周边和北京以外的艺术家开始集聚798厂,他们以艺术家独有的眼光发现了此处对从事艺术工作的独特优势。他们充分利用原有厂房的风格,稍作装修和修饰,一变而成为富有特色的艺术展示和创作空间,并逐渐发展成为画廊、艺术中心、艺术家工作室、设计公司、餐饮酒吧等各种空间聚合的文化消费空间。现今798已经引起了国内外媒体和大众的广泛关注,并已成为北京都市文化的新地标。

费行为来看,新富阶层与低收入阶层在买菜方面有超市与农贸市场之别,在休闲方面有酒吧与公园之分,在购买房产方面有别墅与公寓之分。当然,部分人常常会为了获取"面子"或尊重,为了保持有品位的生活方式,为了进入更高社会阶层的需要,刻意在消费的符号意义上下功夫,而不顾及本来的消费需要,从而形成了建立在奢侈基础上的消费变体,消费高档空间商品成为他们进行炫耀的资本。出入高档消费空间、入住高级住宅已成为中国新富阶层身份和地位的表达。

张鸿雁认为,在多样性社会竞争中,空间占有已成为社会地位的符号象征,社会地位越高、个人财富越多,空间占有的表现就越充分;一个人的空间占有多寡成为社会地位和个人成就的符号①。城市中的富有阶层,往往争相通过租赁、购置等方式占有城市中稀缺性较高的空间,如城市中的公园与绿地附近、湖边、林边、山边,或是城市历史地段附近,或是城市中的区位较好以及最具商业价值的地方。近年来,南京的许多能观水望山的高档景观楼盘,成为新贵一族竞相购买的目标,楼盘所象征的身份与地位是购买者考量的决定性因素。例如,南京莫愁湖东畔的万科金色家园,由于其优越的观景区位和开发公司知名的品牌效应,曾创下南京的商品住宅"天价",其在地位与财富上的象征作用,是其他普通楼盘所不能比拟的(图5-7)。

图5-7　南京莫愁东畔的万科金色家园——社会地位的象征

另外,世界著名的跨国公司与企业同样看重空间商品所具有的身份与地位意义。他们的办公总部往往选择处于世界城市体系顶部的城市,例如象征着财富与科技的纽约、伦敦、东京等世界金融中心,而且会在这些城市中建造或选择入驻具有象征意义的标志性建筑。近年来,随着中国经济与政治地位的不断提升,上海与北京已成为国内外公司与企业竞相入驻的城市。《2008上海外商投资环境白皮书》指出,截至2008年11月底,外商在上海累计设立总部经济机构671家,其中地区总部223家、投资性公司178家、研发中心270家,上海已经成为中国内地省市中外国著名公司总部入驻最多的城市②。而位处浦东陆家嘴黄金地价地区的金茂大厦和环球金融中心作为上海的标志之一

①　参见 张鸿雁.城市空间的社会与"城市文化资本"论——城市公共空间市民属性研究[J].城市问题,2005(5):2-8

②　参见 上海今年实到外资破百亿美元 世界500强半数落沪.中国新闻网 http://www.chinanews.com.cn/cj/gncj/news/2008/12-29/1507494.shtml

图 5-8　上海金茂大厦和环球金融中心——入驻公司实力与财富的象征

（图 5-8），也是入驻公司实力与财富的象征。从这点看来，标志性建筑物与城市本身也成了带有浓厚符号意义的消费品。

3）生活方式

生活方式的象征意义是空间商品消费的重要内容之一。让·波德里亚认为，符号价值使商品成为某种特定的文化和生活方式的象征，拥有某种商品就是拥有了某种与众不同的生活意义和文化价值。空间商品也不例外，早在 19 世纪末法国巴黎的邦·马尔奇商厦（The Bon Marche）①就是一个典型的案例。许多研究学者认为它作为当时一种开创性的商业空间，吸引人们的并不仅仅是其中陈列的精美商品，而是空间所体现的一种代表着资产阶级生活方式的文化意义。美国社会学家迈克尔·米勒（Michael Miller）指出，"邦·马尔奇商店向所有那些过着和想要过中产阶级生活的人们出售物品"②。如今各式各样的空间商品更是与生活方式密切相关。例如，去星巴克喝杯咖啡，去"新天地"休闲和交往，去上海大剧院欣赏歌剧无疑体现了中产阶层带有小资情调的生活方式和态度；购物在休闲商业街，游乐在主题乐园，居住在酒店式小公寓，体现的则是一种青春时尚的生活方式。值得一提的是，近几年以北京 798 艺术区为代表的工业复兴地段，成为文化艺术等创意人群生活聚集的场所，代表的是一种时髦的将生活、工作与艺术融合在一起的 LOFT③式的生活方式；而上海以外滩 18 号为代表的豪华概念店，销售的绝不仅是昂贵的奢侈品，更是向人们炫耀并兜售着贵族或富豪阶层的奢华生活方式（图 5-9）。商品的魅力实际上在于对某种生活方式和思想意识形态的展示和销售④，如今的空间商品无疑更具有这种魅力。

4）自我价值实现

最后，空间商品的消费还能满足人们自我价值实现的愿望。事实上，许多研究已经指出当代消费的内在动力是消费者自我价值实现的要求。通过前文论述，可以看出空间的消费可以实现个性品位和生活方式的表达、身份和地位的区分以及获得社会的认可，最终还是自我价值的实现。

---

① 始创于 1852 年的邦·马尔奇商厦是第一次世界大战之前欧洲第一个也是最大的一个百货商厦，对后来欧美的百货商场发展影响深远。

② Micheal Miller. The Bon Marché：Bourgeois Culture and the Department Store，1869-1920[M]. Princeton：Princeton University Press，1981：179

③ LOFT 在《牛津词典》上的解释是"在屋顶之下、存放东西的阁楼"。但现在所谓 LOFT 所指称的是那些"由旧工厂或旧仓库改造而成的，少有内墙隔断的高挑开敞空间"，这个含义诞生于纽约 SOHO 区。LOFT 的内涵是高大而敞开的空间，具有流动性、开放性、透明性、艺术性等特征。在 20 世纪 90 年代以后，LOFT 成为一种席卷全球的艺术时尚。如果说，LOFT 的诞生是源于贫困潦倒的艺术家们变废为宝，那么今天作为一种生活方式或者时尚潮流的 LOFT 已经完全演变成一种炫耀性消费。

④ 周小仪. 唯美主义与消费文化[M]. 北京：北京大学出版社，2002：139-140

巴黎邦·马尔奇商厦　　　　　上海外滩18号

图 5-9　空间——生活方式的消费

5.3　城市本身成为商品

5.3.1　城市的商品化

1）城市资源的商品化

　　一方面是城市中各种物质空间成为消费品,另一方面,在市场经济的影响下,除了土地与空间之外,城市中的基础设施、公用服务设施、无形资产等其他资源也在日益的商品化。尤其近年来,在"城市经营"①理念的影响下,中国城市在竞争加剧和城市政府职能转变的背景下,为了更好地解决城市建设资金长期短缺的问题,更加快了城市各种配套设施与资源的商品化进程。在遵循市场经济规律的情况下,公私合营或私营性质的企业更

---

　　①　城市经营实质上就是运用市场经济手段,对构成城市空间和城市功能载体的自然生成资本(如土地)和人工作用资本及其他资本(如城市桥梁命名权)等进行集聚、重组和运营。一般地说,就是将城市的土地、基础设施、公用服务设施、无形资产以及城市其他资源作为商品,重新进行组织和优化配置后推向市场,使城市建设达到市场化运作。参见 周柏华.城市经营——城市规划建设的理念创新[J].规划师,2002(2)

多地参与到城市的建设与经营之中,城市土地、基础设施、公用服务设施、无形资产以及城市其他资源作为商品,重新进行组织和优化配置后推向了市场。例如,通过转让开发建设权和经营权,城市交通、供水、煤气、热力和污水处理等市政公用商品已推向了市场,其收费标准可以根据市场供求进行适当的价格波动;另外,对城市的开发权、使用权、广告权、冠名权、特许经营权等无形资产进行招标拍卖,发挥了无形资产的商品效益。由于在筹措资金、发挥社会力量、提高效率等方面的优势,如今蕴含商品逻辑的城市经营理念已越来越多地融合到中国城市规划建设的过程中。

2)政府职能的商品化

为了缓解政府资金上的困窘并提高效率,现今城市的管理运行也越来越需要遵循商品消费的逻辑。首先表现为政府职能的产品化,"产品化指把程式化的那套政府职能转化为可包装的单元(packageable units),然后像私人商品那样进行销售和买卖。当'用户付费'的理念变得适合于公共服务,且服务收费已变得简单易行时,产品化便畅通无阻了(具体到规划的服务,包括统计数据、交通与市场分布的调查、评估,等等)。由于要收回成本,展示公共服务的效率,这使得由国家出资发起的产品化策略得到迅猛发展。人们现在已普遍接受这样一种事实,即花钱从政府那里买服务是生意过程中不可缺少的一个环节,而且政府正日益以合同的形式把它们的服务发包出去"①。目前中国,由政府出资的各种咨询、统计、评估、测量、设计、策划等任务层出不穷,而且社会要享用这些产品化成果往往要向政府支付一定的服务费用。此外,在许多城市中,以城市市政、园林、环卫等为代表的养护与管理职能已经从政府职能中脱离出来成为商品,并通过公开招标和企业承包的办法被推向了市场。其次,购物消费的战略和原则甚至成为城市管理运行的有效方式。例如,在荷兰的蒂尔堡(Tilburg),政府将城市按照商品的生产和消费方式来运作:政府工作人员被训练将市民看成"消费顾客",并将城市中传统的服务项目(例如结婚许可、公共停车甚至地方博物馆等文化机构)都看成"产品"。在这种方式下,城市不但正常运作,而且使得消费者——市民对作为经营者和生产者的政府满意度颇高。这种成功的模式,被称为"蒂尔堡模式"②。虽然,这种模式在中国尚未出现,而且"经营城市"在中国不可避免的具有市场行为和政府行为的两面性,但是,商品和市场的一些原则确实已经渗透到了中国一些城市的管理运行之中。"经营城市意味着城市政府正在由传统的'福利型'角色向'企业型'角色转变;由消极的公共财产'守夜人'的资产管理者向负有国有资产和公共资源升值的资本运作者转变"③。

3)城市成为旅游商品

大众旅游的兴起,城市逐渐成为了重要的旅游目的地。对于旅游观光者来说,从为旅游服务配套的商业休闲空间(购物中心、休闲商业街、酒吧街等)到特色旅游场所(自然景观、历史建筑与街区、工业复兴地段等),从城市的历史文化(历史名人、传说、传统民俗、民间工艺等)到城市大事件(赛事、节庆、会展等),都成为可供旅游消费的项目。这些物质和非物质旅游商品正在促使"空间消费"进入前所未有的广度和深度,并最终导致了

---

① 引自 麦克尔·迪尔. 解构城市规划//包亚明. 后大都市与文化研究[C]. 上海:上海教育出版社,2005:85

② Chuihua Judy Chung,Jeffrey Inaba,Rem Koolhaas,et al. The Harvard Design School Guide to Shopping[C]. Köln:TASCHEN GmbH,2001:142

③ 王勇,李广斌,钱新强. 国内城市经营研究综述[J]. 城市问题,2004(1):9

城市本身的商品化。

4）小结：城市即商品

总之，在城市经营理念的推动下，城市中空间、设施、资源与政府职能的不断商品化，在都市旅游的带动下，各种城市物质和非物质特色要素的商品化，证明商品消费的原则已经渗透到了城市的方方面面。再加上城市活动和景观的消费化、城市消费功能的不断加强以及城市消费空间的不断扩张，城市正日益遵循商品生产—消费的逻辑在发展，甚至可以说，城市本身正在成为商品（图5-10）。

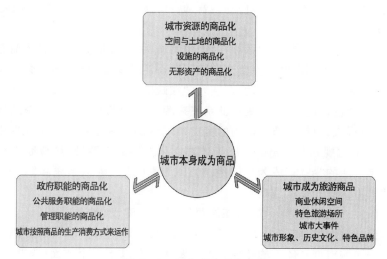

图 5-10　城市本身成为商品

5.3.2　销售城市

1）城市符号价值的销售

在区域一体化与全球化的背景下，城市开始将自身包装成商品，并努力地"推销"自己，以应对城市之间不断加剧的竞争。那么如何成为一个具有吸引力的商品呢？按照消费文化理论，商品不但要具有较好的使用价值，更要有出众的符号价值。正如德波拉·史蒂文森所说的，"在全球化的市场中，都市空间、宜人的环境和都市文化已成为颇有价值的商品"[①]。因此，城市首先应注重使用价值的提升，例如工作和生活的方便舒适，出行便利，各项服务完善，配套设施齐全等是城市具有吸引力的基础；其次，城市更需要符号价值的消费，例如对城市品牌的认知与文化内涵的认同等。

越来越多的城市已经认识到了这一点，开始进行全面的都市发展计划，而这些计划的重点在于对城市形象、文化、特色、意向等进行再评估并制定出强化的措施。这不仅根据人们对这个地方的反应和解读，而且还要考虑意义、感觉和期待等涉及城市感知的要素。"当销售城市时，商品不仅是城市和城市物质空间本身，还包括城市的象征空间。出售和定义空间是一个复杂的事务，它需要销售城市意味着什么，它感觉如何以及它看上去像什么。这些特质必须被认定和包装，不仅对于投资者和游客，而且对本地的居民和

① Deborah Stevenson. Cities and Urban Cultures[M]. 北京：北京大学出版社，2007：97

团体的利益也是一样"①。目前,城市软环境的建设与改善(城市形象的包装、城市特质的塑造、历史文化的保护与延续等等),强化城市在文化符号方面的独特性和差异性,并与其他城市错位竞争的发展策略已成为许多城市的共识。大卫·哈维认为:"场所的特质由此在日益增强的空间的抽象之中处于被突出的地位。积极地创造具有空间特质的各种场所,成了地方、城市、地区和国家之间在空间竞争方面的重要标志。……更好地促使城市塑造独特的形象、创造一种场所和传统氛围,这种氛围将起到吸引资本和'恰当的'人们(即有钱的和有影响力的人们)的作用"②。追求空间特质,注重形象建设,打造自身品牌,进行各种"促销"宣传,从这些行动来看,城市无疑正在按照商品的逻辑来运行。

2) 销售城市

正像第 3 章所论述的,美国和欧洲在"销售城市"方面无疑走在世界的前面。美国主要采用了结合内城复兴创造城市消费节庆场所及奇观的策略,将城市包装成吸引全世界的旅游消费的商品。德波拉·史蒂文森认为,"在政治经济全球化的时代,城市的地位与城市的象征系统紧密相连,而且这些象征系统来源于与大都市中心以及全球地位密切相关的印象和物质形式,而包括节庆市场的特定建筑结构正是显示这些象征系统的重要方式"③。在欧洲,文化规划的兴起则突出了地方文化发展的重要性,培育城市和地区的创新性、促进都市生活的"品质"成为地区经济复兴、赋予地方象征系统和"差异性(即地方特色)"、延续城市认同的基本战略。

目前,中国发达地区的一些城市,在注重城市硬件建设(城市功能的完善、基础设施的建设、城市交通的优化、城市景观的强化、生态环境的改善)的同时,借鉴西方的成功经验,开始更加关注城市符号体系的建设。这主要体现在以下三个方面(表 5-1)。一是开始重点打造与城市形象、特色以及象征体系密切相关的物质形式——特质空间。通过城市历史遗迹和街区的保护与利用、城市标志性空间和建筑的构筑、城市重点旅游区的打造等方式来提升城市形象和增加城市的吸引点。以上海为例,"新天地"石库门街区与外滩历史建筑、浦东商业金融区及高楼大厦群、购物型旅游区——南京路商业街,这些特质空间无疑提升了上海在世界城市体系中的形象和地位。二是常常通过举办节庆会展活动和大力发展都市旅游,并在现代化媒体的帮助下来打造与宣传城市特色与品牌。例如,前文所提到的洛阳"牡丹花会",不但促进城市经济和都市旅游的发展④,而且使得"牡丹之城、中华古都"的城市品牌为世人所熟知。三是受欧美文化规划和创意城市发展思路的影响,越来越重视对地方文化产业和城市创新性的扶持和鼓励。例如北京的"798"艺术区,结合工业的功能置换,大力扶持文化艺术和创意产业,吸引了设计、出版、展示、演出、艺术家工作室等文化行业,以及精品家居、时装、酒吧、餐饮等服务性行业的入驻。2006 年至今,入驻的国内外文化创意产业类机构已达 400 余家。同时,通过举办"798"艺术节、文化艺术交流活动(展览、学术交流、交易与拍卖等),保证了地方文化及其产业的可持续发展。2008 年,"798"吸引国内外游客超过 200 万人次,并在国内外媒体和大众的

---

① Deborah Stevenson. Cities and Urban Cultures[M]. 北京:北京大学出版社,2007:98
② 【美】戴维·哈维. 后现代的状况——对文化变迁之缘起的探究[M]. 阎嘉译. 北京:商务印书馆,2004:370
③ 引自 Deborah Stevenson. Cities and Urban Cultures[M]. 北京:北京大学出版社,2007:103
④ 2008 年第 26 届洛阳牡丹花会期间,共吸引国内外游客近 1 500 万人次,旅游创收超过 60 亿元。参见洛阳都市网,http://www.58hn.com/html/200805/12/160426994.htm

广泛关注下已成为了北京都市文化与旅游的新地标以及文化产业中心。这最终提升了北京的城市文化品质和艺术气息。

表 5-1　当代"销售城市"的主要内容与举措

	使用价值方面	符号价值方面
主要内容	城市的物质空间体系 （1）工作生活的舒适度 （2）交通出行的便利性 （3）各项服务的完善性 （4）配套设施的齐全度 ……	城市的象征空间体系 （1）城市的总体形象 （2）城市的历史文化 （3）城市的特色品牌 （4）城市的感知意向 ……
追求目标	舒适宜人的城市空间环境	城市的内涵、个性与特色——差异性
消费方式	使用（工作、生活、游憩、交往等）	感知与体验（反应与解读、感觉与期待等）
具体举措	（1）城市功能的完善 （2）城市交通的优化 （3）基础设施的建设 （4）城市景观的强化 （5）生态环境的改善 ……	（1）重点打造城市形象和特质空间 （2）发展都市旅游与节庆会展活动 （3）打造与宣传城市特色与品牌 （4）重视对地方文化产业与创新性的扶持和鼓励 ……

6 消费文化对中国城市空间的影响因素解析

当前中国,消费文化已成为城市发展必须面对的文化生态语境之一。那它又是如何作用于城市的呢? 这正是本章的中心论题。但是,正如阿摩斯·拉普卜特所指出的,由于文化存在着过度宽泛和笼统的问题,要弄清楚它如何作用于建筑与空间,就必须将文化分解成易把握的各种影响因素和表现形式①。消费文化作为文化的一种形态,对它进行解析和论述面临着同样的难题。因此,本章将借鉴拉普卜特的这一思路,从消费文化对中国城市空间的价值诉求、审美取向、时空体验、社会结构四个方面的影响展开具体的论述,以便相对直观和全面地把握住消费文化是如何影响城市发展的(图6-1)。

图 6-1 消费文化对城市空间的影响因素

6.1 当代城市空间价值诉求的转向

6.1.1 消费时代价值诉求的转变

从西方步入消费社会的历程来看,新的消费文化对传统的社会价值观产生了冲击,特别是在资本主义初期阶段曾起到重要作用的新教伦理②受到的冲击最大。丹尼尔·贝尔认为"在当时产生了巨大精神动力和支持的新教伦理所带来的资本主义发展当中的'宗教冲动力',已经被一种贪婪的追求最大利益的摄胜性所代表的'经济冲动力'所替代"③。推崇消费,提倡享乐主义,注重休闲娱乐,强调个性自由等新的价值观逐步瓦解了提倡勤俭节约、努力工作、严肃认真的人生态度等禁欲式的新教伦理道德的基石。随着资本主义经济的发展,消费文化向全球的扩张成为刺激消费、扩大市场的重要手段。在全球化的浪潮中,消费文化对各国传统文化价值观的冲击是有目共睹的,中国也不例外。一方面,经济的发展与改革开放进程的深化,人民生活水平的提高和消费模式的改变,为新时代消费文化的发展提供了现实的基础;另一方面,西方的商品与文化的入侵,不但为中国消费文化的发展提供了参照体系,而且在外来文化的强势冲击下更加速了消费文化的本土化发展和成熟。这些必然对传统的价值观造成不小的冲击,"安贫乐道已经被追求财富所替代,知足常乐已经被积极进取、不断追求所替代,勤俭节约也更多地被消费享乐所挑战、所侵蚀"④。总之,中国社会在自身社会文化转型以及西方话语渗透的双重影

---

① 参见【美】阿摩斯·拉普卜特. 文化特性与建筑设计[M]. 常青,等译. 北京:中国建筑工业出版社,2004:87-92
② 马科斯·韦伯认为,新教在客观上为证明世俗活动具有道德意义起了作用,导致和促进了资本主义精神的萌芽和发展。新教伦理强调工作、勤奋、节省和严肃认真的人生态度,规定了人的道德行为和社会责任。
③ 杨魁,董雅丽. 消费文化——从现代到后现代[M]. 北京:中国社会科学出版社,2003:109
④ 杨魁,董雅丽. 消费文化——从现代到后现代[M]. 北京:中国社会科学出版社,2003:265

响下,消费文化对中国意识形态的影响力正在不断增强,价值观无论是外延还是内涵实际上已经发生了有别于传统的变化。

1) 物质优先的价值诉求

中国长期处在自给自足的农耕社会,由于生产力的低下,人们的许多正常的物质需求得不到满足,只能在有限的条件中充分挖掘满足感,知足常乐就成为社会的主流心态。这种心态的维持,造就了封闭社会中的老百姓轻视物质享受、安于现状的人生境界。至今,这种价值观依然有着较大的影响。新中国成立至改革开放前这段时期,由于国家对经济建设的忽视,生产力欠发达的现实造成了社会仍处于物质匮乏的状态,计划经济与供给制,再加上政治思想上的压力,更造就了畸形和非正常的消费模式,人们许多物质需求无法满足甚至不敢去"奢望"。

改革开放后,经济建设成为国家发展的重心,尤其是市场经济的建立与完善以及建设"小康社会"目标的确定,社会价值观也相应发生了较大的转变,即由精神优先转变为物质优先。罗宏认为"把握物质优先这一新主流文化的意识形态特色,也就能顺理成章地理解当代中国发生的种种变化。特别是改革开放一系列新举措中蕴涵的文化观念,例如'个体'、'私营'、'致富'、'市场'、'竞争'、'交换'、'效益'、'民主'、'法制'、'发展'等等,究其最终目的,无非是促进生产力的发展即体现物质优先的价值诉求"[①]。随着收入的提高和产品的日益丰足,对生活质量的追求成为绝大部分城市居民生活的重要目标。之前被压抑许久的消费欲求被一下激发出来,购买商品成为人们满足物质需求的最直接和最快捷的方式。总体看来,消费文化在中国的快速发展,既充分反映了社会发展的现实目标——促进生产力、丰富市场上的各种商品,同时也推动了物质优先价值观在中国社会的发展。

2) 休闲、享乐的价值诉求

长久以来,吃苦耐劳一直是中华民族的传统美德。新中国成立之后,对革命和国家奉献精神的宣传,使得社会上形成了"先工作、后休息","重奉献,轻娱乐"的价值观。甚至喝杯咖啡、穿件时髦的衣服,都可能被认为是"享乐主义"而受到鄙视或批判。然而现在,当人们不用因担心生计而拼命工作时,休闲、娱乐、享受已基本得到大众的认可。

在如今市场化的社会中,休闲和娱乐实现的重要途径就是花钱消费,即购买商品或享受服务。第三产业的迅速发展和膨胀,也为人们的闲暇时间的消磨提供了有力的支撑。逛商场、看电影、休闲度假、观光旅游、美容健身等已成为中国城市居民重要的休闲娱乐项目。随着中国全面进入休闲时代,休闲将取得与工作近乎平等的地位。另一方面,由于消费尤其商品符号的消费所带来的快感和满足感,促使人们将消费作为实现享乐的重要方式。这进一步助长了社会上享乐情绪的蔓延。

3) 个性、自我的价值诉求

改革开放以来,中国社会发展逐渐走向了正常化,长期的阶级斗争和政治运动所带来的个性压抑与人性扭曲的压力终于得以释放。加之市场经济的建立与完善,分配制度的转变,政治法制化与民主化的推进,个体经济与私营经济等经济体制得到认可和发展,住房的商品化,社保与医疗的社会化……这些一方面在一定程度上弱化了以往个体对国

---

① 罗宏. 当代中国文化转型中的主流文化意志[J]. 广州大学学报(社会科学版), 2005(5):43

家、阶级、集体、单位的强烈依赖感和认同感；另一方面也给个人提供了前所未有的自由和个性化的发展空间。整个社会的价值取向从而得以转变——从个性和自我的压制转变为对自我和个性的宣扬，从对国家与集体的无私贡献转变为对自我价值的建构与实现。

正像前文所说的，消费尤其是符号的消费，成为人们表达个性，实现自我价值的重要手段。因此，随着消费文化在中国的快速发展，通过消费满足情感上的各种需求——炫耀财富、表现品位、反映地位——这些已成为我们生活中屡见不鲜的现象了。与此同时，在大众媒体的助推下，个性、品位、身份象征等也成为了商品进行宣传的重要卖点，"消费适合自己、表达个性、展现自我的商品"成为社会上的主流消费舆论。正像迈克·费瑟斯通所说的，伴随着消费文化的发展，人们已经从宣扬自己的美德转变为宣扬自己的个性人格[1]。这样，当代消费的"象征性"、"符号性"也由此变得更为明晰，并具有了两层含义：一是"消费的象征"——消费表达传递了包括个人的地位、身份、个性、品位、情趣和认同的意义和符号，消费过程不但是满足人的基本需要，而且也成了现代人社会表现和社会交流的过程；二是"象征的消费"——不但消费商品本身，而且消费这些商品所象征或代表的某种文化社会意义，包括个人的心情、美感、档次、身份、地位、氛围、气派、气氛、情调，具有文化再生产或消费情绪、欲求的再生产特征[2]。

4）世俗、生活化的价值诉求

"文革"之后，在市场经济与多元文化的影响下，人们对理想主义、革命信仰的热情正在逐渐消退：从对政治运动的热衷，转变为关注自身生活质量的提高；从对理想主义的崇尚，转变为对现实和世俗的追求；从对宏大崇高的叙事主题的热心，转变为对身边的"小型叙事"和"生活叙事"的关注。再加上喜闻乐见的大众文化和流行文化的影响，有关终极关怀的价值诉求和满足少数人的高雅文化迅速被边缘化，而"世俗化"成为今日中国社会发展的直观现实。沈杰认为，"世俗化是现代化的一种文化逻辑，根据国际社会现代化的历史经验，世俗化代表了现代化起飞阶段文化变迁的最主要的特征。世俗化的核心内涵是要证明现实关怀的意义和世俗生活的合理性"[3]。

消费文化作为扩大消费市场的急先锋，它对世俗、生活化的价值观有着极大的涵容性，商品只有符合大众化和流行化的消费需求才能更好地生存和发展。"向生活学习"成为许多公司与企业设计和生产商品的原则。层出不穷的以方便和贴近生活的新型日用品，以及近年来兴起的农家乐、民俗旅游、各种选秀节目、现实题材的影视作品，证明商品在生产与消费中对日常生活与平民生活的日益关注。另外，以天子大酒店的建成、摇滚和嘻哈音乐的流行、"芙蓉姐姐"和"超女"的走红等为代表的现象，说明许多以前难以登上大雅之堂的艳俗的、荒诞的、叛逆的甚至反文化的元素，在商品化的包装下，也成为受到大众欢迎的商品。这也从一个侧面客观地反映了当今中国社会世俗多元化的价值取向。另一方面，消费文化对高雅艺术和精英文化也并不排斥，因为通过市场化和商品化，

---

① 【英】迈克·费瑟斯通.消费文化与后现代主义[M].刘精明译.南京：译林出版社 2000:166

② 张鸿雁,李程骅.商业业态变迁与消费行为互动关系论——新型商业业态本土化的社会学视角[J].江海学刊 2004(3):101-103

③ 沈杰.特质的多元性：80 年代出生的一代[J].美术观察,2003(9):5

通过产品、生活方式等的艺术化,特别是体验消费的兴起,过去供少数人欣赏的高雅艺术也可以转化成通俗的符号商品。我们可以看到各种大师作品和前卫艺术的仿制品装点着大众的家居,前卫画派的作品被印在了廉价的 T 恤衫上,看场芭蕾或画展成为许多平常百姓的愉悦经历……这些都说明"艺术"不再是精神渴望者的诗意表达,而是大众对于物质满足和新奇体验的快乐诉求。

6.1.2 城市空间的价值诉求

社会的转型、全球化的影响以及消费文化的发展,共同对中国社会原有的价值观产生了冲击。城市空间作为文化的产物,其价值诉求难免要受到消费文化的影响,并出现了以下转向:从使用到消费与投资,从实用到享受与体验,从单一到个性与多元,从救赎到世俗与娱乐(图 6-2)。

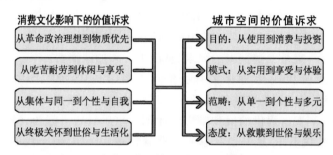

图 6-2 消费文化语境下城市空间的价值诉求

1) 从使用到消费与投资

过去在计划经济体制下,福利分房的制度使得城市空间的物质价值并未充分体现,空间的实用性是人们关注的重点。如今,在物质优先价值观的影响下,城市中的建筑和空间作为一种与人们生活息息相关的物质形态必然成为人们关注的重点。

中国社会与西方不同,由于地域发展不平衡,并没有完全消灭贫困和匮乏,满足人民的物质生活需求依然是当前社会生产力发展的根本目标之一。消费文化价值观所倡导的物质优先观念由于迎合了时代发展的背景,可以说在目前的中国是深入人心。创造更多、更新的城市和建筑空间是满足大众生活需要的必要条件。随着住房和土地制度的改革,大规模的商品房建设大大提升了人们的居住水平和生活质量,加之中国人自古就有的"有房才能立业"的观念,近年来,商品房的销售持续走高,购置商品住宅已成为许多家庭最重要的消费支出。与西方租房十分普遍的情况不同,在中国租房一般是由于购买力不足等原因而采取的一种过渡行为,通过购买商品房拥有自己的房产是大多数中国人的基本追求。而且,随着工作年限的增长和收入的积累,购买更大或更高档的商品房是许多家庭的必然选择,商品房成为人生不同阶段物质生活水平的重要反映。因此,可以说商品房的购买是中国社会追求"小康"生活、追求物质享受的必要条件。

近年来,由于房价的逐年攀升,投资回报率相对较高,在居民收入稳步提高、金融和货币政策环境宽松、大量资金流入房地产业、居民投资理财渠道单一等一系列因素的作用下,房产的购置已成为许多人投资的重要渠道,加之房贷等消费模式的出现,更进一步刺激了房地产市场的发展,并形成了"带有全社会性质的住房消费观念,即(1) 买房不仅能居住,还能投资,房屋不仅能保值,更能增值;(2)房地产投资有暴利,搞什么都不如搞房地产;(3)租房不如买房;(4)迟买不如早买;(5)买小不如买大。这就是中国近年来住房消费的根本特征。正是在这一消费模式的作用下,住宅消费空前旺盛"①。这种新型的消费观,不但刺激了房地产业的繁荣,而且直接推动了城市的建设与扩张,并加速了城市化的进程。

虽然伴随有不理性的消费因素,但是空间从使用到购买,从占有到投资这一转变过程中,商品房消费成为人们追求物质生活水平的真切反映。

2)从实用到享受与体验

在计划经济时代,经济实用是中国城市建设的首要目标,朴素的外观和形式与当时崇尚节俭的价值观是相适应的。然而,消费时代的来临,空间生产的目的就不仅仅是为了满足使用需求,为了促进资本积累,实现国民经济快速增长,必须不断扩大空间的规模和数量。而这一过程仅仅依靠空间实用功能的消费,是无法达到商品的快速生产和消费,这样城市空间就必须通过提供更高级的功能——符号功能,并尽可能多地制造出多样化和差异化的符号来激发消费者的欲求,从而扩大和加速消费。

一方面,由于休闲、娱乐和享乐的社会需求不断增长,各种购物中心、酒吧、主题公园、度假村、桑拿房、理疗和美容院等提供休闲享乐的空间也层出不穷。这些空间得以存在的关键在于能为消费者提供愉悦和难忘的休闲与享乐经历。因为,经营者发现了享乐和花费之间的必然联系,即越是自我享乐花费就越多。例如,新一代的购物中心——上海正大广场、南京水游城等明显加强了其休闲享乐的功能,消费者也心甘情愿地增加了花费(图6-3)。另一方面,迪士尼乐园的成功,使人们意识到通过空间环境的营造和建筑内部的装潢,空间也可以提供各种体验,目前以提供体验消费为目的的空间主题化与场景化的趋势已成为中国许多消费娱乐场所吸引顾客的有效手段,"梦境幻觉的运用,蔚为壮观的场面,折中混合的符码,这都引导着大众浮掠于大量的文化词汇,鼓励他们享受眼前的即时感受"②。以主题餐厅、主题乐园、主题购物中心、主题住区等为代表的体验性空间商品日益增多(图6-4)。

过去的商场内景　　上海正大购物广场内景

图6-3　中国商场的变迁——从实用到享乐

① 黄石松,陈红梅.居民住房消费模式的转变决定房价的未来.中国经济时报.转引自 中国共产党新闻网,ht-tp://theory.people.com.cn/GB/49154/49155/6758228.html

② 【英】迈克·费瑟斯通.消费文化与后现代主义[M].刘精明译.南京:译林出版社,2000:151

香港迪士尼乐园　　　　　　　　上海芭迪熊儿童主题餐厅

图 6-4　主题消费空间——体验消费

空间从实用到享受与体验的转变,促使空间的造型、装饰乃至所形成的氛围和情境变得比空间本身更为关键,城市空间的符号消费正在削弱并超越使用价值的消费。

3)从单一到个性与多元

与标准化、大规模的生产为特征的福特主义生产方式相适应的现代主义城市倡导明确甚至机械的功能分区。然而进入消费社会后,由于强调多样性、个性和灵活积累的后福特主义成为生产方式的主导,文化的统一性也被文化的多元性所取代,城市随之相应发生了变化。尤其在消费文化影响下,人们的欲求日趋个性化,势必对城市提出更多样化的要求,个性化与多元化并存成为当代城市和建筑的主要特征。库哈斯将之称做"超建筑"(Hyper-building)现象,即世俗、混合、荒诞、重叠、并列、表里不一成为消费时代城市和建筑的内涵[1]。

在计划经济时代,中国的城市和建筑的设计和建造主要取决于设计师与行政决策者,大众很难也很少参与,分区明确的城市功能和单调的城市景观既是当时现实条件下的产物,同时也是国家和集体价值观的反映——强调同一与节俭实用。然而随着建筑的市场化,投资者、开发商、设计师、行政管理人员、消费者等各种力量介入其中,各方力量的个性化需求成为左右空间生产的重要力量:投资者与开发商从空间商品销售的角度出发,追求与众不同的卖点,以便应对激烈的市场竞争;一些有追求的设计师,尤其是明星设计师则从设计创新的角度出发,追求时尚前卫的空间形式,以满足开发商突出卖点的需求并强化自身的设计品牌;行政管理人员包括一些政府领导,将个性化空间和建筑与政绩挂上了钩,追逐"高大全、新奇特"的形象工程或奇观建筑;消费者则通过购买、观赏、光顾、体验等方式来消费符合自身个性化爱好与品位的空间,"在何种小区居住,在何种写字楼上班,光顾何种消费空间",无形中已成为许多人标示个性与品位的象征性符号。如今,城市本身也开始了追逐个性化的潮流,打造差异性城市景观、发展差异性旅游项目、包装与宣传地方特色已成为城市之间面对竞争推销自身的重要举措。因此,我们可以说,在中国从商品房、购物中心到城市标志性建筑再到城市本身,各级空间已深深地刻上了追逐个性与自我表达的价值观烙印。因此,空间和建筑作为商品必须要迎合个性化的欲求,前文所提到的各种风格化和表皮化的建筑无非都是当今社会追逐个性的结果。

---

[1]　参见 Rem Koolhas, Bruce Mau. S, M, L, XL[M]. New York:Monacelli Press, 1995

随着价值观标准的多元化,大众前所未有的表现出对空间与建筑形式多样性的包容以及对差异性的敏感。为了吸引更多消费者的注意,空间与建筑的形象与风格成为个性表达最为直接的要素。城市中的建筑不再是简单的方盒子,在体量、形式、色彩、材料的设计和使用上变得更加自由:圆形、椭圆、椎体、多曲面、折线、自由曲线被广泛地运用在建筑设计之中;鲜艳的色彩和非建筑材料不断出现在建筑中;高技、构成、新古典、仿古等各种风格的建筑如拼贴画般地出现在城市中;屋顶与墙面、表皮与结构、室内与室外、建筑构件与商业构件之间的区别也正在弱化。各种建筑的个性化表达,其实也意味着城市面貌更加趋向多元化(图6-5)。

原江苏展览馆(80年代)

金陵饭店(80年代)

南京典型的老旧小区(80年代)

金陵图书馆(2008年)

南京紫峰大厦

南京金马郦城小区(2002年)

图6-5　南京城市建筑的变迁——从单一到个性与多元

此外,由于当代人们对空间功能的要求愈来愈倾向于便利性和综合性,尤其是消费活动在城市空间和日常生活中的全面渗透,过去功能单一、分区机械的城市已无法运转下去。在城市发展的过程中,中国城市的功能正变得日益混杂,因为只有充分融合并兼顾个性化与多样化的需求,才能算得上是成功的商品。过去居住、商业、工业等用地泾渭分明的功能布局如今已越来越多地被商住混合、商办混合、产业(文化、科技产业)与商办或居住相混合所取代。当前备受瞩目的各类城市建设项目中,无论是用地还是建筑本身都更加强调功能的混合,中国的上海苏州河沿岸整治与更新、嘉兴环城河两岸空间整治等大型开发项目中(图6-6),不仅工作、生活、交通、购物、娱乐功能互相混杂,消费空间与文化设施相得益彰,甚至连建筑与景观的界限也不再清晰。

城市空间在功能与形式等方面从单一到个性与多元的转变,证明在建筑市场化的今天,空间的生产已突破了以往国家与集体价值观的限制,走向了更为自由和更为包容的天地,并成为满足个性、自我表达之价值诉求的重要消费品。

4)从救赎到世俗与娱乐

当代城市空间及建筑的价值诉求的变换更体现为其社会功能的改变。在传统社

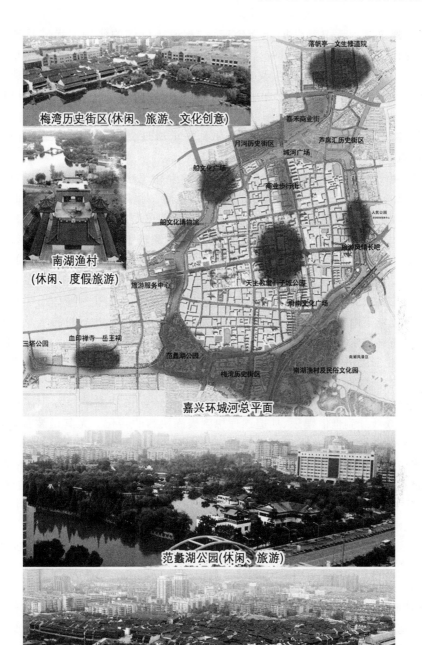

梅湾历史街区(休闲、旅游、文化创意)

南湖渔村
(休闲、度假旅游)

嘉兴环城河总平面

范蠡湖公园(休闲、旅游)

月河历史街区(休闲、购物、居住)

船文化带(办公、商业、文化展示)

图6-6 嘉兴环城河两岸空间整治——功能与景观的多元化

会,城市与建筑艺术承担着维护社会伦理、传承道德信仰的作用。尤其是进入现代社会之后,现代主义城市与建筑发挥了破除社会等级、弱化宗教、宣扬科学与理性的积极作用。马克斯·韦伯认为现代主义建筑承担起一种"大众救赎"的功能。现代建筑的四位大师,每一位都是抱着极强的社会责任感来进行建筑创作的,他们的设计创作是严谨的,充满精神救赎和艺术创作的色彩。中国的老一辈的建筑师杨廷宝、童寯等人也是如此,满足社会大众的空间需求,延续和传承建筑文化与技术始终是他们设计创作的出发点。

但是,由于消费社会的发展,社会价值观从崇高理想向世俗、生活化的转变,使人们在面对单一、雷同的现代主义建筑和城市风貌时,对城市提出了更丰富的要求。空间与建筑也顺应趋势,逐渐过渡到更具观赏性的、轻松的、活泼的、有较强装饰性的形式上来。加之后现代建筑思潮的兴起,彻底打破了建筑创作的精神救赎与艺术创作的严谨态度——它强调应迎合大众和市场的需求,在建筑设计中采纳大众喜闻乐见的世俗化素材。从此,空间"世俗救赎"的功能进一步被削弱。莱姆·库哈斯在对有关泛消费的都市主义的话语进行思考后认为,建筑师已不可能在任何一种乌托邦意义上来拯救城市,而只能不断地创造新奇的形式,领引时尚,满足城市更新的需求及大众的消费愿望①。这意味着功利性的价值观越来越多地主宰着规划与设计,最为直接的表现就是对建筑风格化形式语言的关注,即对建筑造型和形象的片面追求,继而上升为一种符号化的形式游戏。各种风格化建筑的不断出现,说明对各种形式符号的轻松自由甚至戏谑的运用与表达已成为当代设计创作的重要特点,设计创作的态度也发生了根本性的转变——从大众救赎到世俗娱乐、从追逐理想到崇尚快感的转化。尤其是波普艺术在建筑创作中的兴起,建筑形式也出现了极端娱乐化、追求视觉刺激的倾向。波普化的建筑语言成为能与大众互动的游戏,并满足了大众娱乐化的需求。而迪士尼乐园的成功,使人们意识到了娱乐化建筑的巨大威力。迪士尼设计和发展部门的主席彼得·鲁曼尔(Peter Rummell)在1987年的美国建筑协会第五十周年大会上,根据迪士尼乐园的成功经验提出了"建筑娱乐"(Architainment)的概念——提倡建筑应该更顺从于使用者而表现出娱乐的元素②。德国学者克劳兹·昆斯曼也认为:在当今的城市发展过程中,应强化空间的娱乐层面③。

过去作为精神救赎的设计态度源自对现实的不满和批判,致力于建设比现在优越的未来,充满理想主义的激情,具有较为明确的价值评判标准。然而,消费时代的空间与建筑创作却越来越是出于对娱乐的需要,出于对感官刺激和新奇体验的满足,更多地关注表面而不是内在的差异(图6-7)。目前在中国,城市空间呈现出世俗化和生活化的特征,持续涌现的夸张的、具象的、艳俗的、诙谐的建筑空间正在不断颠覆着精神救赎的设计态度,娱乐体验和感官刺激已成为规划设计关注的重心。

---

① 转引自 王又佳. 建筑形式的符号消费[D]:[博士学士论文]. 北京:清华大学建筑学院,2006:77
② Chuihua Judy Chung,Jeffrey Inaba,Rem Koolhaas,et al. The Harvard Design School Guide to Shopping[C]. Köln:TASCHEN GmbH,2001:289
③ 【德】克劳兹·昆斯曼. 创新性、文化与空间规划(之一)[J]. 王纺译. 北京规划建设,2006(3):169

图 6-7　从严谨的艺术创作到娱乐化包装

法国朗香教堂（柯布西耶）　　毕尔巴鄂古根海姆博物馆（盖里）

6.2　当代城市空间审美取向的转变

　　"审美"的定义和内涵在学术界众说纷纭。德国学者沃尔夫冈·韦尔施（Wolfgang Welsch）在总结各类定义的基础上[①]，认为"审美"的最基本内涵包括两个层面：一是"艺术的"、"感知的"和"美—崇高的"等标准属性；二是形构、想象、虚构，以及诸如外观、流动性和设计等状态属性[②]。一般来说，"标准属性"是审美的本质和首要属性，然而伴随着工业社会向消费社会的转型，以及美学知识在社会日常生活中的普及，容易被人接受的审美的"状态属性"也逐渐超越内在的"标准属性"成为大众关注的重点。

　　从古到今，城市空间与建筑作为人类艺术创作活动的重要组成部分，一直是审美的重要对象，尤其在以大众参与消费和注重符号消费为特征的消费时代更是如此，但是消费时代的空间审美取向相对以往却发生了明显的转变（图 6-8）。

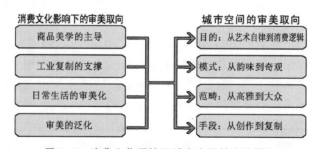

图 6-8　消费文化语境下城市空间的审美取向

6.2.1　消费时代审美的世俗化和泛化

1）商品美学与工业复制

　　人类步入消费社会，审美也正在经历着一次重大的转变。为了激发更多的消费欲

---

①　【德】沃尔夫冈·韦尔施.重构美学[M].陆扬,张若冰译.上海:上海译文出版社,2003:14-31

②　【德】沃尔夫冈·韦尔施.重构美学[M].陆扬,张若冰译.上海:上海译文出版社,2003:51

求,满足并促进人们对符号意义的消费,对商品的美化、装饰和包装,对形象、审美、艺术、格调等符号的宣传,成为商家必不可少的手段。西瑞亚·卢瑞认为广告商、经营者和推销员的共同努力突出并规范了包含在产品生产中的美学知识,要求消费者从美学的角度去看待并使用这些产品,从而使得消费者在商品的生产与循环中,担任了新的角色——商品审美者①。当今的美学生产已经与商品生产普遍结合起来——即商品美学的产生,使得美的内涵已发生变化,美不再处于自律的状态,而是被定义为以市场为导向的快感和满足。瓦尔特·本雅明对工业复制时代的艺术与审美问题进行了深入的研究,认为机械复制将瓦解现代主义艺术与美学所拥有的独立自律的品性:艺术品的原作和权威性被复制品的无差别性所取代,永恒性被可修改性所取代;艺术将由膜拜价值转向展示价值,艺术变成了无距离感的群体的共同反应,成为了闲适的视觉享受②。阿多尔诺则认为文化工业作为一种特殊的语境,它引起消费时代文化生产的市场导向,即文化与审美不再只是独特的精神生产,也不再只是个体的精神和心灵的活动,它已蜕变成一种批量生产的文化工业③。弗雷德里克·詹姆逊认为,"古典美学家康德、席勒、黑格尔认为美是一个纯粹的、没有商品形式的领域。而这一切在后现代主义中都结束了。在后现代主义中,由于广告,由于形象文化,无意识以及美学领域完全渗透了资本和资本的逻辑"④。商品美学与消费文化的兴起,借助工业化的复制技术,"美"的自律和崇高的状态被改变了,"美"与商品、市场、资本以及消费产生了逻辑关联。商品的美化,即"商品就像艺术品、意念或符号一样被设计、制造和使用"⑤,使得美学知识成为商品价值创造,尤其是符号价值创造过程中的重要一环,甚至"美"本身也成为可供人消费的商品符号。

2)日常生活的审美化

在商品美学的感染下,日常环境、各种空间、各种物品也包括人们自身都可能成为装饰和美化的对象。"美、艺术"成为广告宣传的噱头,成为促进消费的工具,也成为社会各阶层都不得不关注的文化符号。因此,审美的内涵发生了较大的变化——从艺术的、崇高的方面向生活的、世俗的方面转变,而且更多的人参与到"审美"的过程中。沃尔夫冈·韦尔施认为当今的审美发生了两个重要的变化:首先,恰恰因为审美如今被视为本原的(自然而然的)而不再是派生的东西,审美的"状态属性"成为了首要的属性;其次,存在的审美模式不再仅仅与审美发生关系,而是作为一种普遍存在模式被人理解,即审美的"标准属性"被忽视和弱化了,现代美学有一种走向诗性化和审美化的趋势,现代世界则有一种与日俱增地将现实理解为一种审美现象的趋势⑥。迈克·费瑟斯通认为日常生活的审美化(aestheticization of everyday life)主要表现在以下三个方面:一是先锋派等纯粹艺术的日常生活化的趋向,各种大师作品的复制,达达主义、超现实主义以及先锋派的许多策略和艺术技巧,已为消费文化中的广告和大众媒体所吸收;二是将生活转化为艺术作品的谋划,包括对个人形象的塑造和气质的培养以及对新品位与新感觉的追求、对

① 【英】西瑞亚·卢瑞.消费文化[M].张萍译.南京:南京大学出版社,2003:59
② 【德】瓦尔特·本雅明.机械复制时代的艺术作品[M].王才勇译.杭州:浙江摄影出版社,1993:6-7
③ 王柯平.阿多尔诺美学思想管窥[M].成都:四川人民出版社,1993:4-5
④ 【美】杰姆逊.后现代主义与文化理论[C].唐小兵译.北京:北京大学出版社,2005:141
⑤ 【英】西瑞亚·卢瑞.消费文化[M].张萍译.南京:南京大学出版社,2003:74
⑥ 【德】沃尔夫冈·韦尔施.重构美学[M].陆扬,张若冰译.上海:上海译文出版社,2003:50-52

标新立异的生活方式的建构;三是充斥于当代社会日常生活中的迅捷的符号和影像之流,它们再生产着人们的消费欲望,模糊了真实与影像世界的距离①。迈克·费瑟斯通的观点说明当代的审美已经模糊了高雅艺术与大众艺术之间、文化艺术与日常生活之间、真实世界与虚拟世界之间的界限,审美已经成为人们日常生活的一部分(图6-9)。总之,消费文化改变了人类审美既成的文化背景与环境,审美与新的消费意识形态纠葛在一起,导致当代审美转向更广泛的文化与生活领域——日常生活的审美化,即审美的世俗化和泛化(表6-1)。

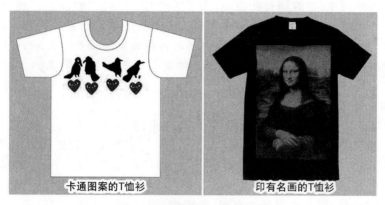

卡通图案的T恤衫　　印有名画的T恤衫

图6-9　消费社会审美的泛化

表6-1　消费社会审美的转向

美的内涵与特性	消费社会之前的审美	消费社会的审美
主导属性	标准属性	状态属性
艺术价值	膜拜价值	展示价值
艺术逻辑	独立自律的品性	消费逻辑
艺术特性	原创性、权威性、永恒性	无差别性、可修改性、短暂性
创造手段	艺术创作	机械复制
主要参与者	艺术文化精英	社会大众
追求目标	真、善、美、崇高	差异与时尚(无关善恶、超越真伪)
欣赏的方式	情感陶冶	感官刺激

3)审美的疲劳

审美的泛化一方面拉近了艺术与大众的距离,在很大程度上满足了大众在精神方面的需求,并且弱化了以艺术家为代表的精英阶层在社会中的优势地位,使得更多的人可以参与到曾经是"高雅神圣"的艺术活动中。安东尼·吉登斯认为,由于消费文化和日常生活的审美化为个体塑造其个人和政治身份提供了丰富的资源,也促进了以自

---

① 【英】迈克·费瑟斯通.消费文化与后现代主义[M].刘精明译.南京:译林出版社,2000:94-99

我决策为特点的"生活政治"的发展①。另一方面,"审美化的浪潮正在席卷四面八方"②,大众已经被淹没在"美"的海洋中。那么过度的审美是否成为一种感官的麻醉剂,我们是否真的会产生所谓的"审美疲劳"呢?沃尔夫冈·韦尔施认为,美的过剩使得美的艺术变得毫无特色,城市公共空间需要真正的艺术来反对美艳的审美化③。安东尼·吉登斯则认为,作为消费文化的一部分的日常生活的美学化过程可能是这个变化的世界的一个重要部分,因为它在使人感觉麻木的同时也能激起感觉,它还改善了物质环境④。有关"审美的泛化是时代的进步还是退步"这个问题各方面的学者争论不休。但可以肯定的是,在追逐"差异与符号"的消费社会中,为了生产出"差异性"的商品,"美"的设计和创造必将不断地持续下去,"美"的新含义和形式将不断产生。而且消费者并不是完全被动的审美者,其主动的意识和价值取向,势必对各种审美活动产生影响,这既可能有利于个人的发展,也可能限制个体的发展。正像安东尼·吉登斯所说的,现代环境赋予了个体以机会与威胁⑤。

4)中国社会的审美趋向

目前中国虽然与西方发达国家有着较大的差距,但在全球化的浪潮下,消费文化的逻辑逐渐渗透进了中国的审美趣味中。由于中国大众消费文化的先天不足,其发展是借助商品经济和现代传媒而兴起的,在遵循"市场逻辑"前提下,大众的审美情趣和思维习惯成为大众文化生产的标准,这促进了审美的大众化和世俗化。宫廷戏、历史剧、《百家讲坛》的热播,"红色游"与农家乐的兴起,咖啡馆、酒吧、健身馆的兴旺,通俗小说与影视剧的流行,美容健身以及各种教育培训的普及,这些都说明了通过相关消费,历史题材、怀旧意识、小资情调、自我塑造等成为当下流行的审美趣味。在与艺术、审美密切相关的美术界,中国 20 世纪 90 年代美术的审美诉求出现了世俗化的转向,即"日常生活艺术化"和"艺术日常生活化"的双向动态转变。而这两种转变都与中国社会消费意识形态的出现与扩张有着紧密的联系⑥。美术等过去高雅神圣的艺术也可以供大众欣赏和消费,成为了富有趣味的视觉体验(图 6-10)。另一方面,"占据社会强势地位的'市场逻辑'又与主流意识形态合谋,催生出新的社会价值标准和审美趣味,形成了以'向钱看'为核心衡量系统的所谓'成功人士'阶层以及以'时尚美'为导向的所谓'中产趣味'崇拜"⑦。不断壮大的中间阶层人群,逐渐成为引领中国社会的消费时尚和审美情趣的群体。

6.2.2 城市空间的审美取向

在消费社会,由于审美的泛化,大量的时尚、设计与文化影像等元素涌进了消费场所

---

① 吉登斯认为消费文化有助于将人们从阶级、性别、种族、年龄等传统等级关系中解放出来,并促进了"生活政治"的发展。生活政治是"一种在自我反省的、井然有序的环境中实现自我的政治,在此环境中,反省将自我及身体与整个认识体系联系起来"。与解放政治(包括抗议、罢工、运动和聚会等反对或揭露统治阶级或剥削阶级的政治活动)相反,生活政治是自我决策的政治,它是关于自省关系的政治,在这种关系中,个人不会动不动就对其他人的行为提出抗议,而是更关心通过探讨个性问题来控制他或她的生活状态,生活政治的发展与消费文化的发展密不可分。

② 【德】沃尔夫冈·韦尔施.重构美学[M].陆扬,张若冰译.上海:上海译文出版社,2003:165
③ 【德】沃尔夫冈·韦尔施.重构美学[M].陆扬,张若冰译.上海:上海译文出版社,2003:165-169
④ 【英】西瑞亚·卢瑞.消费文化[M].张萍译.南京:南京大学出版社,2003:241
⑤ 【英】西瑞亚·卢瑞.消费文化[M].张萍译.南京:南京大学出版社,2003:241
⑥ 参见 杨斌.消费文化与中国 20 世纪 90 年代美术[D]:[博士学位论文].北京:首都师范大学美术系,2004
⑦ 傅守祥.世俗化的文化:中国大众文化发展的消费性取向[J].理论与创作,2005(03):15

大批判——可口可乐(王广义)　　　血缘系列之三位同志(张晓刚)　　　现代兵马俑之六(岳敏君)

图6-10　中国当代艺术作品——艺术日常生活化(近年在国内外拍卖会上屡创成交价格新高的作品)

和城市之中,使得城市的空间与建筑也成为审美和进行美化的重要对象。目前,城市空间与建筑的审美同样呈现出了大众化和世俗化的倾向。尤其是后现代主义建筑思潮从西方兴起继而波及世界,从思想和理论上更进一步将空间与建筑的美学从传统定式中解放出来。向生活学习,注重建筑的形式与装饰,创造迎合大众口味的建筑作品,可谓是对城市空间与建筑的审美兴起及其泛化起到推波助澜的作用。查尔斯·詹克斯(Charles Jencks)提出,"建筑必须体现出一种双重编码,'一种像口语一样的通俗的传统编码,缓慢变化,充满陈词滥调,根植于家庭生活中',以及一种根植于'迅速变化的社会及其新的功能性任务、新材料、新技术和意识形态'与迅速变化的艺术和时尚之中的现代编码"①。"双重编码"的观念就是为了回应大众对建筑审美日益增长的需求,这为消费社会的建筑美学创作指明了方向。总体看来,在工业社会中,城市空间与建筑表现出的是"重普遍、轻个体,重永恒、轻短暂,重客观、轻主观,重统一、轻多样等基本美学特征"②。而在消费社会中表现出的则是"世俗、个性、非稳定、多元、感性、混杂"的美学特征。

1) 从艺术自律到消费逻辑

当前中国,在消费文化的影响下,越来越显著的趋势是规划设计的重心正从过去的功能和结构转向形式、氛围和艺术,城市空间和建筑的审美价值所受的关注比以往任何时候都多。在消费逻辑中,美作为符号价值,具有超越使用价值的高附加值,它已经逐渐被吸纳进空间生产的总体过程中。城市空间的艺术价值不再是独立、自律的美,而是受到消费逻辑的控制,它不再受自身特殊的内容和形式规律的控制,而与资本的运作,利润的增长,消费者的身份、地位和感官满足密切相关。这种"他律"审美的功利性凸显无疑,因为遵循市场供求而不是艺术自身的内在逻辑已越来越成为当前城市空间发展的规律。按照这一逻辑,符合市场消费需求的文化符号就可能成为"美的",相反不符合的就是"丑的",这样空间美的真正内涵——"标准属性"消失了,而审美的"状态属性"成为主角,同时其基本社会文化角色和功能也被消解了——它是无关善恶、超越真伪的。

在市场竞争中,商品美学主导着空间的生产,这意味着不可能存在某种固定的美学标准,在时尚更替的驱使下,当代城市空间的美在于永不停歇地寻找美学策略而不是确立并

---

① 转引自【美】戴维·哈维. 后现代的状况——对文化变迁之缘起的探究[M]. 阎嘉译. 北京:商务印书馆,2004:113

② 曾坚. 当代世界先锋建筑的设计观念[M]. 天津:天津大学出版社,1995:30

遵循美学标准,它是无限开放的、再循环的,而不是确定的和稳定的,它是一种符号的系统化操控①。从 20 世纪 80 年代的"大屋顶"、到 90 年代的"飘顶建筑"再到如今的"表皮建筑",这些建筑形式在中国的更替流行,已经证明空间"美"在持续地更新(图 6-11)。

大屋顶——北京长安街上的复古建筑群　飘顶——北京中华通信办公楼　表皮——北京中关村文化商厦

图 6-11　商品美学主导下中国空间"美"的生产与更新

此外,由于消费逻辑的主导,城市空间的美化活动成为了城市增加符号价值和文化资本的重要途径。沃尔夫冈·韦尔施认为西方国家的城市公共空间已成为一种超级审美的陈列,"商业区正在被设计得优雅、别致、生机勃勃,城市环境正在整个儿高度修饰、装点、美化。这就是所谓的审美化。在我们的公共空间中,没有一块街砖、没有一柄把手,的确没有哪个公共广场,逃过了这场审美的蔓延"②。当前,中国的城市景观与国外一些城市比起来还有不小的差距,但是随着对城市自身形象的日益重视,各种美化和整饰活动成为城市建设与发展的重要内容,这是源于美学知识对城市附加价值的创造有着重要的促进作用,因为"更美"意味着更高的符号价值——形象上佳、环境优美、特色突出的城市在吸引人才、投资及旅游客源等方面有着明显的优势。这些城市"美化"活动包括标志性建筑物和形象工程的建设、沿街立面的整饰、街道环境的美化、广场与绿化的建设、滨水空间的整治、历史街区的复兴、城市雕塑与小品的设置、天际轮廓线的控制等;近年来随着城市建筑高度的不断增加,建筑屋顶作为第五立面也成为城市空间美化的重点。

2) 从韵味到奇观

过去的建筑艺术设计注重的是艺术韵味的创作和表达,其美学上的特性在于精神上的膜拜价值,即像名画一样供人欣赏和品味其中的艺术韵味。然而,随着图像与体验消费的兴起,在消费逻辑的引导下,城市空间与建筑的外在形象与形式成为吸引消费者的重要工具。当代建筑艺术因而更在乎其展示价值,即如何通过视觉等直接的感官刺激来引起大众的注意。这种"展示"更多的是感官刺激而非情感的品味和内心思索,是视觉享受而非艺术接受。在面对日益多元化的城市景观时,形象突出、视觉震撼的空间或建筑无疑可以满足人们对个性化城市景观的需求。目前,从国外到国内,注重视觉刺激与体验的奇观建筑不断涌现,追求高大、新奇、夸张、非秩序甚至怪异的空间形式,成为不少规

---

① 参见 华霞虹. 消融与转变——消费文化中的建筑[D]:[博士学位论文]. 上海:同济大学建筑与城市规划学院,2007:214

② 【德】沃尔夫冈·韦尔施. 重构美学[M]. 陆扬,张若冰译. 上海:上海译文出版社,2003:164

划设计的美学追求。近年来,诸如国家大剧院、奥运会"鸟巢"、"水立方"、CCTV 总部大楼、浦东金茂大厦、广州大剧院、宁波城建展览馆等等这些在中国出现的一系列轰动性建筑,无疑都是具有震撼力和冲击力的视觉轰炸。而这些建筑创作背后所蕴含的艺术韵味和美学理念早已被新奇独特的形象所钝化和麻痹。总之,从艺术自律到消费逻辑,从高雅到世俗的转变过程中,城市空间相对于个人细细品味的艺术韵味正在被大众参与消费的震撼奇观所取代。

3) 从高雅到大众

过去中国城市空间的美只是规划师和建筑师等少数精英参与创作的结果,它既反映了设计师自身的美学喜好,同时也是对功能、结构等内容的真实反映,它具有抽象、理性、秩序、艺术等精英化的特征。由于较少受到市场的影响,其审美经验基本上可以说是无功利性的。然而,城市空间的审美由艺术自律向消费逻辑的转变,意味着占绝大多数的大众审美喜好必然逐渐成为空间美生产的重要标准。因为消费时代的城市空间实践在于最大限度地争取消费者的认同,因此不论是精英的、高雅的还是通俗的、大众的,只要是大众喜爱或可接受的,就可以成为城市空间美生产的源泉。这意味着审美领域和素材的无限扩张,即审美的泛化成为城市空间发展不可避免的趋势。

基于扩大消费的目的,当代城市空间美学的总体趋势是:要么从日常生活中寻求灵感,追求通俗易懂和贴近生活。例如前文所说的通俗具象、商业艳俗、复古怀旧等几种较常见的建筑形式,就是大众审美趣味的体现;要么注重感官刺激和新奇体验,通过与日常生活场景的极大反差来吸引大众的关注,形体夸张、诙谐荒诞的建筑形式,可谓是这种类型的代表。总之,感性超越理性,快乐胜过实用,世俗取代高雅,这些新的设计创作原则削弱了传统美学中的精英与大众之间的等级差异和对立关系。各种奇观建筑由于其夸张的艺术形式,成为了雅俗共赏的标志性景点,虽然其本身蕴含着高深的设计理念和艺术原则,但是大众并不关心这些,他们只关心这些建筑所提供的视觉享受、新奇体验以及所蕴涵的象征意义(例如,象征了中国的开放、进步等)。

精英与大众界线的消除更多地呈现双向转换的状态:一方面,原来非艺术的、大众的甚至低俗的文化获得合法性,被纳入了空间美生产的素材之中,尤其是商业元素的艺术化,现在的商业建筑与艺术建筑的界限正在模糊;另一方面,原来仅限于少数精英人群享用的高雅、前卫文化为更多的人所享用,高雅艺术正在大众化和商业化:立体主义、构成主义、印象派等高雅艺术已经被城市规划与建筑设计所借鉴;建筑与雕塑、绘画、影像之间的界限也变得越来越模糊(图 6-12)。消除城市空间与建筑中的雅俗趣味界线,一定程度上起到了反抗美学极权主义并走向民主的作用,它时刻提醒规划与建筑设计不能偏离大众需求而成为孤芳自赏的冰冷艺术品。然而,高雅与大众界线的消除也彻底颠覆了艺术和文化的自律性和严肃性,尤其是在消费主义的鼓动下,美学为商业所利用,导向媚俗增加和文化贬值。城市空间的迪士尼化和建筑的波普化正是这种转变的具体体现。

4) 从创作到复制

过去的规划设计更多的是一种艺术创作活动,其本质是生产出前所未有的作品,具有独特性和非重复性。历史上的世界著名建筑艺术的成功魅力就在于这种独创性。然而,科技的进步使得空间与建筑的复原、模仿乃至复制都变得异常便捷。尤其是消费时

苏州科技文化艺术中心(商业元素与建筑艺术的融合)

重庆黄桷坪涂鸦街(建筑与绘画的融合)

浙江大学宁波校区图书馆(建筑与雕塑的融合)

南京长发国际中心
(建筑与影像的融合)

图6-12　建筑与商业和其他类型艺术的融合

图6-13　拉斯维加斯的"纽约纽约"大
酒店——纽约高楼大厦群的机械复制

代,成功的空间与建筑及其元素和模式由于其具有的"美"而成为商品,在市场导向下,为了满足人们更多的消费欲求,它们往往成为被大量复制和模仿的对象。拉斯维加斯就是典型的由复制的世界奇观堆积而成的城市,在那里可以看到狮身人面像、金字塔、艾菲尔铁塔、自由女神像,甚至纽约的高楼大厦(图6-13),复制无疑满足了人们对奇观建筑博览式的消费需求。

在中国,由于在设计理念与理论上的落后,西方的城市空间和建筑成为我们学习甚至模仿的对象。加之特殊的时代背景——中国处在快速城市化阶段,规划设计的业务十分繁重,设计师往往无法静下心来思考和创作,而模仿或复制无疑成为最快捷的选择。这既满足了大部分建设项目"短频快"的要求,也满足了市场对新颖建筑风格的消费需求。就像一部电影成功之后不断推出续集一样,一栋建筑作品的商业成功往往能衍生出许多后继的系列产品,或刮起一阵建筑造型元素的流行风,许多其后的建筑作品也无非都是在利用先前成功的作品的知名度和市场号召力,把卖点定位在与前部作品相似的受肯定方面,采用一种修辞学策略,仅仅对其稍加变形和

改造——即通过冗余信息的增加,以一种重复的生产模式去
迎合流行于大众中的社会需求、生活方式与价值观念①。因
此,当今许多主流的设计事务所在不断生产着类型化、模式化
的作品,这些标记式的作品源源不断地流入市场,形成一种主
流消费,例如,新颖的建筑元素、时尚的表皮以及夸张的建筑
构形等作为一种可以复制的时尚卖点,这几年大量地出现在
中国城市。从外表上看,这些模仿作品的外观并不逊色,但是
其背后的理论和理念以及技术构造却相去甚远(图 6-14)。在
模仿或复制的过程中,时尚元素及其设计手法成为满足市场
需求的可供消费的符号,而其背后的深层意义却被消解掉了。
另一方面,空间体验的兴起更刺激了创作向复制的转变。因
为,先进的复制和模拟技术消除了时空的限制,并可以削弱现
实与想象、真与假之间的界限。在强烈的猎奇、怀旧等心理的
驱动下,通过复制或模拟,各种新奇的空间或场景层出不穷地
出现在我们的周围。"新天地"成为上海殖民历史文化的一种
模拟,南京夫子庙成为传统秦淮风情的模拟,常州恐龙园则成
为史前世界的模拟,等等。这些场景在复制后而存在的意义
就是满足人们对特殊符号的消费需求。

图 6-14　从艺术创作
到模仿与复制

　　总之,空间的生产过程中"美"由创作转向复制和模仿,导
致了城市空间和建筑可以与时装一样成为流行的时尚,建筑
与空间艺术的原创性和权威性也被复制所带来的无差别性所
取代。但是,复制的广泛存在其实也是一把双刃剑,它并不意味着空间创作的完全停止
不前,因为在消费社会中,在时尚频繁更替的压力下,一种风格和模式的大量复制和流行
也预示其即将衰落,只有不断地创造出可供复制的新型作品,才能满足大众的新鲜和好
奇体验消费。目前,一些国内外知名设计师创作的一些具有突破性的作品正是充当了
"可供复制的原型"这一角色,其原创的"美"通过大量复制之后成为了可供消费的符号
商品。

6.3　当代城市时空体验的变迁

　　目前,随着全球一体化的发展,已成为西方社会主流文化形态的以符号消费为特点的
消费文化正在向世界各地蔓延,加之各种技术和生产体系的革新,这对当代人们的文化体
验必然产生深远的影响。时空观是文化体验的重要组成部分,戴维·哈维(David Harvey)
认为,有关时空观变迁的研究是揭示现代社会向后现代社会转变的关键因素②。目前,西方
国家的城市以及第三世界(也包括中国)的一些经济发达的大中城市正在由工业中心、生
产中心转变为文化中心和消费中心,城市的时空体验也发生了变迁(图 6-15)。

①　谢天.零度的建筑制造和消费体验——一种批判性分析[J]. 建筑学报,2005(1):28
②　参见【美】戴维·哈维.后现代的状况——对文化变迁之缘起的探究[M].阎嘉译. 北京:商务印书馆,2004

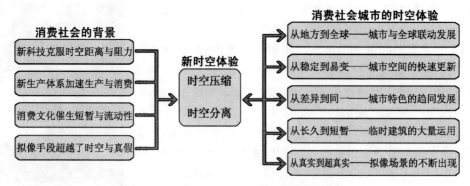

图 6-15　消费文化语境下城市空间的时空体验

6.3.1　消费时代时空观体验的变迁

1）前现代社会的时空观

在前现代社会,人们对时间和空间的认识总是密切联系的。"没有一个社会,在其中的个体会没有有关未来、现在及过去的时间感。每一种文化也都具有某种形式的标准化空间标志,它表明特殊的空间知觉"。① 由于当时的人们对时间的计算能力有限,因此他们必须依赖于和地点(或场所)的连接关系,如果不参考地方性的语境,特别是不参考自然或人工的时空标记的话,人们就不可能说出一天中的某个具体的时刻。例如,古代人类一般是通过观察日月星辰与当地环境标志物的相对位置,来判断具体的时刻。由于对时间长短的测量也不精确,人们往往通过在空间距离之间移动所花费的时间来界定时间的长短。另外,当时人们的出行距离是有限的,空间的界线常依靠某种在场的物质来界定,例如山川、河流、城墙、房屋、树木等,而空间的大小也是通过距离的远近来界定的。因此,可以说当时的人们在时间观与空间观上是统一的,并且与人们特定的活动场所,即人们生活、生产、社会交往等活动的地理环境有着密不可分的关系。

另一方面,当时的时间和空间并不是空洞抽象的概念,它们总是有着特殊的文化意义,与特定的社会秩序有着紧密地联系,并指导着人们的实践。阿摩斯·拉普卜特对美国印第安人的一族——纳瓦霍人(Navajo)的泥盖木屋(Hogan)的研究中指出,简单的空间格局也蕴含着丰富的文化意义,住屋内不同方位和大小的空间与家庭和社会的不同个体的等级有着密切的联系(图 6-16)。社会学家皮埃尔·布迪厄通过研究阿尔及利亚的卡比尔人(Kabyle)住所的内部世界和外部世界,表明时间有着丰富的文化意义,与性别(男女)、空间(内外与高低)、气候(明暗与冷热)都有着密切的关系,而且指导着劳作的有序进行(图 6-17)。

中国的传统的时空观同样具有丰富的文化意义。学者李宪堂认为它可以分解为两个要素:天圆地方的结构形式以及呈现为气场效应的功能与机制。这种时空观构成了传统思维的基本框架——时空共振、天人合一的宇宙图式。首先,时间本身包括了一种环境复合的观念。时间划分主要依据的是包括天体运动在内的自然物象的变化。四季的

---

① 【英】安东尼·吉登斯. 现代性与自我认同:现代晚期的自我与社会[M]. 赵旭东,方文译. 上海:三联书店,1998:17

划分一开始依据的是花开花落等感觉经验,时节、时候等标时名词直接就包含了物候形象;中国传统的节日如春节、清明、谷雨、惊蛰等,都是与物候有关的。其次,天圆地方的空间模式也与时间结合在一起,并蕴含了丰富的文化意义:东方为春,主生;南方为夏,主养;西方为秋,主杀;北方为冬,主藏。第三,阴阳五行观念与奇门遁甲及八字等术数的结合,把时间因素与空间因素交结在一起,构成各种瞬息万变的场效应。①

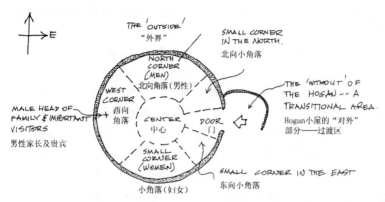

图 6-16 纳瓦霍人的 Hogan 小屋所蕴含的空间文化(拉普卜特)

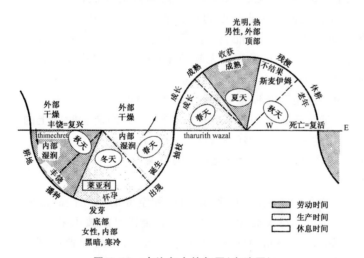

图 6-17 卡比尔人的年历(布迪厄)

2)科技革新对时空体验的影响

在人类历史上,从时钟发明的那一刻开始,抽象的时间便诞生了。钟表的使用将时间从地点的特殊性中解脱出来。尤其是格林威治时间成为国际的标准时间和全世界24个时区的计时系统的确定,世界各地的时间从此可以互相换算并"统一"起来,这样,时间彻底地以一种精确、脱离语境的方式出现,从而与特殊的地点或场所分离开来。基于这一点,英国学者安东尼·吉登斯认为时间成为"空洞的时间"(the emptying of time)。

进入工业社会后,从最初的轮船与火车,到汽车与地铁,再到飞机,这些先进的交通工具在世界各地的普及,并伴随以速度提升为核心的技术上的不断革新,使得距离和时

① 李宪堂.中国传统时空观及其文化意蕴[J].东方论坛,2001(3):7-9

间上的阻碍不再是困扰我们的主要问题。法国学者保罗·维利里奥(Paul Virilio)关注速度在当代社会的重要性,他认为由于一系列技术的革新,速度制服了距离,而速度的增加消蚀了空间上的差异,并导致了空间安排上的变化,尤其是空间物理边界的崩溃①。各种轨道交通将城市之间以及城市内的各区域便捷地联系在一起;航空业的发展克服了大洋与山川的阻隔,将世界各国的距离拉近;汽车在人们日常生活中的普及,大大地拓展了个人与家庭自由出行的范围;各种电梯的运用弱化了垂直方向的距离间隔,使得建筑高度的不断突破成为可能。

在通信技术方面,从最初的电报与电话,到电影电视,再到今天的手机、计算机、互联网等,改变了"面对面"交流的模式,人们可以在不同的时空中进行交流。"从此,生产、贸易及文化交流等活动开始超越了距离的限制而使时间概念得以扩展,同一种活动可以在不同的空间和不同的时间中连续进行,并影响全球城市体系的形成。例如,伦敦、纽约、东京三个城市不仅聚集了许多跨国公司总部、重要的金融市场和金融服务机构,同时,它们在不同时区的地理区位又使三个城市的办公时间相互交叉,从而允许全球 24 小时的贸易和决策"②。但是,在前现代社会中,主体"在场"和面对面的交流方式主导了大多数人的社会生活,空间与地点(人们活动交流的场所)大部分是重合在一起的③。而如今,借助先进通信手段造成的主体"缺席"和远距离、跨时间的交流,使得空间与特定的场所脱离开来,并成为抽象的空间。以吉登斯的观点来说,相对于具有丰富意义的场所(地理上被定位的社会活动的物质环境)而言,空间也变成了"空洞的空间"(the emptying of space),即实现了空间与场所的分隔。尤其是在互联网这一"虚拟世界"中,即时传播的特性,使得空间的具体场所信息不再存在,空间变成了均质的空间,人们不再因为物质障碍和时间阻隔而分离,"这里"与"那里"的区分变得不再有意义。

总之,在交通、通信等领域的一系列科技革新之后,距离和时间上的阻碍正在不断地被克服,从而导致了传统时空秩序的瓦解(图 6-18)。

3)消费社会的时空体验——"时空压缩与分离"

(1)时空压缩

戴维·哈维认为在市场经济中,金钱、时间和空间的相互控制形成了我们无法忽视的联系——社会力量的一种实质性的联结系列。金钱可以被用来控制时间和空间,反过来,控制空间和时间在追求利润的过程中也是一个关键性的要素④:通过创造特殊的空间和有效率的空间结构,从而克服空间障碍,并提高空间组织和运作的功效;通过各种技术、管理体制和运营方式的不断革新,从而加快生产、运输、销售等环节的速度和效率,并最终达到资本周转时间的缩短。因此,克服空间障碍和缩短资金周期成为资本社会发展的重要手段,这一点在消费社会中尤其明显。

首先,刺激消费必然要竭尽所能地克服空间障碍以扩大消费市场和保证消费活动的顺畅与便捷。当代跨国公司就是克服空间障碍的一种合理的运营模式,通过并购或入股

---

① 【美】乔治·瑞泽尔. 后现代社会理论[M]. 谢立中,等译. 北京:华夏出版社,2003:193

② 张斐. 论信息技术影响下的时空观[J]. 江苏城市规划,2006(5):16

③ 【英】约翰·汤姆林森. 全球化与文化[M]. 郭英剑译. 南京:南京大学出版社,2002:74

④ 【美】戴维·哈维. 后现代的状况——对文化变迁之缘起的探究[M]. 阎嘉译. 北京:商务印书馆,2004:285-287

交通技术改变时空观　　　　　　　　通信技术改变时空观

图 6-18　科技革新改变时空观

当地公司的方式突破了国家的地理界线,从而入侵并占领其他国家市场,其不断扩展消费市场的过程实际上也是征服空间的过程。而专卖店、连锁店等形式建立营销的层级网络,使得消费的"触须"伸入到社会的每个角落。出现在世界各地的麦当劳和肯德基就是这种典范。另外,通过各种消费空间的创造,为消费者提供更便捷和更舒适的消费环境,从而进一步刺激消费的增长,则是克服空间障碍的另一种手段。以大型综合购物娱乐中心为例,空调减弱了恶劣天气对活动的阻碍,扶手电梯方便了人流在各层之间的快速移动,刻意安排的流线串联了各式消费活动,精致的建筑装潢为消费者打造了舒适的梦幻般的购物环境。这些精心的设计将购物、休闲、娱乐、餐饮等各式消费统筹安排在了同一个或一组建筑中,从而全方位地克服了空间的障碍,并最终创造了高效的消费空间(图 6-19)。让·波德里亚也认识到了当代购物中心在时间与空间上的意涵,"从时间上看,购物中心完全不随季节变化而变化……创造了一种永恒的春天……人不再需要成为时间的奴隶。购物中心,就像所有的城市街道一样,是一个每周 7 天、每天 24 小时都可

图 6-19　上海正大购物中心——购物环境对时空的控制

以去的地方。通过销售实际上来自于世界任何地方的各种商品,购物中心也消除了空间上的限制"①。如今,网上商城和网络游戏等新型虚拟消费空间,更是将消费空间及其活动无限拓展。在电子商务技术的支撑下,消除了"产—供—销"各环节中传统意义上的时间和地域的限制,创造了一种更为方便、高效、低成本的消费方式。

其次,在缩短资金周期方面,企业不但加快生产中的周转时间,也并行地加速交换和消费。戴维·哈维认为在消费社会中,调动大众市场的时尚以及脱离商品消费向服务消费的转变,成为消费提速的重要手段。"资本的周转时间的加速,预设了消费习惯和生活方式的更快速转变,而后者因之成为资本主义生产和消费的社会关系的焦点"②。利用广告和各种媒体的宣传,企业有计划地废弃过时的商品并不断推出新产品,加快时尚的更新速度。以时装、电脑、工艺品、流行音乐等为代表,它们成为更新最频繁的时尚商品。齐格蒙特·鲍曼在《流动的现代性》(*Liquid Modernity*)一书中就指出了当代社会的流动性特征,即非常快的流通、再循环、老化、扔掉、替代,而不是产品的耐久性和持续的可靠性③。另一方面,消费社会人们对符号(文化)消费的重视,更加剧了有关休闲娱乐、情感体验、教育服务等方面的非物质商品的流行。商品消费向服务消费的转变也意味着提供非常短暂的各种服务成为消费的主要趋势,因为听一次音乐会、看一次电影、吃一次大餐等等虽然很难在消费的"寿命"上进行估算,但是肯定比汽车、电视机的使用要"短寿"得多。随着各种即刻性的消费(快餐、电影以及各种文化娱乐的消费)以及一次性的物品(各种餐具、包装、服装等)日益充斥整个社会,人们被迫要应对这些易变性和短暂性对个人日常生活所造成的冲击。

由于资本主义的发展过程中具有在"生产—消费"方面加速的特征,同时空间障碍的克服与时尚的快速更新,加之消费文化的推波助澜,戴维·哈维认为我们正在面对一种空间和时间世界都在不断"压缩"的现象,而"时空压缩"(Time-space compression)成为感受当代社会的重要体验之一。④

(2)时空分离

由于技术的革新,时空的连接被破坏,时空也逐步空洞化,逐渐与具体的地点、事件相分离,它们变成了抽象的形式。通过电话、互联网等设备,人们的交流由过去的"时空同步"变成了"时空异步"。而借助于互联网的BBS(电子布告栏系统),人们可以在不同时间、不同地点实现互动交流,从而彻底地实现了时空的分离。安东尼·吉登斯认为"时空分离"(Time-space distanciation 或译为时空分延)是当代社会的主要特征之一。

消费时代,不但交通和通信技术的发展造成了时空的分离,符号的生产与消费更进一步加剧了这一趋势。让·波德里亚认为消费社会是建立在一种抽象化和模式化的符号系统之上的,不再标示任何现实的符号成为消费的主体,这是由于复制和模拟成为符号生产的重要特征。当代经济与科技的发达,使得物品、事件、现象、景观、空间的广泛复制和模拟成为可能,而大量模拟场景的生产模糊了现实与想象、真与假之间的区分。波德里亚将这些仿制逼真的地方形象称之为"拟像"(simulacrum)。在体验式消费的促进下,空间的体验

① 转引自【美】乔治·瑞泽尔. 后现代社会理论[M]. 谢立中,等译. 北京:华夏出版社,2003:115
② 包亚明. 现代性与空间生产[C]. 上海:上海教育出版社,2003:393
③ 参见【英】齐格蒙特·鲍曼. 流动的现代性[C]. 欧阳景根译. 上海:三联书店,2002
④ 【美】戴维·哈维. 后现代的状况——对文化变迁之缘起的探究[M]. 阎嘉译. 北京:商务印书馆,2004:301

也相应地失去了时空的限制,各种以地理或时间为题材的拟像不断出现。人们真正关心这些拟像空间作为符号所带来的各种感官体验,而并不关心其真正的由来和深层的文化。因此,这些空间不再和特定的真实的地域或场所有关,即使它从来没存在过;它也和时间无关,因为古代的建筑通过仿制,也可以堂皇地再现。例如,迪士尼乐园的"美国大街"旨在使人们联想到任何一条典型的美国街道(图6-20),但实际上这条大街并不来自美国的任何一个地方,它只是将美国街道的各种形象调用至此,然而它创造出的效果却并不比它的原型逊色或不真实[①]。南京的1912街区可以说是一处典型的"拟像",所营造出来的民国空间景象事实上与历史原貌出入很大,但这并不妨碍它所提供的特色体验。当我们漫步其中,如果不去注意现代的标语和广告标示的话,也许会有种时空错乱的感觉。因此,消费社会中拟像的大量存在,加深了时空与特定场所的分离,时空变得更加混乱和空洞。弗雷德里克·詹姆逊认为这些空间是后现代社会的"超空间",即场所在极为脆弱的层面上存在,它们被更为强大的抽象空间所淹没;体验的真实性不再与这种体验得以发生的场所相匹配。[②] 这也意味着,"美国大街"和1912街区作为供游客体验的商品,由于它们所供体验的场所与传统或现实中的真实时空相分离,这种模拟出来的所谓的"传统时空"被抽象成为可供消费的文化符号,而其背后真实的文化历史,消费者看不清也没有兴趣去探究。

图6-20　拟像——迪士尼乐园的美国大街

6.3.2　城市空间的时空体验

消费时代,城市正由生产中心向消费中心转型,加之科技对城市发展的推动以及城市空间的商品化,新的城市时空观随之产生,而这对于正在进入消费社会的中国发达地区城市也不例外。这些城市在发展中出现了城市与区域甚至全球的联动发展、城市空间和建筑的快速更新、城市特色的趋同发展、临时性建筑的大量运用、拟像场景的不断出现等现象,而这些正好反映了当代新的时空体验——"时空压缩与分离"。

1) 从地方到全球——城市与全球联动发展

在全球化的进程中,各种交通和通信科技的应用克服了城市之间的物理障碍;跨国公司等新的生产与运营体系克服了城市之间商品和资本流通的障碍;而西方消费文化在

---

①　【英】迈克·克朗.文化地理学[M].杨淑华,宋慧敏译.南京:南京大学出版社,2003:161

②　参见 包亚明.现代性与空间生产[C].上海:上海教育出版社,2003:100-102

全球的扩散克服了城市之间文化的障碍,使得大家共享同样的时尚和潮流成为可能。这一切促使城市之间更加紧密地联系在了一起,呈现区域与全球联动发展的态势。美国社会学家萨斯基娅·萨森(Saskia Sassen)认为,先进的技术和经济全球化改变了我们有关地理和距离的概念,全球一体化使得一种地理上的向心力正在形成,它藐视所有的国界和城市界线;为跨地区与国家服务的国际商务高层建筑、社团办公大楼、酒店以及世界一流的机场等建筑都是这种向心力的具体表现①。另一位美国社会学家曼纽尔·卡斯特(Manuel Castells)根据当代时空观的新变化,提出了"全球性流动空间"的概念。他指出,由于科技的发展与应用,资本、信息、技术、组织的交流可以跨越地域的限制,组成一种互动的网络,其"流动性"不断增强,空间与距离的摩擦伴随着时间的压缩能被最大限度地克服,从而造成了空间与地方的脱离,这使得基于传统的场所空间(如城市)在某种程度上已经脱离了传统的空间边界概念,更多地在功能上形成了全球空间(global location)格局。②当"流动"的范围随着信息化社会的兴起不断扩大并渐至全球时,流动空间也就成为一种全球性的空间形式。其具体的表现形式就是趋向于全球性的城市体系,这种以"全球一地方"垂直联系为特征的全球城市网络体系正在取代工业经济时代以"中心地"等级体系为主要构架的旧世界城市体系。

在全球向心力的影响下,中国城市的发展日益融入区域或全球城市体系的建构与发展的进程中,过去以距离为基础的城市空间架构正在被打破。城乡一体化的发展,京津塘、长三角、珠三角等城市群的形成与联动发展,上海、北京等城市成为世界性都市,体现全球向心力的国际机场、金融商务大楼、标志性建筑不断出现……这些现象从宏观层次体现了时空压缩的特征。

2)从稳定到易变——城市空间的快速更新

在消费社会,大众积极追求时尚,而不断翻新的时尚潮流也引导着大众的消费热情。城市空间与建筑作为消费品,必须不断地快速更新和重塑,以适应消费社会短暂易变的变换节奏。斯坦福研究所的 E. F. 卡特(E. F. Carter)认为建筑的寿命正在逐渐下降,他撰文写道,"洞穴时代,人类的居所可无限期使用……美国殖民时代的居所可维持约 100 年左右,而现在,每栋房子则仅 40 年而已"③。现在大城市的修建和翻新的速度也是惊人的,由于周围的都市环境在不断快速地更新,如今人们记忆状态下的城市比实物状态下的城市可能保留的时间更久。"我们甚至可以说今天的城市记忆越来越不反映在值得纪念的物质实体(如街道、广场、公园、教堂、寺庙、宫殿、市政厅、博物馆、图书馆或雕塑)上,而是更多地体现在集延续性、缓慢性和持久性为一体的城市居民的个体上"④。

当前,中国正处在快速城市化的进程中,一方面是城市不断向外扩张和蔓延,另一方面是旧城改造的积极推进,加之房地产业的蓬勃发展,城市空间已成为商品。在消费文化逻辑的驱动下,不断变化的大众消费需求自然成为空间产品生产的原动力。从最初流

① 【荷】根特城市研究小组. 城市状态:当代大都市的空间、社区和本质[M]. 敬东,谢倩译. 北京:中国水利水电出版社,知识产权出版社,2005:50

② 参见【美】曼纽尔·卡斯特. 网络社会的崛起[M]. 夏铸九,等译. 北京:社会科学文献出版社,2006

③ 转引自【美】阿尔文·托勒夫. 未来的冲击[M]. 蔡伸章译. 北京:中信出版社,2006:31

④ 【荷】根特城市研究小组. 城市状态:当代大都市的空间、社区和本质[M]. 敬东,谢倩译. 北京:中国水利水电出版社,知识产权出版社,2005:111

行的"功能至上的方盒子",到"大屋顶建筑",到"KPF 飘顶",再到如今的"表皮建筑",生动反映了改革开放以来中国流行化建筑类型快速变换的现实。再加上人们摆脱落后面貌的急切需求和融入全球化的强烈愿望,追求现代化、大规模、大尺度和高速度成为城市建设的主要价值观。"五年小变样,十年大变样"成为许多城市建设给人的感受,如此快速的更新在世界城市建设史上也是不多见的(图 6-21)。这种现象本身就充分体现了中国式的"时空压缩"。一方面,城市建筑与空间的快速变换以及短暂性景观的大量涌现,既实现了城市经济快速增长,又满足了人们的多元易变的消费欲求和对实现现代化的迫切追求。另一方面,由于一些承载着地方文化、传统和记忆的场景的消散,传统的时空感受也受到了冲击。新的城市面貌所提供的是新鲜的、不稳定且充满动感的时空感受,当这种陌生而新奇的时空体验日益充斥我们周围时,在怀旧心理的驱动下,必然也激起人们对传统、民族、社区等特色城市空间的怀念。以"新天地"、1912 街区等为代表的历史街区复兴热潮在全国的兴起,也许就是为了对抗快速更新所带来的不稳定感。

图 6-21 南京新街口——城市空间的快速更新

3)从差异到同一——城市特色的趋同发展

在全球化的进程中,随着信息、交通、营销等技术的进步,世界各地的人们越来越多地由机场、购物中心、高速公路、旅馆、加油站等流动性强、消费能力大的空间所连接起来。荷兰评论家汉斯·伊贝林斯(Hans Ibelings)认为,这些建筑为了实现在经济生活中的中心地位,特别注重流动性、易达性和完善的基础配套设施。他将机场和其他大型建筑定义为"超现实主义",因为它们跨越了时空,在忽略地方与传统因素的同时,将超本地或超全球的因素浓缩其中。库哈斯在《普通城市》(*The Generic City*)一文中则指出,"城市变得越来越像飞机场。而且在这种比喻中,飞机场代表着超本地和超全球的浓缩——超全球指你能在这里买到城里没有的东西,超本地指你能在这里买到其他地方都没有的东西"[①]。马克·奥津(Marc Auge)则认为,这些空间是典型的"非空间"(也有译为"非地方")[②],这些非空间主要由一个没有国界的世界中的网络和连接点构成,它们只满足交通或消费等一般性的流动性的需求,而缺乏地区和地域的固有特征。他指出,不仅机场、高

① 【荷】根特城市研究小组.城市状态:当代大都市的空间、社区和本质[M].敬东,谢倩译.北京:中国水利水电出版社,知识产权出版社,2005:51

② 法国人类学家马克·奥津对"非地方"的定义:如果一个地方(a place)可以定义为是有联系的、有历史感的和关注认同感的,那么,一个无法定义为有联系的、有历史感的和关注认同感的空间,就是非地方(non-places)。参见【英】约翰·汤姆林森.全球化与文化[M].郭英剑译.南京:南京大学出版社,2002:160

速公路、停车场和通信网络可以被称作非空间,在某种意义上就连整个城市空间也越来越像一个巨大的非空间,为人们提供快捷、流动的一般性的需求满足和相似的经验。因为在不同的城市都可以见到无地方文脉的商店、购物中心和机场等,城市变得毫无特色。此外,当代建筑设计表皮化和媒体化的兴起,以大都会建筑事务所、伊东丰雄、让·努维尔、赫尔佐格和德梅隆等的建筑作品为代表,"其光滑的表面上覆盖着或固定或流动的图像,建筑看上去和全球办公机构一样有着无拘无束的风格"①。这些建筑对商业与技术的迷恋与追求,使得新兴的城市空间不再具备明显的地域特征,正如库哈斯所说的,城市正在变得"极其普通"。

中国快速的城市化进程中,受外来文化的影响,在商业和技术的推动下,"求新求洋"成为城市建设的主旋律。玻璃幕墙、灯箱、标志、广告牌等现代元素构成的景象充斥着我们的城市,越来越多的现代化的高楼大厦、购物中心和机场等庞大建筑正在成为城市的主体(图 6-22),而且这些建筑和空间所提供功能的差别也在缩小;这些建筑出现在世界上的任何一个城市中,你都不会感到惊讶,它们正在成为超越地方、浓缩全球的交通、信息与消费网络中的抽象节点。与此同时,传统的城市风貌和尺度消失殆尽,地方城市特色正在消散,"千城一面"的普通城市已成为我们不得不面对的窘境。

上海浦东机场　　　北京CCTV大楼　　　南京新一代购物中心:德基广场

图 6-22　超越地方、浓缩全球的城市新建筑

4)从长久到短暂——临时建筑的大量运用

一般意义上的建筑是一种典型的耐用品,但是作为消费品,它要越来越多地应对快速更替的消费需求。日本建筑师伊东丰雄正是以此为出发点,对消费社会的建筑发展进行了深刻反思,提出了建筑的"临时性"的概念——建筑应作为消费文化的万花筒而同步地反映瞬息万变的时尚。实际上,这是一种应对"时空压缩"而产生的动态的空间观和建筑观:即建筑在其生命周期内,应始终紧随瞬息万变的人和时代而同步变化,始终保持瞬间状态的高度可变性和灵活性②。如今,临时性建筑在城市中的大量运用,正是这种时空观的反映。临时性建筑一般规模不大、投资小,或采用预制件等成品方便组装或拆卸,针对短期用途,在使用结束后便可拆除。由于能够更好地适应消费社会的变换节奏,现在越来越多的各种临时性建筑出现在了城市中。特别是,会展、节庆、演出、体育赛事等城市大型活动中的配套临时建筑,不但承载各种活动的空间,而且其建筑本身甚至就是一件展品(展示建筑艺术或技术和理念)。其"临时性"正好应对了当代科技、文化、艺术快速变化的发展趋势,因此,会展临

① 【荷】根特城市研究小组. 城市状态:当代大都市的空间、社区和本质[M]. 敬东,谢倩译. 北京:中国水利水电出版社,知识产权出版社,2005:55

② 陈晞. 表皮的"临时性"演绎——解读伊东丰雄的"透层化建筑"理念[J]. 建筑师,2004(08):94-95

时建筑往往成为展会上最醒目的展品,各种充满先锋思想和实验理念的"展品式"建筑更是层出不穷。从"水晶宫"到密斯的"德国馆"再到捷得事务所设计的1984年洛杉矶奥运会的场景,这些里程碑式的建筑设计都运用了临时性建筑的理念。尤其是洛杉矶奥运会的场景,"受集市、庆典和阅兵式启发的非纪念性临时性的建造风格贯穿着设计的始终。建筑的形式则升华为一种低价可回收的环保轻质材料,如:纸、布料和脚手架的金属管件"①。

在中国,会展临时性建筑,商品房的售楼处,可拆卸组装的大卖场与仓库,可移动的报亭、售货亭、公厕等小品建筑,各种临时建筑在城市中已屡见不鲜,其时效性、简便性和可更新度,满足了人们越来越灵活多变的消费需求。2007年10月,在南京图书馆门前广场举办的"中德同行"交流会上,出现了数座典型的会展临时建筑,时尚前卫的造型,本身就是最醒目的展品,吸引了大量的人流前来参观。2008年北京奥运会大量采用了临时性建筑,其中最著名的可以算得上是奥运村内展示中国各地区民俗文化的祥云小屋,盛会期间成为各国体育人士和游客了解中国文化的重要窗口(图6-23)。2010年上海世博会可谓是临时建筑的盛会,在建造之初经济、环保、"临时性"的理念就贯穿其中,除了"一轴四馆"等少量主要会

图6-23 临时性建筑

---

① 【意】毛里齐奥·维塔.捷得国际建筑师事务所[M].曹羽译.北京:中国建筑工业出版社,2004:11

馆建筑保留了下来,大部分国外或企业等展馆都是临时性建筑,现在基本已拆除。

5) 从真实到超真实——拟像场景的不断出现

一方面,各种以玻璃盒子建筑为代表的"非空间"充斥着城市空间。另一方面,在消费社会中,建筑与空间的使用价值不再是关注的重点,而建筑所提供的视觉刺激、环境享受、场景体验等符号价值成为吸引消费者的卖点。如今在消费文化的激发下,随着空间体验消费的兴起,建筑与空间出现了主题化与场景化的特征,它们也日益被设计并包装成制造和提供体验的场所。而对于一个成功的空间体验来说,体验的特色性尤为重要,传统的、异域的、异族的、幻想的、自然的等等,越是与人们日常生活相差较大的素材,越是能够提供过目难忘和与众不同的场所,就越有可能带来体验消费的快感,从而受到大家的欢迎。在西方,以购物中心、城市娱乐中心、主题乐园等为代表的大型消费空间可以说是当今提供体验式消费的最佳场所,"在这些场所中,场面形象设计得或排场宏大、奢华浮侈,或汇集人们梦寐以求的、来自遥远他乡的异域珍品,或表达对过去宁静情怀的感念与怀旧。徜徉其中的,已然是来消遣的观众"[①]。然而,当人们置身于迪士尼乐园的童话世界或是拉斯维加斯凯撒宫(Caesars Palace)的"古罗马"世界中时(图 6-24),这些空间所表现出的时空体验与传统或现实的时空都是错位分离的,可以说正是典型的制造"时空分离"感受的"拟像"。

香港迪士尼乐园　　　　　　　　拉斯维加斯凯撒宫赌场

图 6-24　典型的拟像——香港迪士尼乐园和拉斯维加斯凯撒宫赌场

在中国,由于市场经济的驱动,空间体验的特色已成为空间商品之间竞争的重要因素。加之人们对差异性空间和场所的体验需求的与日俱增,模拟西洋、民族、传统、异域等风格的建筑与空间日益充斥我们的城市。城市成为各种"拟像"竞相展示的舞台,成为形象、风格与符号的集合。欣赏外国建筑、体验异域风情不一定要出国,通过"拟像",在中国的城市中也可以看到;消失的历史空间不但可以存在于记忆,通过"拟像",逝去的场景也可以"真实地"得以再现。在南京,特色连锁餐厅"哈罗哈"通过室内场景的布置、服务人员的服装以及特色餐饮和风情表演,使就餐者可以体验到夏威夷风情;重建并在不断扩大的夫子庙景区再现了明清江南水乡的风貌;而 1912 街区则勾起了人们对民国历

---

① 【英】迈克·费瑟斯通.消费文化与后现代主义[M].刘精明译.南京:译林出版社,2006:150

史的记忆(图6-25)。为了应对人们对空间的符号消费,特别是对城市空间环境的体验式消费需求的日益增长,大量与真实传统和场所无关的建筑与空间在消费逻辑的驱动下不断产生,中国城市中的"时空分离"感也随之日益强烈。

图6-25 南京城市中典型的拟像场景

6.4 当代城市社会结构的分化

由于对城市社会的巨大影响,消费文化一直是当代社会学研究的重要领域。在从凡勃伦的"炫耀性消费"理论到波德里亚的"符号消费"理论与布迪厄的"消费趣味学",消费文化对个体行为及社会结构的影响始终是相关研究的重心之一。目前,消费文化对中国城市社会的影响已逐步显现,消费正成为人们追求个性与自我以及社会群体重新划分的重要途径,空间的社会属性随之发生变化,这最终必将对城市的物质空间产生影响(图6-26)。

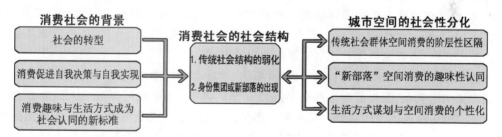

图6-26 消费社会城市空间的社会性分化

6.4.1 消费时代社会结构的新变化

1)传统社会结构的弱化

一方面,随着资本主义的进一步发展,劳动时间的缩短和劳动强度的减弱,社会福利与救济等措施的实施,西方社会各阶级之间的矛盾进一步缓和。另一方面,在消费文化语境中,对消费的追求在某种程度上可以弱化传统的阶级和社会认同(表6-2)。这是因为在消费社会中,人的认同被变化不定的商品、明星、广告和媒体图像等"个性化"、"符号化"之类的东西所左右,被一个全面、缜密、变幻的商品符号系统所左右。因此,人们往往自觉或不自觉地以此来弱化或代替阶级、性别、人种、民族和国家等诸如此类的社会和集体认同,把商品消费的"地位符号"与实际的阶级结构相分离。"如果工人和他的老板享受同样的电视节目并游览同样的娱乐场所,如果打字员打扮得像她的雇主的女儿一样花枝招展,如果黑人挣到了一辆卡德拉牌汽车,如果他们都读同样的报纸"[①],那么,这种因消费而产生的"同化"效果很可能给人造成一种虚假的幻觉——阶级和阶级差别消失了。安东尼·吉登斯也认为消费文化有助于打破传统的社会等级关系,把人们从阶级、性别、种族和年龄的牢笼中解放出来[②]。因为消费文化与自我认同、个性表现、自我决策等有着密切关系,使人们的关注点从外向的社会、阶级等转为更加关心内向、自省的个性和日常生活。

表 6-2　消费时代社会结构的新变化

社会阶段	社会群体划分标准	划分的方式	代表性社会群体	群体的特点
消费社会之前	收入、年龄、性别、职业、受教育程度、种族、宗教	纵向划分	阶级或阶层	相对稳定
消费社会	消费趣味和消费生活方式	横向划分	身份集团或新部落	灵活自由且易变

注:"身份集团"和"新部落"详见下文解释。

2) 消费生活方式及其风格化

在消费社会中,消费与生活方式有着密切的联系。首先,消费活动方式是人们满足物质与精神文化需求的实现方式;特定的消费方式标示着人的生活需要的满足程度、途径和方法,也标示着社会和人自身的发展水平。其次,消费活动在追求差异、塑造个性、表达自我等方面有着积极作用——消费文化所竭力倡导的正是一种让消费者在消费中构筑一种自我表现的生活方式。王宁认为,不论消费选择采取什么类型,其实质仍是对某种恰当的生活方式的选择,消费选择是生活方式的一个重要方面,消费不仅是一种经济活动,也是对生活方式的选择和再生产活动[③]。因此,西方社会步入消费社会之后,对于生活方式(lifestyle)[④]的研究也更多地集中在了消费领域,甚至"消费方式"成为了生活方式的代名词,消费生活方式也常被简称为生活方式。

现今,人们在谈论自己的生活方式时,服饰、家居、汽车、参与的活动与娱乐方式等成为谈论关注的重点,因为根据这些商品品位高低的判断,往往就可以对个人或家庭进行解读并进行等级或类型的划分。马克斯·韦伯认为,生活方式是识别一定群体的重要标识[⑤]。迈克·费瑟斯通认为,"生活方式"一词在社会学意义上是有关社会各个群体的独

①　【美】马尔库塞.单向度的人——发达工业社会意识形态研究[M].张峰,等译.重庆:重庆出版社,1988:95
②　【英】西瑞亚·卢瑞.消费文化[M].张萍译.南京:南京大学出版社,2003:239-240
③　王宁.消费社会学——一个分析的视角[M].北京:社会科学文献出版社,2001:93
④　"生活方式"是社会学领域内的一个重要理论范畴。从广义上说,生活方式就是人为满足自己的生存与发展需要而进行的全部活动总体模式,即人的全部实践活动方式;从狭义上说,生活方式是指个人、家庭及相关人群在一定历史条件、社会环境中,为谋求自己的生存与发展而选择、确立的日常生活诸方面构成和实现方式。马克思、托斯丹·本德·凡勃伦和马克斯·韦伯等多位学者分别从生产方式、消费方式、社会阶层等视角对"生活方式"这一问题进行了相关论述。西方进入消费社会后,生活方式的研究重点主要放在了消费领域。生活方式(消费生活方式)也在这一过程中逐渐成为社会学中一个独立的研究领域。
⑤　杨晓俊,王兴中.居民消费行为与城市休闲、娱乐场所的空间关系[J].西北大学学报(哲学社会科学版),2005(6):57

特生活风格,"但在当代消费文化中,它则蕴涵了个性、自我表达及风格的自我意识。一个人的身份、服饰、谈吐、闲暇时间的安排、饮食的偏好、家居、汽车、假日的选择等,都是他自己的或者说消费者的品位个性与风格的认知指标"①。因此,生活方式是个体表现自我的主要工具,同时也是个体表现所属的亚文化群的重要手段。生活方式之所以如此重要,而且当社会越多样化时其重要性便越凸显出来,其主要原因是,选择一种可供模拟的生活方式是对抗选择过多的庞大压力最有力的策略②。

一方面,"消费者通过其生活方式,给消费过程带来一种意识风格和感觉"③。另一方面,消费活动中对个性、品位、风格的追求,尤其是美学知识普及和受人关注④,使得人们的生活方式也出现了风格化的趋势,一种将生活作为个性与风格塑造的计划过程的趋势。"新的消费文化的英雄们,在他们设计好并汇合到一起构成生活方式的商品、服装、实践、体验、表情及身体姿态的独特聚合体中,把生活方式变成了一种生活的谋划,变成了对自己个性的展示及对生活样式的感知"⑤。这一点从社会学的转向中也可以看出,对当代社会分析的焦点从以阶级或居住地点为基础的生活方式转向了活跃的风格化的生活方式。

由于消费文化的大众普及性以及人的本性,决定了无论何种年龄、何种阶级出身,人们都有自我提高、自我表达的愿望和权利。因此,社会中不同阶层的人们都不同程度地卷入消费和生活方式风格化的进程中。特别是中产阶级和皮埃尔·布迪厄所提出的"新型文化媒介人"成为主要的传播者和推动者,他们"创造的生活风格与形式,在很大程度上说,是关注身份、表象、自我呈现、时尚设计与装潢的生活方式;他们不得不把相当多的时间和精力放在品位意义的培养方面"⑥。由于人们的品位是具有鲜明个性的,也是易变的,它和时尚潮流密切相关,因此生活方式的风格化也是一个不断变化的动态过程。人们尤其是"新型文化媒介人"和中产阶级必须时刻关注文化工业所不断生产的新风格、体验和符号产品,并以"学习"的策略,不断培养自己新的品位和谋划自己的生活。

3) 消费认同和区隔与身份集团

戴维·钱尼指出,消费则意味着对文化现象的获取和占有过程,"在占有过程中,观众组合和吸收文化现象的方式各不相同,从而形成一种使用风格,标示出一个群体、亚文化或宗派中的成员"⑦。皮埃尔·布迪厄认为消费的"趣味"可以将消费者区分成不同的阶层和团体,特别是由物品消费向符号消费的转变,使得消费区隔的作用愈发明显。马克斯·韦伯提出了一个包括阶级、身份集团和政党在内的多元社会分层结构,并着重强调了身份集团(status group,也有译为"地位群体")在当代社会中的突出表现。身份集团

---

①　【英】迈克·费瑟斯通. 消费文化与后现代主义[M]. 刘精明译. 南京:译林出版社,2000:121

②　【美】阿尔文·托勒夫. 未来的冲击[M]. 蔡伸章译. 北京:中信出版社,2006:169

③　【英】西瑞亚·卢瑞. 消费文化[M]. 张萍译. 南京:南京大学出版社,2003:76

④　西瑞亚·卢瑞认为,现代消费文化特殊的风格特点源于美学知识在价值创造过程中日益增加的重要性。参见【英】西瑞亚·卢瑞. 消费文化[M]. 张萍译. 南京:南京大学出版社,2003:75

⑤　【英】迈克·费瑟斯通. 消费文化与后现代主义[M]. 刘精明译. 南京:译林出版社,2000:125-126

⑥　【英】迈克·费瑟斯通. 消费文化与后现代主义[M]. 刘精明译. 南京:译林出版社,2000:159

⑦　戴维·钱尼. 文化转向——当代文化史概览[M]. 戴从容译. 南京:江苏人民出版社,2004:88

是按照它们特殊的生活方式所体现的商品消费原则来划分的,因此可以根据特定的消费规律来标明生活方式从而认识身份集团①。他认为"依据消费关系来划分人群比依据生产关系更加可靠。如果人们的消费模式已经形成了人们决定如何归属社会群体的方式,以及表现自己特征的方式,那么表现出相同消费模式的人群就可以互相说明对方"②。特定的消费实践或生活方式成为地位群体成员对内凝聚和对外排斥的机制。简单地说,消费作为一种符号性实践活动,其社会群体的区分功能主要通过以下两种相辅相承的手段达成:"一方面是符号的示差作用,即消费者借此显示出自己与所不欲为伍的群体或者个人的区别;另一方面是符号的求同作用,即消费者通过借助特定的符号达到与自己所认同的群体的相似、一致与同一"③。此外,消费文化所造成的社会区隔和分层并非是静止,而是一个社会流动的过程。消费文化的社会分层是不断变化和流动的,来自于地位象征的消费品位会从社会金字塔的顶端不断地下移:在地位、金钱方面占上风的阶层,其消费模式成为社会消费学习的楷模。另一方面,社会下层群体总想突破固定的消费文化模式或阶层的界限来改变自己的处于劣势的地位④。而在这一流动过程中,中产阶级或者所谓的"新型文化媒介人"发挥了承上启下的作用,向上层学习并向下层传播。而大众文化的生产以及社会和媒体对消费知识的普及与教化作用,为由消费而产生的社会分层的流动提供了保障。

4)"新部落"的出现

在消费社会中,由于生活方式和消费趣味成为区分你我的重要标准,因此,社会人群的结构关系也出现了新的变化。那么,如何来描述这种社会结构的分化现象呢?德国社会学家乌尔里希·贝克(Ulrich Beck)称这种根据亚文化和消费生活方式的概念而形成的社会新群体为"同仁群体"。法国社会学家密雪尔·马菲索利(Michel Maffesoli)提出了"新部落主义"这一更形象的概念,来描述当代社会中出现的新群体。新部落是由消费共同的(商品)符号而结成的群体,符号成为其与其他"部落"相区分的重要标志。它是由人与人之间的消费体验、符号象征和情感依赖而构成的;它比现代社会中的正式组织或文化权威更能影响人们的行为模式⑤。由于在这一点上,与前现代社会的部落对图腾、符纹的崇拜和强烈区分意识有些相似,马菲索利等学者因此借用了文化人类学上的"部落"这一概念。简单地说,就是群体成员通过相似或者相同的消费活动获得社会认同,得到情感上的满足,并能形成特定的类似部落的团体文化和礼仪。因此,我们也可以称之为"消费部落"(表6-3)。新部落消费与其他社会阶段的消费相比,最明显的特征是部落消费强调消费的社会链接价值以及强调群体认同感觉,即强调消费的社会交往功能。随着消费社会的发展,人类的消费形态也开始逐渐由传统的家庭消费、个体消费演化成部落消费⑥。

① Max Weber. Essays in Sociology[M]. New Yark: Oxford University Press,1946:186-187
② 【英】迈克·克朗.文化地理学[M].杨淑华,宋慧敏译.南京:南京大学出版社,2003:174
③ 王建平.中国城市中间阶层消费行为[M].北京:中国大百科全书出版社,2007:169
④ 郭景萍.消费文化视野下的社会分层[J].学术论坛,2004(1):63
⑤ 参见 Michel Maffesoli. Time of the Tribes : the Decline of Individualism in Mass Society [M]. London:Sage, 1996
⑥ 梁威.后现代消费部落及其消费特征初探[J].商业经济,2006(29):22

表 6-3　消费部落及其消费特征

社会阶段	消费意义	消费形态	消费哲学	消费特征
原始社会	满足生存	氏族消费	集体生存	产品供不应求
现代社会之前	实用价值	家庭消费	实用主义	强调产品的性能
现代社会	情感价值	个体消费	个体主义	强调个性与品牌
后现代社会	社会链接价值	部落消费	多样的价值观点	强调群体认同感

新部落的特点一是灵活自由且易变,新部落与传统的等级森严、身份确定的"部落"有着明显的差异——新部落并不关心谁是其成员,也没有严格的准入或排斥制度或机构;它也是展示自我的舞台,是由许多展示个性的个人行为构成的;由于时尚快速变化,也意味着人们可以轻易随性地改变自己的趣味与爱好,从而舍弃一个"新部落"或加入另外一个。其特点二是流动性强,"它们的居住地时而集中时而分散,在时间上时而统一时而零散,它们是不断变化的短暂的日常消费生活的缩影"①。各种消费空间,包括购物中心、商业街、咖啡厅、酒吧、游乐园等往往是新部落成员聚集的场所,而网络和信息技术的普及与发展,使得网上虚拟空间,如聊天室、论坛、网络游戏等成为其成员聚集交流的空间,甚至跨越了时间、国界的限制,将不同阶层、不同地点的人们"团结"在了一起。其特点三是"尽管它们脆弱、短暂而且不稳定,却控制了其成员的变化无常的强烈情感或涉及了诸多的影响因素"②。马菲索利认为一些琐碎和看上去不重要的活动,可能成为新部落集体情感的焦点,可能成为维系部落稳定的因素。例如,家庭琐事和烹饪、家电产品、食品、孩子教育等往往成为家庭主妇们聚会闲聊的主题;而明星偶像的各种新闻和动态是追星族们永恒的主题。其特点四是具有较强的吸引力,由于与消费活动与生活方式以及个性的塑造和表达关系密切,尤其是当人们面对琳琅满目的商品和符号时,无论男女老少都能轻易找到自己感兴趣的事物和活动。

总之,"在描述这些群体时,以往的社会学类别如社会等级、性别、种族、年龄等都已显得不够恰当。这些群体的生命力是短暂的、'横向的',其运作规律既超越了现存的类别,又符合亲和力、兴趣和邻里关系的不稳定的、易夭折的网络规律"③。不管怎样,新部落现象的出现,反映了在西方消费社会中,消费活动及其文化正在改变着以往的社会结构。

5）中国社会结构的变化

当代中国的社会结构变化有着与西方社会不同的特殊性——阶层化与去阶层化并存发展:一方面是收入差距的拉大造成原有均质社会的阶层化(即高、中、低三个阶层的形成);另一方面,在消费文化快速发展的背景下,由消费趣味和生活方式形成的新部落又在发挥去阶层化的作用(图 6-27)。

从中国原有社会结构来看,在新中国成立之后的 30 年时间内,整个社会基本处于一种"去阶层化"的同质性较强的状态。虽然这个时期仍然不可避免的存在着社会差异,但由于国家全面垄断社会资源和实行的高压政治统治,使得除无产阶级以外的阶级难以存在,社

---

① 【英】西瑞亚·卢瑞.消费文化[M].张萍译.南京:南京大学出版社,2003:250
② 【英】西瑞亚·卢瑞.消费文化[M].张萍译.南京:南京大学出版社,2003:250
③ 【英】西瑞亚·卢瑞.消费文化[M].张萍译.南京:南京大学出版社,2003:249-255

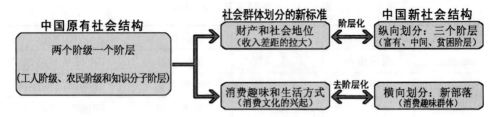

图 6-27　当代中国社会结构的新变化

会更多的是由政治身份、城乡身份、职业身份和所有制身份所构成的身份等级社会,而非阶级社会[①]。"工、农、兵、学、商"的社会阶层划分就是这一时代社会结构的具体反映。改革开放之后,随着社会的逐步转型,尤其是市场经济体制的逐步确立,改变了整个社会的资源占有和配给方式,对以往的政治身份、城乡身份、职业身份和所有制身份产生了巨大的冲击。私有制的合法化,公私合营、私营等经营体制的出现,股市、房产等各种投资渠道的多样化,社会收入的差距正在进一步的拉大,这也使得社会的阶层正在发生新的分化。2001 年,中国社科院《当代中国社会阶层研究报告》对社会结构的变化作出了权威性的论述:"原来的两个阶级一个阶层(工人阶级、农民阶级和知识分子阶层)的社会(简单)结构已经被打破;各阶层之间的社会、经济、生活方式及利益认同的差异日益明晰化。"[②]

从社会阶层化发展态势来看,由于社会价值观的变化,财产和社会地位成为划分阶层的新标准,等级阶层的形成成为必然。由小型私营企业主、个体户、党政干部、知识分子、外企白领、企业和组织的管理者、新兴技术行业的高收入者及自由职业者所构成的中国中间阶层逐渐成型,并引起了广泛的社会影响[③]。另一方面,少数大型私营企业家、明星、知名艺术家等通过迅速的财富积累,跻身社会的上层阶层,即富有阶层;而同时,由于产业结构调整等原因,农民、农民工、无业人员、下岗工人和一些低收入人员等,由于收入低下和受教育程度较低,占有社会资源的机会较少,成为社会的下层阶层人员,即贫困阶层。目前中国的中间阶层已经初具规模并呈现快速扩大的态势。目前,消费已成为三个阶层之间进行区分的重要标志,中上阶层以享乐消费为主,中下阶层则以实用消费为主。王建平在对北京、广州、上海、南京、武汉五大城市的消费调查中发现,阶层消费的分化已经出现并还在不断成为一个越来越明显的社会事实,由于消费造成的区隔正在形成一种新的生活[④]。

从社会去阶层化发展态势来看,在消费文化的影响下,各种消费活动日益与人们的日常生活方式谋划结合起来,消费趣味群体的形成正在跨越传统的社会群体划分标准。商品的日益丰盛带来消费的选择余地的增大,人们也开始热衷参与到一种与快乐享受、与自我提高相结合的生活谋划之中,例如,通过购物、社交、健身、休闲娱乐、理疗美容、技能培训等来塑造自身的形象和品位并谋划未来的发展方向,人们也更加愿意尝试新的生活方式。因此,生活方式风格化和个性化的发展,为不同社会阶层之间和同一社会阶层中的不同个

①　参见 孙立平. 改革前后中国大陆国家、民间统治精英及民众间互动关系的演变[J]. 中国社会科学季刊,1993 春季号

②　卢源. 论社会结构变化对城市规划价值取向的影响[J]. 城市规划汇刊,2003(2):66

③　周晓虹. 中产阶级:何以可能与何以可为[J]. 江苏社会科学,2002(6):39-40

④　王建平. 中国城市中间阶层消费行为[M]. 北京:中国大百科全书出版社,2007:160-222

体之间的分化创造了新的条件。一些社会个体开始弱化原有的社会阶层地位，通过追随和塑造新的生活方式，通过选择服装、休闲活动、消费商品、整体气质等方式来重塑新的身份，找寻着新的"伙伴"并结成新的社会群体。趣味、风格、爱好、生活方式等成为一些社会群体形成与划分的重要标准，各种新部落也不断出现。例如，前几年湖南电视台举办的"超级女生"造就了一批"新部落"，李宇春的歌迷自称为"玉米"，而周笔畅的歌迷则自称"笔迷"；现今当红的网络小说《鬼吹灯》，其大量的追捧者自称为"灯谜"；而因央视的《百家讲坛》节目而红火起来的学者易中天教授的追捧者则自称为"易迷"。各个部落有共同爱好和强烈区分意识的符号，其成员也十分复杂，各个地区、各个阶层、各个年龄段、各种职业的男女因为消费共同的东西、拥有共同的趣味而聚集在了一起。

6.4.2 城市空间的社会性分化

1) 从物质空间到社会空间

一方面，城市空间是各种生活方式孕育、发展、流行乃至消亡的舞台。从 19 世纪末开始，与个性发展密切相关的"购物的生活方式"在城市中的出现和随后的流行将城市与生活方式日益紧密地联系在了一起。另一方面，城市空间既是一个物质空间，也是一个社会空间，承载着各种复杂的社会关系，而生活方式和消费区隔所引起的社会结构的新变化，必然对城市的物质空间产生影响。正像列斐伏尔所认为的，空间作为一种先决条件是社会行为的发源地，而社会空间也是空间分化产生等级和秩序的支架。"在适应变化的环境形势和消费潮流的过程中，今天的许多社会群体变得越来越具有流动性和灵活性。这样就造成了一种越来越具有分裂性的社会形态，而这种分裂性反映或积极地影响了当今城市化环境的物质性变迁"[1]。从西方大城市的演化来看，城市地图总是可以按照社会关系划分成不同的区块——某一特定的街道或区域总是被某部分属于特定社会经济阶层、某一文化、某一职业、某一宗教或某一种族的城市人群所占据。然而，进入消费社会之后，由于"生活方式消费群体"的出现，使得城市的"社会—空间形态"地图变得更加复杂，就像马赛克一样混杂[2]。

事实上，"社会—空间形态"变得更加混杂的根本原因在于空间具有个性、品位、身份与地位等符号意义，而空间符号消费的兴起强化了符号在消费上的分层与区隔作用。王建平认为："由于不同的消费场所、消费环境给人的感觉不同，因此在很大程度上，消费环境、消费空间也成为现代消费中人们消费的部分内容。也就是说，消费空间本身也成为商品的一种附加符号，甚至有时消费空间本身就是一个消费符号，这样就出现了'在什么地方消费'有甚于'消费什么'的情况。当消费本身成为附加符号或者已经成为一个符号后，就更加显现出分类的功能。其实，从根本上来说，不同的消费场所本身从一开始就具有社会区隔与空间分化的功能，所谓消费场所的出入自由、平等只是消费社会的神话之一。"[3]因此，"物质商品、文化商品、服务(商品)以及完成上述商品消费的场所，都成为消

① 【荷】根特城市研究小组. 城市状态：当代大都市的空间、社区和本质[M]. 敬东, 谢倩译. 北京：中国水利水电出版社, 知识产权出版社, 2005:66
② 【荷】根特城市研究小组. 城市状态：当代大都市的空间、社区和本质[M]. 敬东, 谢倩译. 北京：中国水利水电出版社 知识产权出版社, 2005:75-76
③ 王建平. 中国城市中间阶层消费行为[M]. 北京：中国大百科全书出版社, 2007:185

费者社会心理实现和展示其社会地位、文化品位、区别生活水准高下的文化符号"①。由此空间的消费与衣着打扮一样也成为人们生活方式、身份与地位等符号识别的重要因素。布迪厄的研究指出,工业企业家、商业雇主等具有巨额经济资本的人以商务宴请、外国汽车、拍卖会、高级别墅、网球、滑水、巴黎右岸(塞纳河北岸的商业中心)作为自己特殊的品位。教师、美术创作者等拥有不少文化资本的人却以左岸(塞纳河南岸,是大学生、作家、艺术家汇集之地)的艺术走廊、前卫派的节日、现代节奏、外语、国际象棋、跳蚤市场、巴赫、群山秀峰为自己的品位。工人等拥有较少经济资本和文化资本的人则以足球、土豆、普通红酒、观看体育比赛、公共舞会等为自己的品位②。欧美以滨水节庆空间为代表的内城复兴,也是空间消费分层与区隔的过程——复兴的空间吸引了大量中产阶层前来工作、居住和消费。正像曼纽尔·卡斯特所说的,内城复兴在都市景观上的表现是,许多价廉的地区和劳动阶级的空间被破坏,同时,"专业管理(professional-managerial)"阶层居住、工作和消费的空间兴盛起来③。

在中国,由于特殊的社会发展进程,生活方式和消费区隔所引起的城市空间的分化在近几年的发展显得尤为突出。过去"两个阶级一个阶层"的社会结构所对应的相应简单清晰的城市物质空间发生了翻天覆地的变化。过去,在"企业办社会"、"单位建房分房"、"土地划拨制"等制度的制约下,城市空间在认同和使用上的分化并不突出。以百货商店,或商业街,或广场,或公园为依托的城市中心区,往往是所有市民所认同的城市中心,它也是大部分城市居民节假日购物与游乐的必到场所。而其他城市区域则相对较为均质,主要以单位或企业用地和附属的居住用地为主,企业、单位和居委会构成了社会主要的结构形式。然而,随着社会阶层的进一步分化和社会交往方式的改变,在城市快速向外扩张和旧城改造的进程中,各社会群体活动所对应的空间也发生了相应的调整,尤其是消费区隔所造成的空间上的区分,已成为大家所不能忽视的现象。这是因为不同经济水平、社会地位、消费观念的人在经济承受能力方面和日常生活中所认同的符合自身地位与品位的城市空间也是不同的。

2)从传统社会群体到空间消费的阶层性区隔

首先,社会的阶层化发展造成了空间消费的分化与区隔,这是因为富有阶层、中间阶层、贫困阶层在空间消费的观念上有着较大的区别:处于社会中下层的人以实用消费为主,居住在城市郊区便宜的住区或旧城区衰败的住区中,到农贸市场买菜,到超市或批发市场购买日用品,到相对实惠的商场购物,到广场或免费公园休憩和交往成为他们现实的选择;社会中上层的人则以享受消费和象征消费为主,他们更多地居住在城市中心或郊区景观较好的高档小区,选择去超市买菜和购买日用品,到购物中心购物,到茶室、酒吧、购物中心进行休闲娱乐和社会交往。因此,城市空间资源的消费与占有的优劣和多少与阶层地位的高低有着相对应的关系,城市空间因而呈现出明显的认同与区隔的态势。吴启焰与崔功豪在对南京市居住空间分异特征与机制的调查研究中,发现南京可以按社会阶层的高低划分出相对应的居住空间(图6-28)④。瞿铁鹏与张似韵在对上海社会阶层与购物空间的研究中,

① 罗钢,王中忱.消费文化读本[C].北京:中国社会科学出版社,2003:130
② 【英】迈克·费瑟斯通.消费文化与后现代主义[M].刘精明译.南京:译林出版社,2000:129
③ Deborah Stevenson. Cities and Urban Cultures[M]. 北京:北京大学出版社,2007:97
④ 吴启焰,崔功豪.南京市居住空间分异特征及其形成机制[J].城市规划,1999(12):24

发现不同的阶层所常光顾的购物空间也是有所区分的,并且不同档次的购物空间与社会阶层的高低有着相互对应的关系(图 6-29)①。

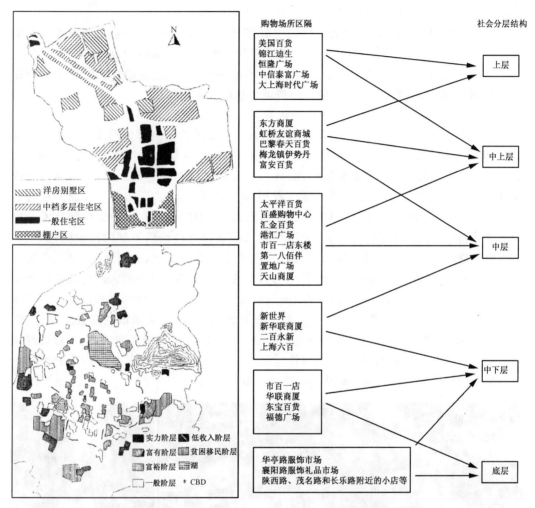

图 6-28 南京居住空间的消费分化　　图 6-29 上海购物空间的消费分化

其次,不但是社会阶层的高低,而且职业、年龄、性别、受教育程度等因素,也会造成空间消费的区隔。商场和超市的光顾者主要以女性为主,女性消费占了世界零售业总销售额的 70%,女性客流则占了总量的 2/3;近年来兴起的沿街而设的时尚小店(以销售服饰、工艺品和家居饰品为主)更成为白领女性的专属购物空间。销售电脑、数码相机、MP3 播放器等数码时尚产品的电子(或电脑)一条街的主要顾客以年轻男性为主。清晨的绿地公园中的锻炼者主要以老年人为主,年轻人则更多地出入健身场馆。李立勋与唐卉的研究结果显示,酒吧的主要光顾者以男性为主,年龄集中于 16～34 岁,职业以三资企业员工、私营业主、政府机关事业单位工作者和国有企业工作者等拥有较稳定收入者为主②。一般情况下,文

① 张似韵. 消费实践与社会地位认同——有关以白领雇员为代表的上海中间阶层研究[D]:[硕士学位论文]. 上海:复旦大学社会学系,2002:17-20

② 唐卉.以广州酒吧为代表的休闲消费空间研究[D]:[硕士学位论文].广州:中山大学人文地理系,2005:41-49

化程度高的人群喜欢参与社交和益智的活动,经常光顾环境较好、相对安静的购物空间、文化中心、健身房、咖啡屋等;而文化程度相对较低的人群喜欢参与刺激和娱乐性强的活动,热闹的商场、商业街、迪厅、茶室是他们经常出没的场所。

第三,由于人们具有提升社会地位的主观能动性,因此通过消费争取获得地位上的提升和认同在社会中也愈发普遍。随之空间消费也出现了超前消费、炫耀消费的现象。例如,如今社会上流行的"迟买不如早买,买小不如买大"的商品房消费观念就是一种超前消费,举债购买高档商品房的炫耀性消费现象也已屡见不鲜了。

3)从"新部落"到空间消费的趣味性认同

在消费文化的影响下,人们所追随的生活方式开始成为新型群体形成的标志。随着"身份集团"或"新部落"的不断出现,使得空间消费的分化(认同与区隔)进一步复杂化。电子游艺室成为电玩迷的专属娱乐空间;体育场和酒吧成为球迷狂欢的场所;演唱会成为歌迷聚会交往的场所;网吧是游戏爱好者和"网虫"的乐土;古玩市场是收藏爱好者的天堂(图6-30)。如今,以北京"798"艺术区为代表的LOFT场所,成为文化和艺术方面的爱好者和从业人员聚集的空间,喜爱这里的人们认同这种场所象征的自由随性、艺术时尚的消费生活方式。有调查显示,"798"来访者是一批有文化、有上进心、对文化艺术有十足兴趣的、活力四射的时尚人群[①]。总之,在这些空间经常出没的人群的共同点更多的是趣味、风格、爱好、生活方式的相似,而非社会阶层、年龄或职业的相似。不同的"新部落"群体由于相似的消费趣味和生活方式而形成的亚文化,使城市空间进一步分化。人们往往通过有意识的消费能体现相似消费趣味和生活方式的商品或场所,来营造群体的认同感及其文化价值观,并表现出与其他亚文化部落的"距离和排外性"。人们将很少或不会主动地消费与自身消费趣味不符或相抵触的空间。

图6-30 "新部落"在空间消费上的认同与区隔

此外,由于"身份集团"或"新部落"的消费趣味是多变和不稳定的,这样也势必造成空间消费的变化。例如,前些年南京时尚青年比较钟爱在茶室中休闲交往,而如今1912酒吧街区形成之后,其所提供的西方情趣的新奇体验很快吸引了大量的时尚青年前来消费。

4)从生活方式谋划到空间消费的个性化

城市生活方式的多元化,也带来了专门化的空间职能的多样化[②]。新的生活方式必

① 参见798艺术区调研报告.北京文艺网 http://www.artsbj.com/Html/news/zhzxzx/zyzx/349848915_5.html

② 【荷】根特城市研究小组.城市状态:当代大都市的空间、社区和本质[M].敬东,谢倩译.北京:中国水利水电出版社,知识产权出版社,2005:161

然孕育和造就新的消费场所和城市空间,消费空间类型的不断拓展在一定程度上也可以看成是消费生活方式多样化发展的必然要求。目前,在生活方式风格化的潮流下,人们对空间的个性化追求成为趋势。到与自己身份和地位相称的空间居住、吃饭、购物、健身、交往、休闲、娱乐,已成为许多人消费城市空间的原则。去环境优雅的茶室与朋友聊聊天,去购物中心逛一逛,去豪华电影院看场电影,去健身中心锻炼一下,去文化中心上个兴趣班,已成为许多人业余时间的重要选择,目标就是塑造好看、健康、有品位、有个性的自我形象。因此,从这层意义来看,个性化的空间消费也成为人们快乐享受与自我提高相结合的生活谋划过程中的必不可少的一环。

6.5 小结:四个方面的影响因素促进了空间符号的生产与消费

一方面,当代城市空间的生产与消费离不开消费文化的作用,这主要是从价值诉求、审美取向、时空体验和社会结构四个方面具体体现的。另一方面,城市空间也成为消费文化得以快速传播的载体与媒介。总的看来,消费文化四个层面的影响因素为城市空间符号的生产与消费提供了合理与合法性:新的空间价值观强化了人们对空间差异与个性的追求和包容,从而为空间符号的生产与消费确定了合法性,即逐渐得到了社会大众的认可;世俗化和泛化的空间审美观,为空间符号的生产与消费提供了多样化的"美"的素材和审美趣味;新的时空观方便并加速了空间符号的生产与消费;而新的空间社会观则将空间符号的生产和消费与个体及群体的社会实践(生活方式、自我认同、社会交往等)联系在了一起(图6-31)。在四种因素的共同影响下,城市空间及城市本身日益成为商品并呈现出符号消费的特征。

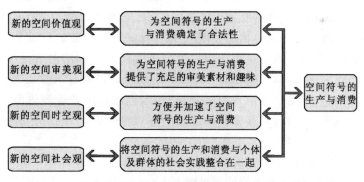

图6-31 四个方面的影响因素促进了空间符号的生产与消费

7 消费时代中国城市空间发展的新机制

上一章就消费文化对城市空间的影响因素进行了具体的解析:四种因素的影响作用是相互融合不可分割的,并为消费时代中国城市的空间符号的生产与消费在价值观、审美观、时空观以及社会观层面上搭建了一个合理与合法的运作平台。那么它们对城市空间的作用与影响到底是如何运作的呢? 在消费文化的作用下,空间符号又是如何被生产与消费的呢? 具体来说,这一运作过程可分为差异消费、视效消费、体验消费、认同消费、时尚消费五种作用机制,它们是消费文化视角下当代中国城市空间发展的新规律,也是库哈斯所谓的"传统建筑学以外的更宏大的力量"之一。

7.1 机制 1——空间的差异消费

7.1.1 差异、个性与消费

波德里亚认为当代人们消费的目的是追求差异,符号实际上是一种表达差异的工具。所谓"符号价值",是指商品符号和语言符号一样,本身不具备意义,其价值表达与意义产生于各种符号之间的差异。因此,对商品符号的消费从表面上看是对文化意义的消费,从深层次来看是对文化差异以至于社会结构差异的消费。与此同时,人类个体在社会中存在的根本原因就在于能够并乐于区分你我,就是因为这种人类的本性使得追求差异的符号消费得以流行。齐美尔认为,"现代生活最深层的问题来自于个人在面对压倒性的社会力量时,要求保有自身存在的自主性与个体性"①。而面对这种压力时,由于消费文化价值观已逐渐深入人心,因此消费成为表现自我的最佳解决办法之一。无论是炫耀性消费与地位消费,还是个性消费与时尚消费,人们通过消费或表达自身的财富与地位,或追求个性,或实现自我,究其根本都是为了通过消费区分你我并突出自我,说到底还是在追寻和表达某种差异。

当前,与消费密切相关的各种时尚的兴起,就是遵循差异原则。在生产者和经营者、消费者以及媒体的共同努力下,对差异的需求深入人心。虽然我们不可否认工业化和技术发展带来的标准化和均质化的影响力,人们不得不面对似曾相识的方盒子式的现代建筑和每瓶都相同的可口可乐。然而随着消费社会的发展,"未来的社会所提供给我们的,不是有限的标准化产品,而是过去任何社会所无法提供的非标准性产品及多样性服务"②。标准化与个性化并存、均质化与差异性并存正是当今社会发展的特征之一。由于消费与个性表达与自我实现之间的特殊联系,促使追求差异的消费成为一种作用机制,并造就了商品的风格化和多元化,即各种富有特色与个性的产品、服务、体验不断充实着市场。

---

① 转引自 杨晓光,关于文化消费的理论探讨[J].山东社会科学,2006(3):157
② 【美】阿尔文·托勒夫.未来的冲击[M].蔡伸章译.北京:中信出版社,2006:146

7.1.2 空间的差异消费

从消费文化对城市空间的影响因素来看,新价值观强化了人们对空间差异与个性的追求,审美取向的转变为空间个性的表达提供了多元化的趣味素材,"压缩和分离"的时空体验则加剧了空间差异制造与更新的频率,而社会的分化则将空间的差异性符号与自我认同更加紧密地联系在了一起。当今社会在差异消费的作用下,作为一种商品的城市空间与建筑开始脱离了某种统一的"元语言"模式,并日益分解为高度分化的语言。后现代建筑思潮所提倡的"建筑的多义性"以及查尔斯·詹克斯所鼓吹的"双重编码",实际上就是一种应对社会多重价值观和差异需求的策略。通过向历史学习、向时尚学习、向生活学习,每一栋后现代建筑都是差异化的作品,从而颠覆了现代主义建筑的统治地位,改变了城市千篇一律的景象。从此,建筑形式、建筑思潮与理论呈现出百花齐放的局面。进入 20 世纪 90 年代之后,在差异消费的驱动下,空间与建筑的形式、功能、氛围、结构、材质等等都成为表达差异并可供消费的符号(表 7-1):在建筑风格化趋势下,追求大体量、超高度、前卫造型、奇异风格成为时髦;在功能复合化的趋势下,追求综合化、专业化、享乐化成为时髦;在空间场景化的趋势下,追求主题化、表演化、逼真性成为时髦;在建造技术化的趋势中,追求高技化、构成化成为时髦;在建筑表皮化的趋势下,追求质感化、图案化、媒体化成为时髦。

表 7-1 空间与建筑的差异化表达和消费

表达差异 可供消费的符号	发展趋势	追求的目标	典型城市空间或建筑
形式	建筑风格化	追求大体量、超高度、前卫造型、奇异风格	上海环球金融中心、CCTV 总部大楼、广州歌剧院
功能	功能复合化	追求综合化、专业化、享乐化	上海正大购物中心、南京水游城购物娱乐中心
氛围	空间场景化	追求主题化、逼真度、舞台和戏剧效果	欢乐谷主题乐园、深圳铜锣湾主题购物广场①
结构	建造技术化	追求高技化、构成化、结构的表皮化或形式化	"鸟巢"、水立方
材质	建筑表皮化	追求质感化、图案化、媒体化	宁波城建展览馆、重庆黄桷坪涂鸦街、南京长发国际中心

事实上,现在城市本身的发展也开始遵循差异机制。城市纷纷从自身的历史与文化、特色与品牌入手,强化其独特性,以便在城市竞争中获得先机。日益兴起的都市旅游

---

① 深圳铜锣湾广场选址于华侨城主题公园群落,是国内第一家营造"生态景观和海洋文化"主题的购物中心。

无疑更依赖于差异机制,因为城市作为旅游目的地只有提供特色性极强的空间、景观或文化体验,才能更具吸引力——游客一般是不会去与日常生活差别不大的地点旅游的。罗杰克所提出的"出尘之所"的致命吸引力也正是在于其独特的差异性。自然景观、奇观或标志性建筑或空间、历史文化街区、特色购物区(或商业街)、城市的节庆会展活动等等都成为城市为提供差异性旅游消费而重点打造的特质项目。

总之,追求差异正是空间符号价值产生和消费的基础,这也是消费文化作用于城市空间发展的最基本的机制(图7-1)。

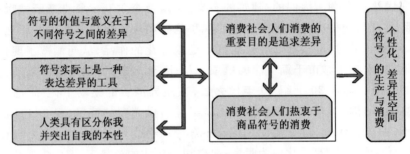

图7-1 空间的差异消费机制解析

7.2 机制2——空间的视效消费

7.2.1 视觉与图像

消费社会也是一个视觉文化[1]占主导地位的社会,各种商品以其显著的可视性入侵社会日常生活的各个层面。因为,商品竞争在一定意义上是对"注意力的竞争"[2],许多商品越来越像时装和艺术品一样来吸引消费者的注意力,从可口可乐到索尼电子产品,从麦当劳到耐克运动鞋,其外观、包装和形象等视觉因素都远远超过了其真正的功能与使用价值。商品的使用价值逐渐被其外在的可看见的形象价值所取代。居伊·德波据此提出了形象即商品的理念,而让·波德里亚则更进一步把商品的形象因素视为一种符号,因为商品外在的形象与包装总是与美、艺术、格调、品位等符号意义有着紧密的关联,商品的外观形象成为重要的符号被大众消费着。"作为一种形象和符号,商品越来越有赖于视觉因素。看不见的形象和符号很难激发消费者的欲望,符号的交换价值很大程度上取决于可见性的程度和频率"[3]。消费时代,人们的日常生活日益审美化,尤其是商品美学的产生与发展,使得消费者被"规训"成商品的审美者,这更加剧了视觉文化的发展与扩张,因为视觉是"美"最为直观和有效的感官方式。个体与外界事物的一切外观都趋向于美或风格化,物质层面的装饰和美化成为普遍潮流,视觉刺激和享受成为人们体验

---

[1] 所谓视觉文化,它的基本含义在于视觉因素,或者说形象或影像占据了我们文化的主导地位。电影、电视、广告、摄影、形象设计、视觉表演、印刷物的插图化等等,我们可以举出无数例证,证明一种新的文化形态业已出现,有人形象地称之为"读图时代"。

[2] D. Boorstin. The Image:a Guide to Pseudo-events in Amercia. New York:Harper & Row,1964:199

[3] 周宪. 视觉文化的消费社会学解析[J]. 社会学研究,2004(5):58

日常生活的核心内容。

视觉文化的异军突起,主要表现为我们身处一个被媒体和图像所充斥的社会,图像杂志、广告、海报、标识、电视、电影、电子游戏在人们周围泛滥;特别是信息技术的发展,图像可以以数字化信息进行存储并通过信息网络便捷地进行传播,结果是社会环境被不断地图像化和视觉化,图像逐渐取代文字成为今天视觉感受中最通俗易懂和占据主导地位的形式(表 7-2)①。阿莱斯·艾尔雅维茨(Ales Erjavec)认为,现代主义对语言的关注及对总体性的把握,在后现代文化中让位于图像视觉的强烈冲击力②。"我们现实的生活世界,视觉图像僭越文字的霸权几乎无处不在! 从主题公园到城市规划,从美容瘦身到形象设计,从音乐的图像化(MTV),到奥运会的视觉狂欢,从广告图像美学化到网络、游戏或电影中的虚拟影像……图像成为这个时代最富裕的日常生活资源,成为人们无法逃避的符号情境,成为我们文化的仪式"③。在居伊·德波的"景观社会"理论中,他认为,在商品化的社会中,日常生活已经被一种"奇观"式的表象所取代,可感知的世界被一系列的图像所取代,商品化渗透了社会生活的每个方面。波德里亚则认为在消费社会中,由于图像都是工业复制技术的产物,也是媒体加工与渲染后的产物,因此,它不再与现实发生关联,甚至比客观存在的真实世界还要真实,它是纯粹的拟像。

表 7-2   消费社会的视觉消费特征

社会阶段	视觉消费的主要对象	视觉消费的方式	主要视觉产品	视觉消费的特征
消费社会之前	文字	阅读	书籍	读者自己可自由想象
消费社会	图像或影像	观看	电视电影拟像空间	想象直接呈现在眼前

总之,消费社会的人们对世界认知的特点主要表现为更加习惯并依赖于对图像与拟像的认知和解读。

7.2.2   空间的视效消费

城市的空间与建筑作为文化产品的一种重要形式,除去其功能、社会、政治等方面的意义,它们带给人们最直观的应该是其视觉感受和美学意义;另一方面,要想在"注意力的竞争"中取得优势,它们首先必须要做到可视化,"这种可视化不是一般意义上的可以看见,而是醒目,能引人夺目、过目不忘"④。因此,空间与建筑不可避免地受到了视觉和图像消费的冲击。此外,追求个性和差异的价值观和倡导雅俗共赏的审美观无疑为当代空间"新、奇、特"视效的认知和解读提供了社会支持,而新的时空体验有助于视觉符号的创造与流行更替以及媒体化的发展,而社会性的消费认同和区隔则促使各种空间图像和

---

① 许多学者将人类社会分为三个时期:书写时代、印刷时代和视听时代,与这三个时代相对应的中心为偶像、艺术和视觉。随着消费文化与视觉文化的崛起,依托于快感和刺激的图像感受逐渐占据了主导地位并压倒了文字,转而成为一种文化的"主因"。

② 【斯】阿莱斯·艾尔雅维茨. 图像时代[M]. 胡菊兰,张云鹏译. 长春:吉林人民出版社,2003:34-35

③ 周宪. 视觉文化与消费社会[J]. 福建论坛,2001(2):30

④ 王宁. 消费社会学——一个分析的视角[M]. 北京:社会科学文献出版社,2001:246

拟像的消费意义从简单的视觉快感向更广泛的社会意义扩展。如今,空间与建筑的视觉效果越来越多地成为可供大众消费的符号,对空间视效的追求,已成为消费社会"奇观"现象的重要组成部分。彼德·埃森曼认为"今天,在各种文化实践中,对表象的受干扰的观看已经取代了深层的阅读,它被媒体所煽动,把现实的表象作为奇观展示出来。奇观文化,与当代信息的泛滥横流相关;它使人崇拜新奇,要求不断产生新的形象以供消费,媒体所需求的形象,可以即刻、虚拟、顺利地四处流通。媒体对奇观形象的要求,以及'毕尔巴鄂效应'竖立的建筑先例,引导出一种对更新颖而精致的形式及其奇观的永恒要求。这些形象姿态,实际是他们自身的媒体变异,构成了今天的种种奇观"①。

从美国巴尔的摩内港到拉斯维加斯和阿联酋迪拜,从国家大剧院到"鸟巢"和水立方,从宁波城建展览馆到广州歌剧院,从欢乐谷主题乐园到"新天地",强调视觉效果的奇观建筑或空间已成为拉动城市旅游和提升城市形象与地位的重要元素(图7-2)。沙朗·佐京的研究指出当今纽约的发展已经离不开视觉符号资本:高楼大厦密集的曼哈顿所带来的视觉冲击,象征其作为世界经济之都的地位;而作为文化之都,城市也需要在视觉上被设计和装扮成洋溢着艺术、文化和设计氛围的地方。因此,在政府、企业、组织、艺术家、市民的共同努力下,纽约被不断地进行着视觉上的装饰与美化,视觉文化成为城市文化的重要组成部分,影响着市民的生活和城市的发展②。在她看来,迪士尼世界是实施视

图7-2 从建筑到城市都在追求视觉效果

---

① 【美】彼德·埃森曼.对"奇观"文化的质疑[J].时代建筑,2006(5):61

② 【美】Sharon Zukin.城市文化[M].张廷佺,杨东霞,谈瀛洲译.上海:上海教育出版社,2006:153-154

觉策略的最成功的范例(图7-3):"一方面以统一服装和遵守行为规范为基础;另一方面以舞台造型的生产为基础——迪士尼世界的一切很清楚它在虚构的或真实的共享叙述中所指的是什么。迪士尼世界的另一种视觉策略就是把垃圾清运、房屋维修、推推挤挤

图7-3 迪士尼世界的视觉策略

等让人不舒服的事从视觉中消失。迪士尼世界运用压缩和浓缩的手段把复杂的经历变得通俗易懂,让人们只看到精心挑选的符号。尽管有娱乐车和惊险刺激的游戏,迪士尼世界依靠的是表面。"[①]近年来,类似的视觉策略,也出现在了购物中心等消费空间甚至整个城市中,从滨水区到历史街区,从商业街区到居住社区,各种城市建设、整治或复兴活动都与形象与视效的塑造分不开。

综上所述,以图像和拟像符号为代表的空间视效消费机制,已成为消费文化作用于城市空间发展的基本机制之一。在这一机制作用下,城市正在日益美化和奇观化。

7.3 机制3——空间的体验消费

7.3.1 体验与体验经济

消费时代,人们不再停留于物质需求阶段,开始更关注心理与情感体验[②]方面的需求。商家也已回应这一需求,开始将"心理的原料"注入商品之中,而一般顾客也极乐意为这种看不见的利益付出代价,这一现象被美国未来学者阿尔文·托勒夫称为经济体系的"心理化"过程,而这种新经济体系正是体验经济。他认为,人类在相继经历农业经济、工业经济和服务经济之后,体验经济将是最新的发展浪潮[③]。美国经济学家B.约瑟夫·派恩和詹姆斯·H.吉尔摩在《体验经济》一书中,认为"体验是一种创造难忘经历的活动,在商业上企业以舞台、商品为道具,围绕消费者创造值得他回忆的活动"[④],当前人们正在大步迈向体验经济时代,体验经济也将取代服务经济成为消费时代新的主导经济形态(表7-3)。一般认为,消费者的体验来自于对幻想(Fantasies)、感觉(Feeling)及趣味(Fun)的追求,其重点在于物品所提供的服务或文化意义,而非物品本身。以往人们习惯把"体验"看成是服务的一部分,但实际上"体验"还是一种"经济提取物"[⑤]。把"体验"上升到"经济提取物"的层面,为我们提供了全新角度来认识"体验",从经营者角度上讲它是商品的一部分并无形中提升了商品的价值,从消费者的角度讲它是一种特殊的满足心理和精神需求的消费品。

---

① 【美】Sharon Zukin.城市文化[M].张廷佺,杨东霞,谈瀛洲译.上海:上海教育出版社,2006:063-065

② 体验(Experience)一词导源于拉丁文(Exprientia),意指探查、试验。依照亚里士多德的解释,其为感觉记忆,许多次同样的记忆在一起形成的经验,即为体验。

③ 【美】阿尔文·托勒夫.未来的冲击[M].蔡伸章译.北京:中信出版社,2006:120

④ 【美】B.约瑟夫·派恩,詹姆斯·H.吉尔摩.体验经济[M].夏业良,等译.北京:机械工业出版社,2002:18

⑤ 【美】B.约瑟夫·派恩,詹姆斯·H.吉尔摩.体验经济[M].夏业良,等译.北京:机械工业出版社,2002:18

表 7-3　经济形态区分

经济提供物	产品	商品	服务	体验
经济	农业	工业	服务	体验
经济功能	采掘提炼	制造	传递	舞台展示
提供物的性质	可替换的	有形的	无形的	难忘的
关键属性	自然的	标准化的	定制的	个性化的
供给方式	大量储存	生产后库存	按需求传递	在一段时期之后披露
卖方	贸易商	制造商	提供者	展示者
买方	市场	用户	客户	客人
需求要素	特点	特色	利益	突出感受

"体验经济"的提出不在于形成统一的经济概念,但是在多元经济并存的今天,用"追求体验"来概括当代消费活动和消费文化的发展特征是非常准确的。体验经济反映人类的消费行为和心理正在进入一种新的高级形态。从消费目标看,人类的消费可分为"追求量的时代——温饱型"、"追求质的时代——富裕型"和"追求体验的时代——享受型"三个阶段,消费社会商品的丰盛无疑为"追求体验"提供了现实基础。从消费结构看,情感需求的比重在增加,追求情感上的满足和愉悦,或者是追求某种特定产品与理想的自我概念的吻合;从消费内容看,人们对大众化的标准商品的兴趣逐渐在减弱,更加倾心于那些能够促成自己个性化形象形成、彰显自身地位或身份的产品或服务;从消费内涵看,消费者更倾向于文化、历史、科技方面的体验和知识阅历的增长,以满足猎奇心理和提高自身的需求;从商品接受的方式看,人们已经不再满足于被动地接受企业的诱导和操纵,而是通过参与活动、亲手制作或设计、提出反馈意见等更加主动的方式参与到商品的生产和消费过程中(例如参加歌舞表演、参与互动电视节目等)。总之,由于体验可以满足人们对个性与品位的追求、对身份与地位的表达,以及实现自我认同,所以有效地激发人们的情感体验是增加商品附加价值的重要途径。如今,体验式消费已成为消费时代一种日益重要的消费模式。

7.3.2　空间的体验消费

为了应对体验经济的兴起,城市空间承担起为人们提供难忘体验的重任。迪士尼乐园可谓是最为成功的体验性空间商品,它将梦想中的童话世界呈现在了人们的眼前,并将场景体验和娱乐设施游乐完美地结合在了一起。如今,迪士尼的体验策略越来越受到人们的重视,无论是第一地(住宅)、第二地(办公场所)还是"第三地"——公共空间(包括商店、企业的品牌体验中心、博物馆等)都出现了明显的体验化趋势,尤其是"第三地"的核心功能都增添了大量供体验的情感附加值[1]。迈克·费瑟斯通认为,"当代城市的购物中心、商业广

---

[1]　【奥】克里斯蒂安·米昆达.体验和创意营销——打造"第三地"[M].周新建,等译.北京:东方出版社,2006:2-3

场、博物馆、主题乐园与旅游体验之中,都表现出一个共同特征,即文化符号与体验——消费和闲暇就意味着种种体验"①。目前,在全球消费文化的影响下,对体验尤其是空间体验的渴望已正在成为中国城市大众的重要消费欲求之一。从上海正大广场、衡山路酒吧、"新天地"、"泰晤士小镇"等为代表的大受欢迎的城市空间商品来看,难忘的空间体验似乎已成为了空间商品成功的重要保障之一。

　　那么,如何让空间产生体验并使其发生效用呢? 其基本原理就是根据消费者的兴趣、态度、嗜好、情绪、知识和教育程度,结合市场营销工作,把商品作为"道具",服务作为"舞台",空间作为"布景",使顾客在消费活动过程中感受到美好的体验,甚至当过程结束时,体验的记忆仍可逗留在脑海中。以逛购物中心为例,人们最初往往并无明确的购物目标,但是由于商场环境的情景化或主题化的设计与装饰,使闲逛的人们可能在接受外部环境的刺激后,或感受到某种文化情调,或联想到某个故事,或勾起某种回忆,或体验到作为另一种角色的感觉,从而使商品和空间与人们的情感、向往、品位、身份、生活方式等产生了"共鸣",并最终激发了消费的欲望。而且所产生的愉悦体验记忆,可能会让人们再次或多次来购物,从而"培养"了忠实的顾客。以商业空间的体验制造而闻名的捷得国际建筑师事务所,就是按以上原则进行建筑创作的。他们在设计中,始终秉持"场所制造"与"体验性设计"的理念,善于从地方文化和历史景观中汲取灵感、提取元素,围绕主题通过商业化的设计和包装手段并戏剧化地夸大,从而形成了一系列炫目的、令人着迷的体验型商业景观。例如,他们设计的美国加州新港海滩的城市中心(图7-4),从意大利山城的空间和社交模式中汲取灵感,通过白色的建筑色调、步行街、拱廊、阳台、路边咖啡店、喷泉等要素的组合,营造了具有地中海味道的城镇环境,在情感上满足了消费者对欧洲传统文化和空间的怀念。事实证明这一体验场景极大地激发了顾客的消费热情,起到了刺激购物、休闲、旅游等消费的联动效应。

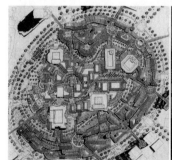

图7-4　捷得设计的美国加州新港海滩的城市中心——意大利地中海山城场景的体验

　　更进一步来看,又如何营造一个成功的空间体验呢? B. 约瑟夫·派恩和詹姆斯·H. 吉尔摩认为体验商品对消费者的吸引力大小与否在于体验的特色——能够让消费者参与并融入场景之中的特色②。空间特色体验的关键在于提供与人们日常生活或所熟悉的环境反差大的场景,这样才能充分激发人们对幻想、感觉及趣味的追求,从而带来体验的快感。纵观成功的体验性空间,它们都离不开空间的主题化、情境化和参与度(图7-5)。

① 【英】迈克·费瑟斯通.消费文化与后现代主义[M].刘精明译.南京:译林出版社,2000:151
② 【美】B. 约瑟夫·派恩,詹姆斯·H. 吉尔摩.体验经济[M].夏业良,等译.北京:机械工业出版社,2002:18

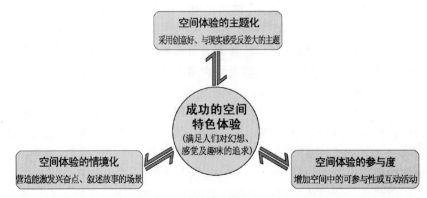

图 7-5　空间体验的成功要素

首先,由于主题是体验的基础,特色体验的根本核心就在于空间的主题化,而且创意好的印象深刻的主题尤为重要。以《体验经济》一书中所提出的好创意体验主题的标准[①]来看,好的空间主题必须要能从地理位置、环境条件、社会关系或自我形象等方面调整人们的现实感受,从做、学、逗留和存在等方面创造与日常生活反差大的场景。同时有关时空的主题(例如沙漠、海洋、丛林、古代、未来……)显得十分关键,这些时空型拟像场景可以影响人们对空间、时间和事物的体验,通过模拟真实的遁世体验来彻底改变人们对现实的感觉。这也是迪士尼乐园童话世界的成功诀窍之一。如今,国内城市中越来越多的旅游景点、历史街区、购物中心、品牌专卖店、餐厅、游乐园、住宅区都经过了主题化的设计。以南京为例,有体验水乡风情的夫子庙和感受民国风情的 1912 街区、有体验新奇购物环境的购物中心——水游城和缅怀革命年代的"火红岁月"主题餐厅、还有体验科技与未来的 DELL 体验店和体味威尼斯风情的"威尼斯水城"居住区,这些空间体验商品的吸引点正在于创造了与日常生活拉开距离的主题化场景(图 7-6)。

其次,通过空间场景的情境化,即拟像场景的营造来突出体验的主题。主题一旦确定之后,在空间场景的设计与布置上,就要更好更真实地再现空间主题,并注意场所情境的营造,即空间体验的组织不但要提供视觉上的刺激,还要能"讲故事",能够引起顾客情感上的"共鸣"。这主要是通过以下四方面达到的。第一,必须要有鲜明突出的空间视觉形象,一眼就要能突显体验的主题,抓住人们的注意力。例如香港迪士尼童话般的城堡作为空间的标志一下子就激发了游客的兴致。第二,在空间组织上要能为消费者提供适宜闲逛的场所,为顾客增加主动探索和发现体验的乐趣。在捷得设计的许多商业空间中,他们常充分利用曲折多变的步行街道、广场、中庭等来组织整个建筑群体,为闲逛者提供了富有趣味和多变的空间,一系列体验就在闲逛与探索中产生。第三,要有一个戏剧化的故事主线来组织空间拟像。例如在上海"新天地"中,以地方风情与异国情趣的戏

[①]　B. 约瑟夫·派恩与詹姆斯·H. 吉尔摩认为具有创意的体验主题的五大标准是:1. 具有诱惑力的主题必须调整人们的现实感受,包括短期时期、地理位置、环境条件(熟悉的/陌生的,危险的/安全的)、社会关系或自我形象。从做、学、逗留和存在等方面创造不同于平常日子的现实,能激发成功的主题,是产生感觉的中心。2. 最丰富的有关地点的主题,通过影响人们对空间、时间和事物的体验,彻底改变人们对现实的感觉。3. 富有魅力的主题集空间、时间和事物于相互协调的现实整体。4. 多景点布局可以深化主题。5. 主题必须与提出体验的企业性质相协调。参见【美】B. 约瑟夫·派恩,詹姆斯·H. 吉尔摩. 体验经济[M].夏业良,等译. 北京:机械工业出版社,2002:56-58

图 7-6 南京成功的主题化空间体验商品

剧化冲突为主线,通过石库门建筑与新建筑、灰砖与现代玻璃和钢材、西方式的广场与中国传统的街巷、素雅的建筑色调与鲜艳的店标与招牌、怀旧的空间与时尚的功能等方面的对比,创造了跨越时空的体验氛围。第四,通过空间形态、符号和小品等的整体组织和配合,来进一步强化空间情境的氛围。以加州新港海滩的城市中心为例,在空间形态的组织上,捷得通过模仿传统欧洲城镇中富有活力的商业街和广场,勾起了大众对传统生活场景的记忆;在符号的应用上,他们从传统建筑语汇中抽取元素(如拱廊、阳台、壁灯等),拼贴、悬挂在建筑物上,再次强化了意大利地中海城镇的印象;在氛围的塑造上,通过各种象征性物品、色彩的应用与组合,各种地面铺装、小品、街道家具和植物的安置,来烘托地中海地区闲适、快乐的生活气氛。

第三,消费者的可参与度也是空间体验成功不可忽视的因素,增加参与度高的遁世体验、教育体验显得尤为重要。如今,一些城市举办的节庆活动(例如青岛啤酒节等)大受欢迎,主要的原因就在于参与者能够通过狂欢来摆脱日常生活的羁绊,即通过逃避现实的体验而获得快乐。此外,一些购物空间将商品的历史与文化、制作过程等呈现在消费者面前,一些歌舞表演场所则将神秘的后台对观众开放,使得消费过程也成为知识阅历的增长过程。而博物馆、科技产品的体验店等空间则通过多媒体技术来增加与参观者的互动性,参观者可以根据自己的需要去了解展品的历史或探索商品的性能。此外,自己动手参与制作商品的主题消费空间,例如陶吧、美甲店、串珠店、十字绣店等(图 7-7),

图 7-7 空间体验的参与性

也越来越多地受到了时尚消费者的欢迎,动手制作的创造性和乐趣成为空间体验的重要内容。这些方式无疑都增加了消费者在体验消费中的主观能动性。

总的看来,在体验消费机制的作用下,城市空间正在变得主题化和场景化。各种拟像场所在城市中不断出现,而城市也日益成为一个可以提供"超真实"体验的拟像。

7.4 机制4——空间的认同消费

7.4.1 消费与群体区分

一方面,由于中国社会收入差距的拉大,富裕、中间、贫困三个阶层的分化变得明显起来;另一方面,消费品位和生活方式也逐渐成为社会结构划分的重要标准,这不但对传统的社会结构产生了冲击,而且也造就了新的消费分层现象,即不同社会阶层、职业、性别、年龄、文化程度的人也可能有共同的消费爱好和方式,并可能消费相同的物品。例如,劳动阶级出身的嬉皮士和从贵族出身的嬉皮士,共享相同的消费生活方式,但他们却出自不同的阶级。此外,由于当今消费活动的社会链接价值的凸显,使得消费的区隔和认同作用变得更加重要,相同或相似的消费体验、符号消费和情感依赖可以使消费者之间产生认同和交流,相反则产生排斥和隔离。目前,社会上"身份集团"和"新部落"正在不断地涌现(歌迷会、电玩族、球迷会、户外族……),当今社会不得不面对各种由于消费而结成的亚文化群体肆意泛滥的局面[①]。但是,不管这些群体有多么的不同,他们都具有一个共同的特征:由于接近的消费品位和生活方式而形成的身份认同是这些群体形成的基础。

7.4.2 空间的认同消费

空间体验的兴起,特别是各种拟像场景可以提供各种满足人们所向往和幻想的场景,使人们产生情感上的共鸣和认同。因而,空间的认同感和归属感在消费社会显得格外重要,具有相同(消费)趣味个体消费相同的空间商品,可以成为社会交往并产生群体认同的重要基础。如今,由于社会群体分化的变化,使得空间的认同消费成为城市空间发展的重要影响机制之一。消费所带来的群体区分和认同必然会进一步影响城市空间的发展。这主要体现在空间消费阶层化和空间消费的趣味化两方面(表7-4)。

表 7-4　消费时代社会结构分化和空间认同消费

社会群体的类型	社会群体划分的标准	空间认同消费的特点	影响空间认同的关键性因素	消费的核心符号意义
按传统标准划分的社会群体	收入、年龄、性别、职业、受教育程度、种族、宗教	纵向的阶层化	档次、功能、区位、环境	社会地位及其认同
"身份集团"或"新部落"	消费品位和消费生活方式	横向的趣味化	个性、品位、风格、生活方式	趣味身份及其认同、个性化的自我

---

① 【美】阿尔文·托勒夫. 未来的冲击[M]. 蔡伸章译. 北京:中信出版社,2006:155-174

　　首先,相对于传统划分的社会群体而言,由于社会收入差距的拉大,空间消费趋向阶层性的分化。空间消费的核心符号是社会地位,即对社会地位的认同和追逐是空间认同消费的主要目的。这加剧了城市空间的不均衡发展,高阶层人群所消费的高档空间商品向历史文化价值高、景观环境好、区位优越的城市地段集中,而低阶层人群所消费的空间商品则只能占据历史文化价值贫乏、无景观、环境较差、区位较差的城市地段。

　　其次,依据消费趣味与生活方式而形成的"身份集团"或"新部落",又使得一些空间消费趋向趣味化。空间消费所带来的个性、品位、风格、生活方式等象征意义是这些群体所关注的重点。不同社会阶层、职业、性别、年龄、文化程度的人只要是消费趣味相投,就可以消费同样的空间商品,而且这些空间也正是这些群体产生认同感和归属感的场所。因此,这些群体消费的核心符号意义不再是对社会地位高低的追逐,而是消费趣味所形成的身份认同以及其蕴含的亚文化。此外,"新部落"消费的空间商品具有很强的专属性和排外性,因为追求个性化的自我表达和社会链接价值是他们进行空间认同消费的主要目的。在空间消费的趣味化的作用下,城市空间无论是类型和功能,还是形式和风格,都正在变得多样化和专业化,只有这样才能适应社会上日益增长的"新部落"的需求。例如,现在南京的商业街或街区正在变得日益专业化,即相同类型的消费空间聚集在一起形成针对某一"新部落"的专业化商业场所。例如,珠江路是电子产品爱好者的天堂,进香河路是户外爱好者交流聚会的场所,长江路是文艺人士进行文化消费的好去处,1912街区是酒吧文化爱好者的乐土,而朝天宫街区则是收藏者的专属空间,等等。

　　一方面,城市的发展要满足社会群体分化所带来的对城市空间场所的多元化和专属化的需求,因为每一个"新部落"聚集和消费的空间都具有较强的空间归属性和领域感。例如,南京进香河路依托东南大学形成了户外用品一条街①,街边的户外商品店、俱乐部和茶室成了南京户外运动爱好者消费、聚会、交流心得的"部落空间"(图7-8),而其他社会群体则很少光顾。另一方面,城市空间所具有的身份认同的功能,从表面上看是某一阶层或趣味群体的人们消费与自己社会地位、趣味身份相适应的场所,实际上也是一种空间对社会关系的建构作用:特定的空间通过欢迎和包纳相对应的社会群体从而建构相似性(similarity)和团结感(solidarity),而同时通过排斥和拒绝其他社会群体从而制造排斥性(exclusion)和隔离感(segregation)②。

7.5　机制5——空间的时尚消费

7.5.1　时尚与消费文化

　　时尚一词的概念与消费文化的发展是分不开的。齐美尔认为,时尚产生于精英阶层寻求与其他阶层相区分符号的过程中。精英阶层通过符号例如差异性的服装、生活方式等来与大众阶层拉开距离,但是这些符号很快会被大众阶层所模仿和学习,从而导致这

---

　　① 调查表明,户外运动爱好者以大学生居多。

　　② 参见 张似韵. 消费实践与社会地位认同——有关以白领雇员为代表的上海中间阶层研究[D]:[硕士学位论文]. 上海:复旦大学社会学系,2002:6-7

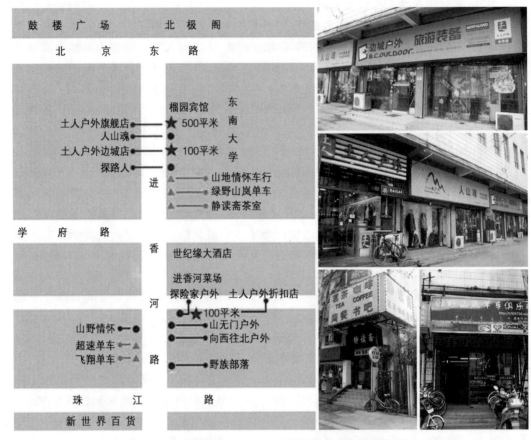

图7-8 南京进香河路——户外运动爱好者的"部落空间"

些符号区分功能的丧失。这种结果迫使精英阶层进一步发明新的区分符号,而新的符号又导致新一轮的模仿。如此循环往复的过程,就构成时尚。19世纪末,在西方社会中兴起的炫耀式消费,就是新富阶层通过消费来模仿传统贵族生活方式的结果,可以说是一种时尚的雏形。实际上,早期的"时尚"与社会阶层密切相关,它具有流动的特性,一种新的时尚往往是从高阶层向低阶层扩散。进入消费社会后,在各种媒体的推动下,通过消费来追逐时尚逐渐成为全社会性的行为。美国社会学家布鲁默(Herbert George Blumer)认为,消费社会的时尚是一种集体情绪、集体趣味和集体选择,时尚反映了人们"紧跟时代"、"站在时代前列"的愿望[①]。消费社会的时尚流动不仅是"自上而下",同时也可以是"自下而上",甚至是更广泛的横向流动,即超越传统社会阶层而在由消费趣味而形成的"新部落"之间进行流动。这是因为,消费社会的趣味消费和认同消费逐渐打破了社会阶层的划分,时尚与更广泛的商品符号联系在了一起。不同的阶层、职业、性别、年龄的个体可以追逐同样的时尚,例如特色餐饮、网络游戏、健身休闲等等的流行就是超越传统社会群体的;底层社会的符号也可以成为时尚,例如农家乐旅游的兴起,说明农村田野

---

① 参见 徐健.作为消费品的建筑——消费时代的当代时尚品牌专卖店研究[D].[硕士学位论文].上海:同济大学建筑与城市规划学院,2006:46

的生活方式如今也成为城市居民向往和体验的时尚。此外,由于价值观由统一向多元差异的转变,以及审美取向的世俗化和泛化,为时尚的素材及其流动提供了更广阔的领域。时尚的类型变得更加繁多,而且社会对一些新奇的时尚甚至是反文化的时尚的涵容度也愈来愈高。

另一方面,时尚具有时效的特性,时尚往往是人们追求新奇体验的结果。而任何新奇感都有其生命周期,一开始是新奇的,很快就会变得不那么新奇,最后则变得令人厌倦。于是,就需要用新的时尚来取代过时的时尚。而且在消费社会中,调动大众市场的时尚更替已经成为加速消费,促进社会发展的重要方式。在大众流行商品,一次性商品,休闲、享乐、体验等服务性商品的充斥下,加上商家"有计划更新与废止"的推行和媒体的不断鼓动与教化,社会上的时尚周而复始地更替着。

7.5.2　空间的时尚消费

大众积极追求时尚,而不断翻新的时尚潮流也引导着大众的消费热情。城市建筑与空间作为一种"商品",在其消费过程中时尚消费机制同样起着重要的作用。一种空间或建筑要成为时尚,首先要进行精心的设计和包装,还必须拥有诱人的符号意义。例如,表皮化建筑、SOHO 在家办公的空间模式、LOFT 艺术区、"新天地"的空间模式、主题化购物中心、品牌旗舰店等等,近几年来成为引领中国空间消费的时尚。这些空间商品由于在形象、个性、品位等符号方面的优势,在大众媒介的关注下,迅速成为各个城市空间生产——消费体系竞相学习和模仿的对象。

其次,由于时尚是人们追求差异体验的结果,因此,可以作为时尚的空间商品还必须要有"一鸣惊人"的创意。一些国内外知名设计师创作的突破性或前卫作品正是充当了"时尚原型"这一角色,其独具匠心的创意可以迅速转化成供大量复制和模仿的时尚——符号商品。例如,库哈斯的 CCTV 大楼以奇异的形体取胜,随后国内出现了许多类似的高层建筑设计方案(图 7-9)。此外,"新部落"的兴起,意味着必须不断创造具有新奇体验的空间时尚以应对社会多元和多变流动的消费趣味。正如第 4 章所论述的,各种专业

北京CCTV大楼(库哈斯)　　宁波某办公楼设计方案

图 7-9　空间时尚的制造与流行

化、体验化的消费空间类型正在城市中不断的拓展,这也是大众追逐时尚所致。

第三,由于整个社会消费欲求的不断变化,在追逐利润的驱动下,空间的时尚将保持快节奏的持续更替。空间的生产者与经营者以及设计师必须主动地生产短暂性的空间商品以高度适应时尚更替的频率。这主要体现在以下四个方面(图 7-10):其一,生产短暂的城市空间物质环境,其典范是大量涌现的"临时性建筑",旨在通过缩短建筑生产—消费体系的循环周期,实现空间时尚的不断更新和反复增值。例如前卫的会展临时建筑和售楼处,以及由广告、商标、显示屏所构成的临时性建筑表皮,已成为应对时尚的"都市传感器"。其二,生产短暂的空间体验,如各种拟像场景,通过空间的主题化和场景化,将人们的注意力吸引到场景所提供的各种体验上。而且这些场景不再是固定的,而是像舞台一样根据需要更换布景,因此可以轻松地跟上人们不断求新求变的体验需求。其

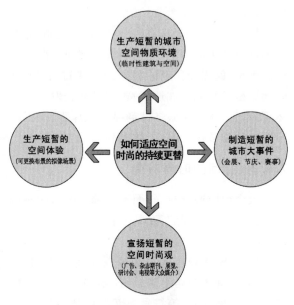

图 7-10　空间时尚持续更替的策略

三,制造短暂的城市大事件,例如会展、节庆、赛事等大众参与的、同期举办的文化消费活动,短暂的活动时间能有效维持对活动场所甚至城市本身的新奇感受并激发狂欢的欲望。其四,宣扬短暂的空间时尚观,主要依靠广告、杂志期刊、展览、研讨会、电视等大众媒介获得话语权,通过对某位规划师或建筑师、某类作品、某种建筑现象、某种建筑思潮所作的推介和评价,从而在正反两个方面影响设计潮流和关注的热点,从而引导大众对城市与建筑的认知和审美取向,最终保障时尚性空间商品的持续产生和流行。

实际上,时尚消费机制已成为空间商品持续生产—消费的重要动力,在时尚更替的压力下,新的空间类型、功能、形式和风格正在不断地被创造出来,城市景观将持续地被更新。此外,空间时尚的持续更替和由此产生的短暂性空间商品也是消费社会产生时空压缩的重要原因之一。

7.6　小结:空间符号生产与消费的机制

从上述的五种机制来看,差异消费机制是消费社会城市空间发展的基本规律,即各种差异性空间符号的生产与消费。城市空间在此机制作用下局部趋向个性化与差异化,而总体上则趋向多元化。

对空间的视效消费、体验消费以及认同消费三种机制的解析,说明空间的差异性符号是通过追求视觉刺激(感官差异)、追求情感体验(体验差异)、追求身份认同(社会身份差异)三个方面产生的。因此,这三种机制也可说是如何生产与消费差异性空间符号的具体化机制。在它们的作用下,城市空间日趋奇观化和拟像化,并出现空间的社会性区

隔或认同的现象。

　　时尚消费机制则揭示了空间(符号)商品时尚流行和更替的规律,也可以说是动力机制。在它的作用下,城市空间商品及其时尚被持续不断地生产—消费,这也是当今城市产生时空压缩和分离感受的重要原因(图7-11)。

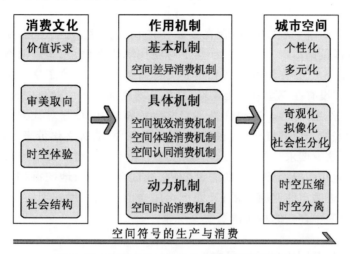

图7-11 消费文化对城市空间的作用机制解析

　　值得一提的是,由于当代消费文化对人类的根本性影响就在于将商品的消费由使用价值引向了符号价值。因此,上述所论述的五种机制,无论是基本机制,还是具体机制或动力机制,都是对消费社会城市发展规律的揭示,即对空间符号性商品的生产—消费的主要规律的揭示。正是因为有这些新规律的存在,当前城市空间在发展中才表现出了与以往不同的特征与态势:从物质走向了符号,从功能上的使用走向了情感上的体验与认同。

8　消费时代城市发展的机遇、挑战及对策

事实上,人们对"消费文化"还存在着较多的认识误区,尤其容易与"消费主义(文化)"混为一谈(详见第2章)。目前,社会上对现代消费文化,尤其是消费主义的批判主要集中在以下几个方面:资源的浪费和不利于可持续发展,导致了享乐主义和精神的颓废,富裕与平等并没有在完全意义上实现,文化艺术堕落成为商业化的符号,文化符号对人的控制与异化作用,等等。这也许是消费文化的弊端,但是它对社会发展的贡献是有目共睹的,其积极的一面同样也不能忽视。因此可以说,消费文化带来的是利弊并存,机遇与挑战共生。这就要求我们必须从辩证的角度来考量消费文化对当代中国城市空间的影响:既要强化和引导消费文化的正面效应,通过合理有效地挖掘和利用空间的文化(符号)资本来促进城市的健康发展;又要把握住当前中国发展的现实与特殊性,理性地批判城市空间发展中存在的种种消费主义现象。

8.1　面对发展机遇的展望

正如上文所论述的,消费文化是从价值诉求、审美取向、时空体验、社会分化四个方面对中国当代城市空间产生影响的,在五种新型机制的作用下,城市空间的发展无疑面临着新的发展机遇(图8-1)。

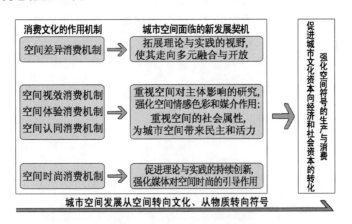

图 8-1　消费时代城市空间面临的新发展机遇

第一,消费文化的多元价值取向极大地拓展了传统建筑学和城市规划学科的视野,在相对宽松的社会背景下,在差异机制的驱动下,有助于城市空间的发展摆脱"千城一面"的窘境,有助于规划、设计在理论和实践上的突破,形成百家争鸣的局面。由于消费文化的审美观具有向日常生活学习的特点,这无疑有利于破除各种文化之间的壁垒,打破旧有的学科之间以及艺术与生活之间的界线,从而拓展城市规划学和建筑学的视野,消除功能与形式、结构与装饰、客体与主体、理性与感性等传统的二元对立,使其走向多元融合与开放。

第二,根据物质消费向体验消费发展的趋势,在空间视效机制与体验机制的驱动下,对空间客体及其规律的探询将转向对空间为主体带来的感官刺激、情感体验的研究和开发,对功能与实用的思考转向创造空间形式与情境的表达,并促进城市空间从冰冷的构筑物向更具人性化或戏剧化的场所的转变。这无疑将有利于设计理念的更新,并促进规划与设计方法的优化。

第三,空间的认同消费机制告诉我们,城市空间与人们的消费趣味、身份地位和自我价值密切相关,因此,城市空间绝不是均质化的抽象空间,未来在城市空间的布局和建筑设计中必将更多地考虑相应人群,特别是各种消费群体的喜好和习惯。对身份认同的渴望,将为大众的创造性空间消费(自由选择亚文化群体及其空间)提供契机,并有可能强化公众参与的力度,在城市空间实践中促进生产者与消费者之间的交流互动,从而为城市空间带来民主和活力。

第四,在时尚更替的驱动下,为应对市场竞争的压力,城市空间从类型到业态、从功能到形式、从理论到技术的创新将持续不断。特别是功能业态的混合、空间的再利用、媒体化表皮以及虚拟影像技术的应用与发展,将有可能在较少消耗物质资源的基础上使得空间与建筑跟上时尚变换的潮流。此外,如果强化大众媒体的正面引导作用,将可能促进符合中国国情、反映地方特色的时尚性空间的生产和消费。

最后,符号消费学向我们揭示了文化符号的巨大价值,因此,必须要强化城市中的空间或城市本身所拥有的独特的健康的符号意义。由于其稀缺性和独有性,它们是城市无价的无形资产,特别是在都市旅游中,通过文化资本向经济资本与社会资本的转化,这些符号商品将为城市带来极大的效益。

总之,在消费文化的语境下,当代城市发展所关注的重点将从空间中的生产与消费转向空间的生产与消费、从空间的使用价值转向空间的符号价值,即从空间功能上的使用转向情感上的体验与认同。在生产方面,符号性空间商品的生产,尤其是设计与建设中对建筑形式和空间体验以及媒体特征的注重,将有助于空间文化资本向经济资本的转化,并有可能改变建立在大量资源消耗基础上的物质空间的增长方式;在消费方面,空间消费的内涵由简单的使用拓展到购买、光顾、游玩、观赏以及体验等方面,将强化空间的情感色彩、社会属性与媒介作用,将有助于城市空间人性化和情感化的发展,有助于规划与设计方法的拓展,并为大众提供了更多的参与空间实践的机会。

8.2 消费文化语境下中国城市发展的特殊性

西方发达国家步入消费社会以及以大众消费和符号消费为特征的新型消费文化在社会中的兴起是社会连续发展的必然结果,具有自发性和延续性的特点。而中国由于处于特殊的发展阶段,新型消费文化从形成到兴起是与改革开放以来西方政治、经济、文化的入侵和冲击分不开的,中国的消费文化总体上具有超前性和移植性,在地域分布和发展阶段上呈现不均衡的发展态势。因此,在中国特色消费文化的影响下,当代城市发展状况比西方更具复杂性和矛盾性,这主要表现在以下几个方面(图8-2)。

第一,从发展目标来看,中国城市发展的重点仍在于空间的物质性和感官表达。在西方成熟的消费社会中,城市化已基本完成,城市空间发展的重点已由空间客体转向了城市

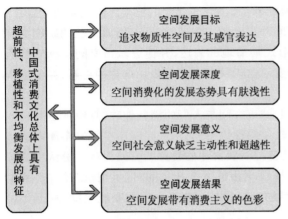

图8-2　消费文化语境下中国城市发展的特殊性

的非物质要素,如地方文化与特色、城市象征体系、社会公平、居民对城市的感受和体验等。视觉刺激、情感体验、身份和地位认同等符号性意义已成为空间商品生产—消费的主题。在中国,现实的社会发展阶段决定了当代城市发展的主要任务仍是城市化和现代化,物质性空间商品的生产和消费依然占据了相当大的比重。由于技术和观念上的相对落后,城市空间的发展主要表现为对建设规模和速度以及对空间和建筑形式的片面追求,而对空间文化、技术等方面关注较

少。形象工程、奇观建筑、新城、新中心、开发区、工业园区等等仍然是衡量城市进步与发展的重要标准。但是,近些年来,发达地区城市的符号性空间消费正在兴起并不断扩张,从政府、开发商、设计师到大众已经越来越多地意识到城市的非物质要素和符号意义的重要性,城市发展的重点也开始由物质向非物质,从功能和形式向体验和社会认同等方面转变。体验性场所的兴起,城市空间社会性的区隔与认同,城市特质空间的复兴,城市特色和品牌的挖掘和宣传,地方传统民俗和节庆的恢复等等已逐渐成为常见的城市热点。

第二,从发展深度来看,中国城市空间消费化的发展态势具有表象性。西方城市发展与消费活动及其文化之间的关系经历了从冲突到抵制再到适应和融合的过程。特别是,欧洲城市认同与消费冲突融合的发展,说明欧洲的城市发展并不是盲目地受消费文化的影响,而是不断反思,扬长避短地利用消费文化来发展城市,并求得文化与经济之间的平衡。而中国在急迫的发展心态下,对经济发展的关注度远远超过社会的其他方面,对消费文化的反思没有西方那样深刻,也没有过多地关注消费文化对地方文化的冲击和影响。只要对推动城市化、加快现代化步伐有利的商品和符号就抱着接纳的态度。因此,西方许多前卫或时髦的空间类型和形式,通过模仿和复制纷纷进入中国,而其背后的社会文化背景和深层意义被消解掉了,只是成为城市不断进步的简单标志。而与此同时,城市本身的地方文化和特色在这些舶来品的冲击下逐渐消散掉。

第三,从发展意义来看,消费化的中国空间所具有的社会意义尚缺乏主动性和超越性。在西方,消费文化的价值观和审美观具有对理性主义、现代主义的反思,具有反对权威,挑战精英主义,提倡个性、自由、平民主义的社会意义。如今在消费文化的语境下,许多大众喜闻乐见的素材被纳入了中国城市空间之中,这无疑具有促进社会民主与平等的作用。但是,由于大众自觉意识不高,加上体制等方面的限制,在城市的规划设计与建设过程中,公众的影响力较小,大部分消费者尚处于弱势和被动的地位。空间商品的生产和审美趣味的引导仍主要依靠生产者的制造和大众媒介的传播,是作为艺术文化精英的建筑师、作为经济精英的开发商和作为社会精英的城市管理者合作的结果。但是随着社会的日益多元和开放,大众对城市中空间和建筑越发关心起来,其个性化的消费需求无疑将促进公众对城市规划设计与建设的参与热情,提升大众的民主与公平意识。

第四,从发展结果来看,中国城市空间发展带有消费主义的色彩。西方城市的发展

已从重"量"向重"质"转变、从物质向文化转变、从短期效益向可持续发展转变。如何有效地提高现有的物质空间的(社会、经济、文化)效益,如何发挥城市的符号体系和文化创新的价值,如何有效促进文化资本向经济资本的转化,成为西方城市发展所关注的重点。而中国由于缺乏集约发展和可持续发展的理念,再加上"好面子、好攀比、讲排场"等传统观念的影响,城市空间的发展中消费主义现象严重,主要表现为土地浪费、重复建设、不节能、不环保等问题。从疯狂圈地的开发区到工业区的遍地开花,从以追求标志性高层建筑、行政中心、广场、文化中心等"高大全"城市形象工程到购物中心、超市等由于重复建设所引起的恶性竞争,从日益普遍的房地产投机行为到商品房房价的持续快速上涨,可以看出盲目消费、超前消费、奢侈消费等观念已经影响到了城市的管理、规划与建设。

8.3 面临的挑战

在中国城市发展的特殊性背景下,消费文化在促进城市发展的同时,也带来了种种的问题和弊端,并对规划与建设的目标与价值观、地方文化、城市景观、城市公共活动、城市体验、规划设计市场、空间消费者等几方面产生了负面的影响,进而对消费时代的中国城市健康发展构成了巨大的挑战。这些负面的影响无疑值得我们关注和批判。

8.3.1 是需求还是欲望?——城市规划与建设目标和价值观的偏颇

改革开放30年,中国社会正逐渐步入"小康"时代,消费价值观也相应地发生了较大的变化,人们的消费心理中更多地融入对经济实力、社会地位、生活品位的追求与象征表达。正是在这种消费心理的驱使下,许多市政府和企业也已认识到城市的符号价值——城市文化、城市特色、城市形象的建设与宣传对一个城市的发展起到至关重要的作用。但是,部分城市规划管理者为了满足其欲望的消费,在急于出"政绩"的虚荣心的推波助澜下,在城市规划与建设领域出现了脱离实际国情,盲目追求高标准、高档次,大搞"形象工程"、"政绩工程"的现象(图8-3),"高大全"、"国际化"、"世界领先"、"50年不落后"成

图8-3 形象政绩工程——安徽淮南的体育中心规划设计方案

为规划建设的目标。这些导致了很多不良倾向的出现,"城市规模随意扩大,大搞标志性建筑物,办公楼越建越大,摩天大楼越盖越高,马路越修越宽,草坪越铺越大,大拆大建等现象"①。同时,再加上盲目跟风、相互攀比的心态作用下,广场、行政中心、开发区、工业园区、新城、大学城、CBD、历史街区复兴、滨水区改造等等出现在各地城市中,蔚然成风,这些建设热潮中有多少是出自城市现实发展的需要呢? 其实许多只是虚荣欲望的结果,造成的是空间之间的恶性竞争、土地与资源的浪费和低效无序的发展。

而中国现尚处在社会主义初级阶段,面临着如何提高贫困人口的生活水平,如何集约使用土地和资源,如何优化城市空间与产业结构等亟待解决的问题。这些在城市规划与建设中所出现的贪图虚荣、超前消费和奢侈浪费的现象无疑有悖于我国社会和谐发展的目标,因为这些问题的最主要的根源还在于混淆了正常的消费需求与消费主义欲望之间的区别,未能搞清城市的规划和建设首先是为谁服务的问题,规划和建设不能仅仅满足高官阶层或利益集团的欲望,而是应该以社会大众的需求作为根本的出发点。这些问题的根源还在于,由于我国现有体制上的限制,政府在城市规划与建设中的职权尚未理清,忽视市场规律和科学技术支撑的长官意识依然影响着城市的发展,这难免会制约城市走扬长避短的错位发展道路,从而容易造成重复建设和无序发展。

8.3.2　是地方还是全球?——城市地方与传统特色面临的丧失威胁

由于消费文化的传播具有全球化的特征,库哈斯担忧地认为,全球化肢解了一些地区传统城市的既有地域认同感,而新的文化认同尚未建立——依靠快感化、符号化、均质化的处于主流地位的商业文化很难建立起有地域特色的新文化体系②。当前,中国正处在实现现代化和城市化的历史进程中,在消费文化的影响下,"去传统化"、"求新求洋"成为城市发展中的主旋律。城市建筑"一味追求用高档材料,套用西方建筑师的新手法,以西方建筑为现代的样板来创作所谓的现代化建筑,另一方面又崇尚古典欧式的建筑风格,这体现出西方强势建筑文化在我国建筑创作中的支配权"③。城市的传统格局、历史地段与建筑、空间尺度、生活方式等各个方面都遭受了冲击,城市的地方与传统特色正在丧失。

事实上,消费文化所带来的城市混杂化的景观不仅是全球化与地方文化的碰撞与互补的结果,也反映出普适性的消费文化与传统文化实践之间潜在的紧张关系。在全球性消费文化的均质化作用下,存在着地方传统特征、消费行为以及其他地方文化活动被削弱甚至被去除的趋势。机场、购物中心、主题乐园等消费功能强大、超越地方、压缩时空的"非空间"在城市中不断出现,相应地,反映传统文化、蕴含地域特征的城市空间在日益减少。在这一背景下,地方与传统特色的稀缺性价值就凸显出来了,在消费文化逻辑下,这些稀缺性空间也势必将成为商品。消费景观的设计大师捷得及其事务所一方面极力倡导全球文化的融合,强调将分散的文化转换为"我们"统一的文化④,但是另一方面,他们也并不否定地方或传统文化,相反他们从这些文化和历史景观中汲取灵感,提取元素,通过商业化的设计和包装手段并戏剧化地夸大,形成了一系列炫目的体验型商业景观。

---

①　侯全华,胡向东,邱茜.城市规划中的消费现象刍议[J].规划师,2003(10):70

②　荆哲璐.城市消费空间的生与死——《哈佛设计学院购物指南》评述[J].时代建筑,2005(2):67

③　黄杏玲,王宇,颜萍.消费文化中的建筑艺术[J].建筑学报,2003(4):44

④　【意】毛里齐奥·维塔.捷得国际建筑师事务所[M].曹羽译.北京:中国建筑工业出版社,2004:7

不管他们的设计是否存在"虚假"、"艳俗"、"商业化"等弊端,他们的一些作品至少在表面上将全球性的消费文化与历史文化融合在了一起(图8-4)。如今这种思路已经融入城市发展之中,在欧美从内城复兴到文化规划,都是地方对抗全球均质化的反应。近些年来,地方文化和蕴含这些特质的空间场所日益受到中国社会各阶层的重视,大家可以看到一方面是"千城一面"的"均质化"现象,另一方面是以"夫子庙"、"新天地"、"798"艺术区、环城河滨水空间等为代表的历史文化地段的重建或复兴(图8-5)。安东尼·奥罗姆与陈向明对中国的相关研究所得出的结论也是如此,"全球与地方更加复杂的相互作用过程带来了地方文化景观在社会文化的重建。这种重建又以全球化和现代文明的影响同地方传统文化的反映相结合为特征。虽然发展中国家的主要城市将会继续成为扩张性西方广告和市场营销的竞技场,但是,这些城市并不是进口物质文明的被动接受者。更重要的是,地方文化景观常常在不断适应全球文化潮流的过程中实现重组"①。然而,我国现阶段在追求现代化

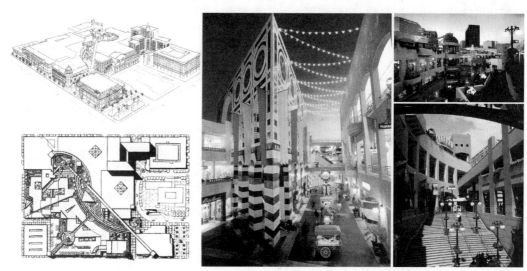

图8-4 捷得设计的美国圣迭戈霍顿广场——对城市文脉的商业化回应

商业与历史的冲突与融合——上海城隍庙　　　新旧建筑的冲突与融合——上海"新天地"

图8-5 均质化与地方化的冲突与融合

① 【美】安东尼·奥罗姆,陈向明.城市的世界——对地点的比较分析和历史分析[M].曾茂娟,任远译.上海:上海人民出版社,2005:126-127

的基本发展战略驱动下,"均质化"的力量尚远远大于"地方化",如何有效抑制地方与传统特色的丧失仍是当前城市发展所面临的难题之一。

8.3.3 是丰富还是混杂？——城市整体景象呈现碎片化和平面化

消费文化突破了现代主义理性与秩序的禁锢,极大地拓宽规划设计的思路,使得空间的生产变得更加自由和丰富。今天的社会对于城市空间有着更加宽泛的包容度,一切都有可能,一切存在都可能具有价值,统一与混乱、理性与感性、高雅与世俗、现代与传统、中与洋、美与丑可以并存。虽然这种宽容带来了多元化的都市景观,但也难免鱼龙混杂,许多庸俗的、低俗的空间与建筑也找到了生存的空间。在差异机制的驱动下,过度追求差异和变化,导致了个性化空间和建筑过多,这就增加了个性泛滥的机会,反而从整体上使得城市丧失了个性。库哈斯认为,在现有的城市中,代表消费欲望的个性化的新建筑都是见缝插针地不断出现,它们割裂了城市的整体形象。现实的城市已经背离了传统城市的形态或现代主义的理性城市,它已经变成了无数零碎的、不确定的、混乱的、没有秩序的、不美的、多元的细节①。虽然如此,库哈斯坚持认为,建筑师应服从城市的现实,只能不断的创造新奇的形式来领引时尚,才能满足城市更新的需求及大众的消费愿望。但是,一方面,缺乏特色的普通城市需要奇观建筑;另一方面,过多的奇观建筑是普通城市形成的重要原因,这正是消费社会城市发展所面临的尴尬。

此外,图像和拟像消费的兴起,对空间与建筑的深度思考和审美已经让位于肤浅快感式的视觉刺激。片面追求形式、追求视觉震撼,城市成为了奇观竞相上演的舞台,甚至成为了可以快速阅读的缺乏深度的图像。目前中国的一些城市,在强烈的身份焦虑下,通过追求高数量、大规模、大尺度和高速度,追求新奇和震撼的建筑景观,快速地制造着差异和个性,城市日趋多元和复杂化。但是综合来看,城市的景象在局部区域趋向个性化和多样性,而在整体层面则趋向无个性化和碎片化(图8-6),在这一过程中空间的意义和深度被消解了,而表面化的视觉刺激成为人们感知城市的重要特点。

局部个性化——沈阳方圆大厦　　整体碎片化——沈阳城市局部鸟瞰

图 8-6　沈阳——局部个性化与整体碎片化的并存

8.3.4 是公共还是私有？——城市公共空间的日趋商业化和私有化

随着消费社会的发展,消费空间及其活动在城市空间中多方位的渗透,我们可以直

---

① 参见 Rem Koolhas, Bruce Mau. S, M, L, XL[M]. New York: Monacelli Press, 1995

观地感受到各种公共空间的商业化进程。齐格蒙特·鲍曼指出,进入消费社会后城市传统公共空间在萎缩并被消费场所所取代,它们似乎越来越需要被披上"文化"的符号进入商业运作的领域,才能生存与延续①。库哈斯认为,购物活动渐渐渗透并侵占了公共空间,销售业渗透在城市概念里,城市已很难与购物行为分开。与此同时,由于许多商业集团不但越来越多地介入城市公共空间的新建和改造过程中,而且通过提供建设资金等形式,从而获得部分空间的产权或经营权。而且他们通过雇用清洁工和保安、增设监控设施、组织流线、制定行为规范等方式,承担起了公共空间管理者的角色。因此,越来越多的城市公共空间正在被私有化。另一方面,不但各种消费空间是现代人们进行社会交往的重要场所,甚至酒店、办公商务大楼等,也通过设置广场、绿地、中庭、园林等相对开放和开敞的空间,为人们提供象征性的可以自由活动和交往的"公共空间"(图 8-7)。有人认为,各种私营的空间已承担了越来越多公共活动的功能,而传统的社会公共活动却在冲击下消散而去。由此,许多学者都在为城市公共空间在整体上和物质上受到经济发展和社会私有化进程的威胁而感到担忧。

南京水游城的休闲水街　　上海梅龙镇广场的中庭　　北京理想国际大厦的中庭

图 8-7　商业和私有空间中象征性的"公共空间"

根特城市研究小组认为,由于公共空间的商业化与私有化,当今的城市公共空间看起来逐渐被划分为各个特定的部分,只是欢迎特定的群体,而排斥"多余的"或是"不受欢迎的"造访者(例如流浪汉、衣冠不整的人、社会底层人群)。这主要表现在私有机构或单一特征群体对公共空间,如公园、建筑物门廊以及购物中心等的侵占②。许多公园和建筑中庭按社会中上层的需求在安全、环境等方面进行了改造,强调透明的视野,成为"可防御的空间",来客被无声无息地过滤,即不受欢迎的个体或群体会被排除出去。如今购物中心功能的多样化和综合化,大有替代城市的趋势,但是这些空间内发生的大部分公共活动是建立在花钱消费的基础上,无钱消费的社会底层人群自然而然地被排除在外了。此外,美国社会学家威廉·怀特(William Holly Whyte)认为,购物中心等现代消费空间"摒弃了真正的市中心的许多活动。它们不欢迎——确实是这样——也不能容忍争论、政治性演讲、发放宣传单、即兴表演、意外事件或是怪异的言行,不论这些行为有无害

---

　　① 张京祥,邓化媛.解读城市近现代风貌型消费空间的塑造——基于空间生产理论的分析视角[J].国际城市规划,2009(1):44

　　② 【荷】根特城市研究小组.城市状态:当代大都市的空间、社区和本质[M]. 敬东,谢倩译.北京:中国水利水电出版社,知识产权出版社,2005:97-98

处"①。美国城市研究学者迈克·戴维斯（Mike Davis）则激进地称这些商业化与私有化的公共空间为"假公共空间"，因为公园、购物中心、建筑中庭等空间通过严密的监控功能，将公众参与这一概念缩小到令人放心的消费层次上，从而减少了人群和活动的多样性的自由度。

目前的欧美，在文化或商业上有利可图的地区的私有化倾向可以用 BID（商业发展区，Business Improvement District）现象来深入说明。这种现象首先发生在纽约这样的城市里（图 8-8），然后在其他地方也陆续出现。到 1997 年，全美已有 1 200 多个 BID 活跃在各地，慢慢地它开始扩散到欧洲、加勒比海沿岸、澳大利亚以及南非。BID 的原则包括："允许商业区中的企业主和财产拥有人主动交税，以维护和改良公共区域，并将这些区域置于自己的控制之下。"②从 BID 的原则中可以看出，公众必须遵守私人所制定的行为规范，公众的部分自由和利益难免要受到影响。

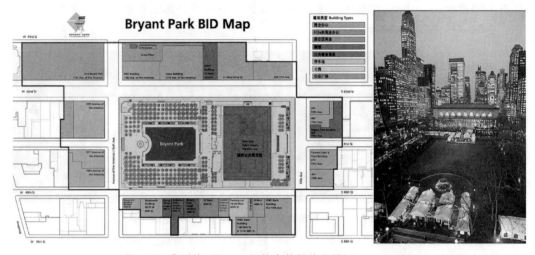

图 8-8　典型的 BID——纽约布赖恩特公园（Bryant Park）

当前，一方面，新型消费空间在中国社会成为重要的社交场所，一定程度上具有"市民广场"的功能；另一方面，同样面临着公共空间私有化和商业化的进程，确实也出现了无法兼顾公平、自由的问题，特别是收入差距的拉大造成的社会阶层的分化加剧，使得空间的使用和消费上也出现了空间的分化和区隔。高档居住社区和消费空间将低收入阶层拒之门外的现象比比皆是。再加上，前些年"产业化"和"社会化"的浪潮中，一些属于"公共资源"和应该为大众免费服务的空间被私营化和商业化。例如，许多区级文化中心变成了需要收费的娱乐消费场所（包括录像厅、歌舞厅、健身中心、培训中心、餐厅等），变成了某些人赢利的工具，这无疑损害了公众的权益。从这点看，消费文化确实对中国社会公共生活带来了一定的威胁。

---

① 转引自【荷】根特城市研究小组.城市状态:当代大都市的空间、社区和本质[M].敬东,谢倩译.北京:中国水利水电出版社,知识产权出版社,2005:101

② 转引自【荷】根特城市研究小组.城市状态:当代大都市的空间、社区和本质[M].敬东,谢倩译.北京:中国水利水电出版社,知识产权出版社,2005:101-102

8.3.5 是真实还是虚拟？——拟像符号消费对城市真实性的冲击

消费社会在体验消费的驱动下，城市中出现了越来越多的拟像场景，使得虚拟和真实很难分辨。在居伊·德波看来，"景观是商品实现了对社会生活全面统治的时刻"，景观的生成、变换和销售已成为操纵整个社会生活的重要力量，在这一过程中人们对景观入迷而丧失自我。而波德里亚则认为拟像是建立在符号系统之上的消费社会的重要特征，对商品的认知已不再能够按照真实的原物来判断，而是通过符码的组合及其所形成的拟像来进行判断；由于它比真实还要真实，已成为消费社会人们认知、解读世界的重要对象。两位学者都对符号、拟像进行批判，认为它加剧人类的异化，即大众被符号和拟像所控制。因为，在拟像符号的操纵下，消费不再是人自身能动的需求，而更多地是被景观或拟像所激发的欲求，在超真实的拟像背后，商品的真实社会生产关系和历史文化信息被掩盖和篡改了。例如，主题乐园以及"新天地"等消费型历史街区，通过场景的差异化体验极大地激起了消费者的消费激情，人们在享受感官刺激和情感体验所带来的快感时，真实的日常生活和该场所所蕴含的历史文化信息则被抛至脑后了。时空分离的体验将人们对城市的真切认知弱化成虚拟化的符号消费，将空间场所所象征的符号意义从城市真实的历史文化背景中脱离出来。

由于对拟像的简单化、低水平地追求，中国出现了刻意追求复古，大量建造仿古建筑，甚至拆除陈旧的历史建筑或街区代之以干净漂亮的"假古董"等现象，这些无疑已对城市文化多样性和真实性产生消极的影响。近些年，城市历史地段和工业遗存区的复兴改造和功能置换，一定程度上保留住了城市发展的印记和文脉，起码在空间物质要素方面是这样。但是，在这些空间中，留下的只是"形似"的空壳子，而其内部真实的生活方式和文化传统则被购物、休闲娱乐等消费活动所取代，真实的空间被看上去真实的虚拟化场景所替代。古镇周庄就是一个典型的案例，通过十多年的保护与利用，大部分建筑保留了下来，但是原有的居民逐渐被外来的商铺经营者所替代，江南水乡的生活方式已被现代化的商业旅游活动所取代。虽然在游客眼中周庄仍是体验江南水乡风情的好去处，但是其文化上的原真性不可挽回地消散而去（图8-9）。如今，欧洲已认识到，仅仅提供拟像的场景，是不能保证地方文化的可持续发展的，物质空间固然重要，而空间之中的人及其生活方式以及文化传统更加重要。在各城市制定的文化规划中，有意识地注重了对生

图8-9 过分商业化与旅游化的周庄——地方文化原真性的消散

活在历史地段的人群的关注,规划并不鼓励他们简单地迁出,而是通过适当改善他们的生活条件,出台扶持政策等方式,以维持空间原有的人群及其行为活动和生活方式。但是在经济利益的驱动下,生活在这些空间中的低收入阶层仍然受到了中产阶级入侵的威胁。

不管怎样,符号和拟像的消费,改变了人们对城市感知的方式,时空分离的超真实体验模糊了真实和虚幻之间的差别。在消费拟像场景带来的体验快感时,城市中真实的生活方式和文化传统也受到了冲击和威胁。

8.3.6 是创作还是炒作?——规划设计市场的业主化和品牌化

随着城市规划、建筑设计的市场化,对业主的服务意识的增强,促使此行业有逐渐发展成为服务性行业的趋势,专业设计人员(包括规划师、建筑师以及其他相关设计人员)的价值观也更加多元化。规划设计不再是单纯的艺术创作,对公益的维护意识也相应的受到了冲击。一方面,在商品大潮和市场环境中,设计人员从维护投资者的利益出发进行设计并谋求自身的利益成为必然,否则将难以在行业中立足和生存下去。因此一些设计师为了维护业主和自身的利益,放弃了应有的道德与责任,成为损害公众利益并实现开发商利益最大化的帮凶。另一方面,政府也要从自身利益出发,为了引导城市发展、吸引投资、增加税收、获得政绩等目的,雇用或委托专业设计人员进行规划与设计,从而为城市规划和相关政策的推行提供技术上支撑。迈克尔·迪尔(Michael J. Dear)认为"从20世纪90年代开始,规划师只扮演着一种促进者或推进器的角色,为了使政府和市民社会欲意在创造环境过程中的行为得以贴上'合理'的标签,规划师的实践特征——已深深地演变为政府的工具,已愈加服务于私人企业在房地产开发当中的利润增长"[1]。在这一过程,一些设计师的成果成为对大众宣传和炒作的重要内容,其经济可行性和科学依据甚至变得不再重要,重要的是宣传的口号是否响亮和炒作的噱头是否吸引人。

此外,市场化背景下,规划设计的成果在某种意义上也成为可供消费的商品。既然是消费品,那么注重设计者的品牌等符号消费成为必然。在竞争激烈的设计市场和房地产市场中,广告宣传成为设计师获取知名度的必不可少的一个手段。在媒体的宣传甚至炒作的帮助之下,国内外明星设计师频繁曝光,甚至成为可消费的符号,委托的设计项目也源源不断。明星设计师的名字就是商品的品牌,使得他们规划设计的作品有了更高的商业价值和社会影响。例如,国内外奢侈品牌的旗舰店往往邀请明星建筑师进行设计,就是考虑了明星建筑师的商业符号价值,成为宣传奢侈品牌、向消费者传递时尚诱惑的一个重要环节。如今,明星设计师与媒体的炒作已经紧密地结合在了一起,最典型的范例就是北京"长城脚下的公社"和中国美术学院象山校园等(图8-10),在包装、宣传、炒作等一系列商业化的运作下,一批国内外的明星建筑师进行了一系列的建筑创作和空间实验,媒体化的事件提升了明星建筑师和项目本身的知名度。另一方面,规划设计市场对外开放以来,在崇洋消费心理的作用下,"洋规划设计"、明星"洋设计师"似乎成了我们在城市规划中的消费品质保障的符号象征。我们并没有认真地研究这样做是否合适,其

中不乏倒卖、炒卖规划设计的行为。因此,开放的规划设计市场需要境外规划设计力量的加盟,同时也需要国内规划界冷静的意识和规范的管理①。总之,规划设计市场中出现的损害公众利益的现象与品牌炒作现象,主要反映出在消费文化冲击下,设计道德的缺失以及对明星品牌的迷信。

图 8-10　中国美术学院象山校园——在明星建筑师创作与媒体炒作的结合下成为旅游景点

8.3.7　是自主还是异化？——城市居民成为被动的空间消费者

不可否认,追求经济效益是城市发展的重要目标。美国社会学家哈维·莫勒奇在 20 世纪 70 年代提出了"城市是增长机器"的理论。他认为,城市的本质和基本目标就是增长,否则城市就会被房地产开发商抛弃。这是由城市中许多不同团体共同设定的:房地产部门、食利阶层、地方政府、政府官员以及当地媒体——共同组成了"增长的联合体"②。在消费社会后,城市空间的生产和消费更是成为促进城市增长的重要工具。在房地产市场,拥有资金的开发商们通过向房地产及相关行业进行投资,制造出大规模的空间与房产商品,并通过与政府、设计师、媒体等的结盟,强化空间符号的运作与生产,不断扩大消费需求并制造持续更替的商品时尚,其动机更多是对利润创造的追逐。有些学者批评到,普通大众本来就在城市的规划与建设中处于被动和弱势地位,如今追求视效刺激、情感体验、身份认同等空间符号型消费的兴起,在媒体的鼓动下,消费者更容易被规训成空间符号的"解码者",而忽视空间的使用价值和真实的消费需求,并按被灌输的消费范式进行空间消费,从而最终落入了开发商的圈套之中。由此,消费者被开发商等所制造的空间符号所操纵,从而加剧了当代大众的异化。但是,也有学者认为,消费文化为社会提供了一个宽松和世俗化的氛围,大众可以更多地参与到城市规划与建设之中。大众对空间的需求可以引导与刺激市场,从而反馈给生产者。例如,大众化、世俗化的建筑审美趣味,如今已经越来越多地反映到了多样化的城市景观之中了。大众在空间消费的过程中,也不完全是被动的,也有自愿、自我决策、自我创造的色彩。例如,消费有助于破除原有的社会群体之间的界限,在身份认同机制的驱动下,人们可以自由选择与自身趣味相投的亚文化群体及其空间。

目前,在中国城市的规划与建设中,由于公众参与刚刚起步,大众对空间与建筑的知识知之较少。因此,空间消费者在消费时相对被动,消费心态也不成熟,受媒体导向性影

---

① 侯全华,胡向东,邱茜.城市规划中的消费现象刍议[J].规划师,2003(10):71

② 【美】安东尼·奥罗姆,陈向明.城市的世界——对地点的比较分析和历史分析[M].曾茂娟,任远译.上海:上海人民出版社,2005:49-52

响较大(图 8-11),容易被"欧陆风情"、"景观洋房"、"尊贵住区"等各种华丽的广告词藻所蒙蔽。虽然,空间消费用趣味和美学的多样选择满足了部分人群对快乐、自由、平等的追求,但是却掩盖不了因收入差距拉大而造成的社会矛盾和不公平。

图 8-11 南京某些房地产广告——购房者受到媒体的导向性影响

8.4 应对挑战的策略建议

面对消费主义所带来的种种弊端,城市又该如何应对呢?笔者认为应从社会背景、发展目标、增长模式、文化策略、公共空间、设计伦理、消费模式等方面进行应对(表 8-1)。

表 8-1 消费时代中国城市发展应对挑战的策略建议

应对挑战的策略建议	各项策略的主要内容
(1) 建立健康有序的中国特色消费文化	继承发扬传统美德;树立生态适度性的消费文化观;坚持"以人为本"的消费文化精神;调整优化消费结构;重视对社会大众的消费教育
(2) 确立合理的空间生产—消费的目标	首要满足社会大众的空间消费需求;在追求"城市增长"的同时,应兼顾经济与社会、文化的协调发展
(3) 改变城市空间低效浪费的增长模式	由物质空间消费向非物质空间消费转变;强化影像虚拟技术的应用和空间的媒体化发展;通过功能置换和复兴改造,以实现已有空间的再利用
(4) 重视城市空间符号与文化发展策略	扶持与促进文化产业和文化机构的发展,增强城市文化品位与创新性;强调城市的历史性建筑或区域以及风景美学或历史价值的保护和利用;创建生动的拟像景观,重视空间的文化体验
(5) 构建开放、多层次的城市集体空间	保障公益性空间不受私人商业利益的侵袭;鼓励新型消费空间综合化、多元化的发展并设置集体空间;坚持集体空间的公益性和人性化特征,维护公众权益
(6) 倡导公平公正、可持续的设计伦理	坚持集约高效的城市空间发展观;坚决保护城市自然环境,维护城市历史文化的延续和发展;强化对社会公益的维护意识,增加对社会低收入阶层、弱势人群的关注;继续坚持精神救赎和艺术创新的设计态度

应对挑战的策略建议	各项策略的主要内容
(7) 强化公众参与,培育创造性消费者	构筑"互动合作"的公众参与模式;提高公众对城市空间发展的关注度,普及相关专业知识;倡导创造性的空间消费模式

8.4.1　建立健康有序的中国特色消费文化

如今,在消费文化全球化的背景下,代表着消费至上的生活方式与价值观念的消费主义呈现泛滥的趋势。消费主义最大的特点就是:为了追求欲望和虚假需求的不断满足,甚至常常超出实际经济能力或压抑基本需要的满足而去追求心理上或观念上的消费。在资源日益紧缺、环境日趋恶化的今天,这一价值观无疑与可持续发展的观念格格不入,因此消费主义也成为社会舆论批判的热点问题。

那么如何克服消费主义文化带来的种种弊端呢? 首先,应转变粗放浪费的经济发展模式。美国学者艾伦·杜宁(Alan Durning)认为必须打破"不消费就衰退的神话",为了使经济的发展向环境可持续的方向转化,政府必须制定相应的政策,使各产业的发展向低消耗的方向转化,特别是产品的价格要能反映它们的环境代价①。其次,应改变消费至上的价值观。社会应培育提倡一种不再以物质上的成功,而是以社会关系、有意义的工作以及休闲作为衡量生活准则的文化。日本社会学家见田宗介认为最为重要的就是消费概念的明确化,消费的本来含义是指一种对生命的充溢和喜悦的直接追求,因此一个健康有序的消费社会应摆脱虚假的"消费造势",而建立在一种以"活着的喜悦"作为需求的基础之上②。郑红娥也认为,"最关键的是这种消费文化必须是建立在生产过程或工作基础上的文化,即不是作为逃避生产或工作场所的枯燥、训诫而出现的消费文化,这就要求使消费具有生产的性质和特征。要求在继承和发扬马克思主义的生产理论的基础上,充分发挥消费的生产性质,即在消费的视域中,研究消费对完善个性,促进个人全面、自由发展和社会进步的生产作用"③。也有学者提倡简静的生活态度来对抗物欲享受,即强调在具有一定的生活水平之后,应重视精神消费,提升生活品位,崇尚追求精神、贴近自然的简静生活方式。第三,提倡消费者的主观能动性。一些学者认为个体在消费社会中并不是消极、被动的符号吸纳者和盲从者,尤其是网络社会的崛起,个体更加明显地成为了现实社会积极、主动的建构者和创造者,从而在创造性消费的过程中走出消费社会的困境。第四,还有些学者主张对消费社会采取颠覆性变革或要求以另一种符号体系代替现有的符号体系。主要以波德里亚为代表,他认为消费社会是一个彻底异化的社会。消费逻辑不仅支配着物质产品,而且支配着整个文化、性欲、人际关系以至个体的幻象和冲动。因此,只有通过激进的革命的突发事件和意外的分化瓦解来打破这个完全异化的世

---

① 【美】艾伦·杜宁. 多少算够:消费社会与地球未来[M]. 毕聿译. 长春:吉林人民出版社,1997:21
② 参见【日】见田宗介. 现代社会理论:信息化、消费化社会的现在与未来[M]. 耀禄,石平译. 北京:国际文化出版公司,1998
③ 郑红娥. 消费社会:人类千禧王国的到来还是新一轮困厄的开始[J]. 江西社会科学,2006(10):17

界①。这种颠覆性变革的思路无疑过于理想化和激进。

中国传统的消费文化观念,其核心是勤俭节约的节制性消费观念,这是有其社会根源的,最根本原因是生产力不发达、物质长期处于短缺状态。然而随着社会的全面进步,物质财富的日益丰富,社会上的一些人又被不断增长的物欲所利诱和蒙蔽,从而陷入了消费主义的陷阱。如今,面临着消费主义文化带来的种种危机,迫切需要全社会树立符合中国国情的健康消费文化。国内学者就这一问题展开了多方面的讨论,提出了不少建议,同时也存在不少争论,但总的说来有以下五方面的建议。首先应继承发扬传统美德,通过道德约束力来对抗消费主义的冲击。继续提倡勤劳致富,反对过度追求享乐;继续提倡对精神境界的追求,鼓励通过提高精神生活水平来获得幸福感。其次,树立生态适度性的消费文化观。认清中国能源、土地等资源紧缺的现实,在坚持可持续发展理念的基础上,提倡适度性消费。既反对禁欲式消费观,也反对炫富纵欲色彩的铺张浪费式消费观。强调增减结合、质量兼顾,物质需求和精神需求协调发展,以提高生活质量为中心。第三,坚持"以人为本"的消费文化精神。继续发挥新型消费文化在中国全面转型中对个体解放的积极作用,强化社会公平和民主,促进个体在个性化消费过程中对社会的积极建构作用。第四,调整优化消费结构。从可持续发展的战略高度来调整消费结构,选择有利于节约资源、保护环境、提高人口素质的消费方式和消费结构;并通过引导和促进产业结构的升级和优化,形成新的经济增长点,从而形成消费需求与经济增长之间的良性循环。第五,重视对社会大众的消费教育。特别是加强对大众媒体的引导和管理,借助媒体的力量在全社会宣扬和普及健康合理的消费知识和观念,并强化消费者的自主性和能动性。总之,在全社会提倡健康有序的消费文化是城市空间可持续发展的基本保障。

8.4.2 确立合理的空间生产—消费的目标

目前,我国的主要发展任务还是提高人民的生活水平。因此,必须确立为社会大众服务的空间生产—消费目标,即城市的规划和建设必须首要满足社会大众的空间消费需求,而不能仅仅满足高官集团、利益集团和新富阶层的消费欲望,只有这样才能一定程度上避免超前消费和奢侈浪费。其次,在追求"城市增长"的同时,应兼顾经济与社会、文化的协调发展。在城市社会方面,既要满足日益个性化和多元化的消费需求,又要在城市快速发展中充分关注社会低收入阶层和弱势群体的利益维护和生活保障。构建多层次、综合化的消费空间,加强廉租房与经济适用房、居住社区各种配套设施、开放性公园广场与文化设施等公益性空间的建设,防止城市稀缺空间资源(例如山水景观等)被特权和中高阶层所占据,通过以上措施将有效促进全社会在空间消费上的公平。在城市文化方面,应重视城市地方文化与传统的延续。不但注重承载城市历史文化地段、街区、建构筑物的保护与利用,而且还应注重城市空间所蕴含的形象与特色、感觉与期待、生活方式等符号意义的延续和认同。因为随着城市及其空间的符号价值消费的兴起,文化符号意义已成为城市之间展开激烈竞争的重要领域。

---

① 参见郑红娥. 消费社会研究述评[J]. 哲学动态,2006(4):71

8.4.3 改变城市空间低效浪费的增长模式

为了更好地避免重复建设、低效发展等现象的出现,应改变中国城市发展的模式,即改变建立在大量资源消耗基础上的物质空间增长方式。首先,城市空间在发展中应将人们对物质空间的消费欲望更多地引向情感体验、身份认同等非物质消费上。这样可以将城市从盲目追求"高大全"的低效浪费式发展中解脱出来,从"量的提高"向"质的提高"转变。其次,强化影像虚拟技术的应用,这将相应地减少物质资源的消费,从而实现城市的可持续发展。例如,赫佐格和德穆隆、让·努维尔、伊东丰雄等建筑师从视觉和图像消费机制出发并以机智的策略加以转化,借助光电技术、影像虚拟技术强调建筑表皮的媒体化,强调表皮的可变性以及与周边环境和大众的互动性——建筑成为可以不断"变装"的都市时尚传感器,从而适应了消费社会追求新奇且短暂易变的消费需求,而不必通过新建筑的不断建设来满足这种需求。此外,虚拟三维技术在网络世界和休闲娱乐中广泛的应用,缓解了大众对物质性体验空间——拟像场所日益增长的需求。例如,谷歌公司(google)推出的"在线旅游"业务,利用虚拟三维技术将世界名胜(例如古罗马城等)进行了虚拟再现,人们可以在线进行观光游览。这种策略无疑值得我们借鉴。第三,通过对历史地段、旧有建筑的功能置换和复兴改造,以实现已有空间的再利用。这将防止大拆大建带来的不稳定感和陌生感,实现城市的集约发展,而且有利于强化城市的符号系统,延续城市的记忆和文脉。

8.4.4 重视城市空间符号与文化发展策略

如今在符号消费的影响下,文化或符号在城市发展中的重要作用正在日益显现出来。沙朗·佐京认为,"文化既不是城市物质改革无足轻重的附属品,也不是划分社会角色的纯符号性范畴。相反,文化符号具有物质上的重要意义;而且当城市不再那么依赖传统的生产资源和技术时,文化符号的物质意义就显得更加重要"[①]。西方国家进入消费社会之后,服务经济和文化产业的兴起,在城市的物质要素与符号要素之间的关系发生了变化,"更多的注意力从生产及其空间上集中到了消费、自然和潜在的都市文化、多样化和创新性以及代表这些属性的空间上。与生活方式和旅游有关的都市特性和都市体验,成为新服务经济的主要中心"[②]。在激烈的城市竞争压力下,城市按照商品的逻辑开始运转,人们对城市符号价值也越发地重视起来。由于城市的文化资本可以通过消费文化的逻辑被转化成经济资本[③],空间符号与文化的消费成为刺激城市经济发展的重要一环。以发展都市旅游与文化产业、建设城市特性和象征体系为主要内容的文化发展策略和文化规划成为许多城市发展的重要战略,其核心目的就是促进城市及其空间的符号价值的生产与消费。克劳兹·昆斯曼认为,在城市去工业化的背景下,文化发展策略可以打造城市的形象,提升城市的认同度和可识别性,促进城市空间的发展,增强城市文化娱乐功能,激发城市的创新性,也能够支持经济的发展并能创造就业途径[④]。

———————————

① 【美】Sharon Zukin. 城市文化[M]. 张廷佺,杨东霞,谈瀛洲译. 上海:上海教育出版社,2006:261
② Deborah Stevenson. Cities and Urban Cultures[M]. 北京:北京大学出版社,2007:93-94
③ 【英】西瑞亚·卢瑞. 消费文化[M]. 张萍译. 南京:南京大学出版社,2003:105
④ 参见【德】克劳兹·昆斯曼. 创新性、文化与空间规划(之一)[J]. 王纺译. 北京规划建设,2006(3):166-171

因此,中国城市在发展过程中应借鉴西方成功的经验,结合城市产业结构的调整,注重文化发展策略的应用。首先,大力扶持与促进文化产业和大型的文化机构的发展,并扶持和鼓励文化与艺术从业人员、自由职业者等的创业和创作活动。这样不但能够提高城市的艺术文化品位和形象,而且通过他们对城市文化商品的生产和营销,"伟大的艺术品成为公众的财富、旅游者的胜地和公共文化的再现,艺术品和博物馆本身已成为城市的象征经济的符号"①。其次,强调城市的历史性建筑或区域以及风景的美学或历史价值的保护与利用。包括"都市复兴、创建社区、都市景色的恢复和历史的复原,对修饰、装饰品和点缀的迷恋"②。与大兴土木的城市改造战略相比,这种历史保护的文化战略不但提升了旅游收入和地产价格上所具有的经济价值,而且满足了老百姓减缓城市变化速度的要求,也有助于延续城市的地方特征。最后,通过创建生动的拟像景观,将幻想中的、历史中的、社区生活中的场景和生活表演出来,从而满足日益兴起的空间体验式消费。如主题乐园、历史街区、网络虚拟世界等等。近几年,人们越来越意识到原真性也具有稀缺价值,越真实就越具有经济价值。因此,在创造拟像景观时,对地方文化和生活方式等的原真性进行保护和反映已成为吸引消费者的重要举措。以上三种策略共同的重点在于建造一个整合旅游、消费和文化生活的"文化型"空间,制造一个充满文化格调和特色的城市形象,通过增加人们的认同度和提升城市的符号价值,从而吸引了外来的游客与投资,另一方面也可以促使城市文化产业与休闲服务业成为城市新的经济增长点。总之,通过文化发展策略强化城市文化和符号的生产与消费,既可以建立一种文化资本向经济资本转换的渠道,也可以提供一种新型的城市空间发展的动力。

8.4.5 构建开放、多层次的城市集体空间

城市中消费空间不断扩张的过程中,使得社会的公共活动及其空间受到了冲击,城市公共空间也呈现日趋明显的商业化和私有化的态势。然而公共和私有空间之间的差别和划定自古以来就并不清晰严谨。历史上的一些城市中人们聚集的场所,例如商店、酒吧、茶馆、体育场所等,虽然它们由于是被私人所拥有的而在某些方面比较排外,但却一直都是丰富多彩的社会生活的舞台。西班牙城市学家曼努埃尔·德索拉-马拉勒斯(Manuel de Solá-Marales)针对这个问题,提出了"集体空间"的概念。他认为"集体空间(作为一种公共财产)从严格意义上来讲既大于公共空间又小于公共空间。一个城市的宝贵资源不管是世俗的还是有关建筑艺术的、城市生活的还是涉及城市总体形象的,都属于集体空间,属于那些在日常生活中进行、展现并存入记忆之中的空间。而且,或许这样的空间越来越显得既不公共化又不私人化,实际是同时兼有二者的特色:它们可以是用作私人活动的公共空间,也可以是允许集体使用的私人空间……公共和私人这两种范畴已经消失,不再够用"③。英国规划学者克里斯·韦伯斯特(Chris Webster)则认为城市中的公共空间大多是一种可供集体消费的稀缺商品,它们并非经济学课本虚拟的"公共物品"或规划理论中乌托邦式的"公共"领域,它们往往被特定的个人和团体通过"小公

---

① 【美】Sharon Zukin.城市文化[M].张廷佺,杨东霞,谈瀛洲译.上海:上海教育出版社,2006:11-12
② 【美】戴维·哈维.后现代的状况——对文化变迁之缘起的探究[M].阎嘉译.北京:商务印书馆,2004:112
③ 转引自【荷】根特城市研究小组.城市状态:当代大都市的空间、社区和本质[M].敬东,谢倩译.北京:中国水利水电出版社,知识产权出版社,2005:97

共"(small publics)的方式进行消费①,因此完全意义上的公共空间很少存在。

那么如何解决公共活动及其空间受到威胁这一问题呢? 马拉勒斯认为,城市规划的重要任务之一就是要强化私有和封闭的空间之间的相互联系,并给这些空间加上一些城市和公共的特色,从而使它们最终也能够转变为公众服务的集体遗产的一部分②。这一思路值得我们借鉴——其实关键问题不是私有或公有的问题,而是空间是否能为公众集体服务。国内学者李程骅就认为,中国现阶段在缺乏市民交往场所的情况下,购物中心等新消费空间由于其相对开放自由的特点,实际上起到了新型的"市民广场"的作用,起到扩展了新的"市民社会"空间的作用,比大而无当、只供观赏的政绩广场更具有活力③。因此,中国现阶段的城市发展中为了鼓励公共活动的发生并避免社会公正、自由受到威胁,最主要的是建构一个能够满足社会各个阶层和群体需求的开放的、多层次的"集体空间"。首先应保障公益性空间不受私人商业利益的侵袭。提倡城市级公园、广场、文化中心、博物馆等空间场所的免费自由开放制度;保证居住社区和基层社区的绿地、文化、教育、商业、福利等配套设施和场所的完善和不可侵占。其次,鼓励新型消费空间综合化、多元化的发展模式,鼓励它们提供能够进行社会交往的公共活动空间与场所。如今一些新型的大型购物中心(例如南京龙江的新城市广场)正在模仿城市的结构和功能,通过多种业态、多种功能、多种档次的综合化模式,以及室内外融合的广场、商业街或园林等空间的设置,可以为社会各个阶层和趣味群体提供适合的消费和交往空间,甚至将为居住社区服务的功能也整合了进来。最后,还要坚持各种集体空间的公益性和人性化特征,为大众提供更多的便利和自由,反对以业主利益或少数阶层利益来取代公众利益。空间的设计和建造还要符合大众使用或消费行为的需要,贴近人的尺度和感受,体现人文关怀的理念。反对为追求形象和政绩而产生的大而不当、不便使用的摆设型"公共空间"。

8.4.6　倡导公平公正、可持续的设计伦理

"设计伦理"的概念最早是美国设计理论家维克多·巴巴纳克(Victor Papanek)提出的,主要的关注点是设计产品对人类生存环境和社会文化的影响,设计产品不能只考虑商业的利益,更要考虑对周围环境和资源的影响,对可持续发展的影响,对社会文化的影响,以及对社会弱势人群的影响等。如今规划设计在市场化的进程中,由于设计师道德伦理的缺失,由于规划设计的不当和失误而出现的大拆大建和大规模圈地、工业开发区的重复建设、城市自然山水资源的破坏、水资源和空气的污染、历史街区的拆除、城市绿地的侵占、损害居住者的阳光权等等现象,已成为当下中国城市发展中突出的矛盾。这些无疑造成了环境的破坏、资源的浪费、地方文化传统的割裂,以及公众利益的损害。虽然这些问题和矛盾可能并不是设计师一手造成的,但至少负有不可推卸的责任。从古到今,规划设计作为设计艺术的一种不仅仅是促进城市发展的工具,它更具有创造新的生活方式、传播健康精神文化的功能。因此,在消费主义日益泛滥的背景下,中国当代的城市规划和建筑设计的发展迫切需要一个合乎时代性的健康合理的设计伦理来进行指导。

---

① 【英】克里斯·韦伯斯特.产权、公共空间和城市设计[J].张播,李晶晶译.国际城市规划,2008(6):4

② 【荷】根特城市研究小组.城市状态:当代大都市的空间、社区和本质[M].敬东,谢倩译.北京:中国水利水电出版社,知识产权出版社,2005:97

③ 李程骅.论商业新业态的隐性功能[J].江海学刊,2006(3):106

在规划设计业主化、品牌化的趋势中,应秉持"人与环境的和谐发展"和"人文关怀"的基本理念和价值观,大力倡导公平公正、可持续的设计伦理。首先,设计师应坚持科学发展观,坚持集约高效的城市空间设计思路。其次,设计师应坚决保护城市自然环境,维护城市历史文化的延续和发展。第三,设计师应强化对社会公益的维护意识,增加对社会低收入阶层、弱势人群的关注,倡导健康文明的价值观。最后,设计师还应继续坚持精神救赎和艺术创新的设计态度,只有这样才能避免规划设计由精神救赎向消费娱乐、由艺术创作向机械复制的彻底堕落。总之,在中国热火朝天的城市规划与建设市场中,大力倡导公平公正、可持续的设计伦理无疑将在一定程度上避免城市在发展中陷入消费主义的欲望陷阱之中。

8.4.7 强化公众参与,培育创造性消费者

目前,我国的城市规划和建设中公众参与意识正在逐渐增强,规划公示等制度已经逐渐普及开来。但是,公众参与的程度仍停留在形式化的表象运作阶段,还远没有实现真正意义上的公众参与。可以说,大部分消费者仍处在被动的地位。因此,为了避免大众成为被规训的消费者,为了避免跟风式盲目消费的出现,应加强城市空间实践中生产者与消费者的交流互动,构建合理的公众参与组织形式,将公众参与由"受约束的阶段"转向"互动合作的阶段",并提高公众对城市空间发展的关注度,普及相关专业知识。从而使空间消费者从被动选择走向积极挑选和认同化消费。如今,各种新部落的出现,使得建立在消费趣味基础上的空间认同消费逐渐兴起,这些消费者打破了传统社会群体之间的差异壁垒,注重个性释放和自我身份的建构,其创造性的消费为城市空间的发展带来新的动力——从消费认同的角度出发,以综合化和个性化相结合的思路,创造大众和各种社会群体各得其所的认同化城市空间。

参 考 文 献

1. 学术著作

[1] Celia Lury. Consumer Culture[M]. New Brunswick, NJ: Rutgers University Press, 1996

[2] Chuihua Judy Chung, Jeffrey Inaba, Rem Koolhaas, et al. Great Leap Forward [C]. Köln: TASCHEN GmbH, 2000

[3] Chuihua Judy Chung, Jeffrey Inaba, Rem Koolhaas, et al. The Harvard Design School Guide to Shopping[C]. Köln: TASCHEN GmbH, 2001

[4] Commission of the European Communities. Green Paper on the Urban Environment. Brussels: 1990

[5] D. Harvey. The Condition of Postmodernity[M]. Oxford: Blackwell, 1989

[6] Daniel Miller. Material Culture and Mass Consumption[M]. Oxford: Blackwell, 1987

[7] Deborah Stevenson. Cities and Urban Cultures[M]. Beijing: Beijing University Press, 2007

[8] Don Slater. Consumer Culture and Modernity[M]. Cambridge: Polity Press, 1997

[9] Edward W Soja. Postmetrpolis: Critical Studies of Cities and Regions[M]. Oxford: Blackwell, 2000

[10] Gay Debord. The Society of the Spectacle[M]. translated by Donald Nicholson-Smith. New York: The MIT Press, 1994

[11] Henri Lefebvre. The Production of Space[M]. translated by Donald Nicholson-Smith. Oxford: Blackwell, 1991

[12] Jean Baudrillard, Jean Nouvel. The Singular Objects of Architecture[M]. translated by Robert Bononno. Minneapolis: University of Minnesota Press, 2002

[13] Jean Baudrillard. Simulacra and Simulation[M]. translated by Sheila Faria Glaser. Michigen: the University of Michigen Press, 1994

[14] John A Dutton. New American Urbanism: Re-forming the Suburban Metropolis [M]. Skira Press, 2000

[15] Leslie Sklair. Sociology of the Global System[M]. Baltimore: Johns Hopkins University Press, 1991

[16] Mary Douglas, Baron Isherwood. The World of Goods[M]. Harmodsworth: Penguim, 1980

[17] Max Weber. Essays in Sociology[M]. New York: Oxford University Press, 1946

[18] Micheal Miller. The Bon Marché: Bourgeois Culture and the Department Store,

1869-1920[M]. Princeton:Princeton University Press,1981

[19] Michel Maffesoli . Time of the Tribes:the Decline of Individualism in Mass Society [M]. London:Sage,1996

[20] Mike Featherstone. Consumer Culture and Postmodernism [M]. London:Sage Publications,1991

[21] Office of the Deputy Prime Minister. Planning Policy Statement 6:Planning for Town Centres. London:TOS,2005

[22] Rem Koolhaas, Brendan McGetrick. Content-triumph of Realization[C]. Köln:TASCHEN GmbH,2004

[23] Rem Koolhas, Bruce M S[M]. New York:Monacelli Press, 1995

[24] Roy Larke. Japanese Retailing[M]. London:Routledge, 1994

[25] Sharon Zukin. The Cultures of Cities[M]. Blackwell:Cambridge,Mass,1995

[26] Victor Gruen, Larry Smith. Shopping Towns USA:the Planning of Shopping Centers[C]. New York:Reinhold, 1960

[27]【美】B.约瑟夫·派恩,詹姆斯·H.吉尔摩.体验经济[M]. 夏业良,等译.北京:机械工业出版社,2002

[28]【丹】Jan Gehl. 户外空间的场所行为——公共空间使用之研究[M]. 陈秋伶译.台北:田园城市文化事业有限公司,2000

[29]【美】阿尔文·托勒夫. 未来的冲击[M]. 蔡伸章译.北京:中信出版社,2006

[30]【斯】阿莱斯·艾尔雅维茨.图像时代[M].胡菊兰,张云鹏译.长春:吉林人民出版社,2003

[31]【美】阿摩斯·拉普卜特.建成环境的意义——非语言表达方式[M]. 黄兰谷,等译.北京:中国建筑工业出版社,2003

[32]【美】阿摩斯·拉普卜特.文化特性与建筑设计[M].常青,等译.北京:中国建筑工业出版社,2004

[33]【美】艾伦·杜宁.多少算够:消费社会与地球未来[M].毕聿译.长春:吉林人民出版社,1997

[34]【美】安东尼·奥罗姆,陈向明.城市的世界——对地点的比较分析和历史分析[M]. 曾茂娟,任远译.上海:上海人民出版社,2005

[35]【英】安东尼·吉登斯.现代性与自我认同:现代晚期的自我与社会[M].赵旭东,方文译.上海:三联书店,1998

[36] 包亚明.后大都市与文化研究[M].上海:上海教育出版社,2005

[37] 包亚明.后现代性与地理学的政治[M].上海:上海教育出版社,2001

[38] 包亚明.现代性与空间生产[M].上海:上海教育出版社,2003

[39] 包亚明.游荡者的权力:消费社会与都市文化研究[M].北京:中国人民大学出版社,2004

[40]【英】布莱恩·劳森. 空间的语言[M]. 杨青娟,等译. 北京:中国建筑工业出版社,2003

[41]【美】查尔斯·詹克斯.后现代建筑语言[M].李大夏摘译.北京:中国建筑工业出版

社,1985

[42] 陈坤宏.消费文化理论[M].第2版.台北:扬智文化事业股份有限公司,2005

[43] 陈坤宏.消费文化与空间结构——理论与应用[M].台北:詹氏书局,1995

[44] 陈昕.救赎与消费——当代中国日常生活中的消费主义[M].南京:江苏人民出版社,2003

[45] 【美】大卫·哈维.希望的空间[M].胡大平译.南京:南京大学出版社,2006

[46] 【加】大卫·莱昂.后现代性[M].第2版.郭为桂译.长春:吉林人民出版社,2004

[47] 戴光全.重大事件对城市发展及城市旅游的影响研究——以'99昆明世界园艺博览会为例[M].北京:中国旅游出版社,2005

[48] 戴慧思,卢汉龙.中国城市的消费革命[C].上海:上海社会科学院出版社,2003

[49] 【美】戴维·哈维.后现代的状况——对文化变迁之缘起的探究[M].阎嘉译.北京:商务印书馆,2004

[50] 【英】戴维·钱尼.文化转向——当代文化史概览[M].戴从容译.南京:江苏人民出版社,2004

[51] 段进.城市空间发展论[M].南京:江苏科学技术出版社,1999

[52] 【美】凡勃伦.有闲阶级论[M].蔡受百译.北京:商务印书馆,2009

[53] 【美】弗雷德里克·詹姆逊.文化转向[M].胡亚敏,等译.北京:中国社会科学出版社,2000

[54] 【荷】根特城市研究小组.城市状态:当代大都市的空间、社区和本质[M].敬东,谢情译.北京:中国水利水电出版社,知识产权出版社,2005

[55] 【日】见田宗介.现代社会理论:信息化、消费化社会的现在与未来[M].耀禄,石平译.北京:国际文化出版公司,1998

[56] 【美】杰姆逊.后现代主义与文化理论[C].唐小兵译.北京:北京大学出版社,2005

[57] 【法】居伊·德波.景观社会[M].王昭凤译.南京:南京大学出版社,2006

[58] 【美】凯文·林奇.城市的印象[M].项秉仁译.北京:中国建筑工业出版社,1990

[59] 【奥】克里斯蒂安·米昆达.体验和创意营销——打造"第三地"[M].周新建,等译.北京:东方出版社,2006

[60] 莱斯大学建筑学院.莱姆·库哈斯与学生的对话[C].裴钊译.北京:中国建筑工业出版社,2003

[61] 李程骅.商业新业态:城市消费大革命[M].南京:东南大学出版社,2004

[62] 李雄飞等.国外城市中心商业区与步行街[M].天津:天津大学出版社,1990

[63] 零点调查.中国消费文化调查报告[M].北京:光明日报出版社,2006

[64] 罗钢,王中忱.消费文化读本[C].北京:中国社会科学出版社,2003

[65] 【法】罗歇·苏.我知道什么?休闲[M].姜依群译.北京:商务印书馆,1996

[66] 马克斌.会展典型案例精析[M].重庆:重庆大学出版社,2007

[67] 【德】马克斯·韦伯.社会学的基本概念[M].胡景北译.上海:上海人民出版社,2005

[68] 【美】马泰·卡林内斯库.现代性的五副面孔——现代主义、先锋派、颓废、媚俗艺术、后现代性[M].顾爱彬,李瑞华译.北京:商务印书馆,2004

[69]【英】迈克·费瑟斯通.消费文化与后现代主义[M].刘精明译.南京:译林出版社,2000

[70]【英】迈克·克朗.文化地理学[M].杨淑华,宋慧敏译.南京:南京大学出版社,2003

[71]【美】曼纽尔·卡斯特.网络社会的崛起[M].夏铸九,等译.北京:社会科学文献出版社,2006

[72]【意】毛里齐奥·维塔.捷得国际建筑师事务所[M].曹羽译.北京:中国建筑工业出版社,2004

[73]莫少群.20世纪西方消费社会理论研究[M].北京:社会科学文献出版社,2005

[74]【法】尼古拉·埃尔潘.消费社会学[M].孙沛东译.北京:社会科学文献出版社,2005

[75]彭高峰.城市节庆空间与城市形象设计[C].北京:中国建筑工业出版社,2006

[76]【英】齐格蒙特·鲍曼.流动的现代性[M].欧阳景根译.上海:三联书店,2002

[77]【美】乔治·里茨尔.社会的麦当劳化——对变化中的当代社会生活特征的研究[M].顾建光译.上海:上海译文出版社,1999

[78]【美】乔治·瑞泽尔.后现代社会理论[M].谢立中,等译.北京:华夏出版社,2003

[79]【法】让·波德里亚.消费社会[M].刘成富,全志钢译.南京:南京大学出版社,2004

[80]唐恢一.城市学[M].哈尔滨:哈尔滨工业大学出版社,2001

[81]【德】瓦尔特·本雅明.机械复制时代的艺术作品[M].王才勇译.杭州:浙江摄影出版社,1993

[82]王建平.中国城市中间阶层消费行为[M].北京:中国大百科全书出版社,2007

[83]王柯平.阿多尔诺美学思想管窥[M].成都:四川人民出版社,1993

[84]王宁.消费社会学——一个分析的视角[M].北京:社会科学文献出版社,2001

[85]王其钧.后现代建筑语言[M].北京:机械工业出版社,2007

[86]王旭.美国城市史[M].北京:中国社会科学出版社,2000

[87]王颖.城市社会学[M].上海:三联书店,2005

[88]【德】沃尔夫冈·韦尔施.重构美学[M].陆扬,张若冰译.上海:上海译文出版社,2003

[89]【英】西瑞亚·卢瑞.消费文化[M].张萍译.南京:南京大学出版社,2003

[90]许崇德.城市政治学[M].北京:光明日报出版社,1988

[91]闫浩.消费新时代[M].北京:五洲传播出版社,2006

[92]杨魁,董雅丽.消费文化——从现代到后现代[M].北京:中国社会科学出版社,2003

[93]姚建平.消费认同[M].北京:社会科学文献出版社,2006

[94]【美】约翰·R.霍尔,玛丽·乔·尼兹.文化:社会学的视野[M].周晓虹,徐彬译.北京:商务印书馆,2002

[95]【美】约翰·菲斯克.解读大众文化[M].杨全强译.南京:南京大学出版社,2004

[96]【英】约翰·汤姆林森.全球化与文化[M].郭英剑译.南京:南京大学出版社,2002

[97] 曾坚.当代世界先锋建筑的设计观念[M].天津:天津大学出版社,1995

[98]【美】詹明信.晚期资本主义的文化逻辑[M].陈清侨,等译.北京:三联书店,1997

[99] 张京祥.西方城市规划思想史纲[M].南京:东南大学出版社,2005

[100] 郑红娥.社会转型与消费革命——中国城市消费观念的变迁[M].北京:北京大学出版社,2006

[101] 郑也夫.后物欲时代的来临[M].上海:上海人民出版社,2007

[102] 周宪.审美现代性批判[M].北京:商务印书馆,2005

2. 学术期刊

[1] Carol Simons. Business and Leisure[J]. World Architecture,1990(6)

[2] Gellert P K, Lynch B D. Mega-Projects as Displacements[J]. International Social Science Journal,2003(55)

[3] Guy C M. Controlling New Retail Spaces:the Impress of Planning Policies in Western Europe[J]. Urban Studies,1998(35)

[4] Lowe M S. The Regional Shopping Centre in the Inner City:a Study of Retail-led urban Regeneration[J]. Urban Studies,2005(42)

[5] Michael Skapinker. Ace Mall with Airport[J]. Financial Times,1997(11)

[6]【美】彼德·埃森曼.对"奇观"文化的质疑[J].时代建筑,2006(5)

[7] 蔡颖,袁雁.媒体消费时代新建筑角色[J].设计新潮,2003(6)

[8] 陈海津.图像、形象、意象——建筑审美的"视觉化"倾向[J].南方建筑,2005(2)

[9] 陈晞.表皮的"临时性"演绎——解读伊东丰雄的"透层化建筑"理念[J].建筑师,2004(08)

[10] 段兆雯,王兴中.城市营业性文化娱乐场所的空间结构研究[J].世界地理研究,2006(9)

[11] 樊可.消费世界的都市奇观——简析旗舰店建筑现象[J].建筑学报,2006(8)

[12] 费青,傅刚.波普艺术和建筑[J].世界建筑,2001(9)

[13] 傅娟.当代消费文化与酒店设计趋势[J].新建筑,2005(2)

[14] 傅守祥.世俗化的文化:中国大众文化发展的消费性取向[J].理论与创作,2005(03)

[15] 管宁.突破传统学术疆域的理论探险——近年消费文化研究述评[J].福建论坛(人文社会科学版),2004(12)

[16] 郭景萍.消费文化视野下的社会分层[J].学术论坛,2004(1).

[17]【法】亨利·列斐伏尔.《空间的生产》节译[J].晓默编译.建筑师,2005(5)

[18] 侯全华,胡向东,邱茜.城市规划中的消费现象刍议[J].规划师,2003(10)

[19] 黄杏玲,王宇,颜萍.消费文化中的建筑艺术 [J].建筑学报,2003(4)

[20] 季松.消费社会时空观视角下的城市空间发展特征[J].城市规划,2011(7)

[21] 季松.消费时代城市空间的生产与消费[J].城市规划,2010(7)

[22] 季松.消费时代城市空间的体验式消费[J].建筑与文化,2009(5)

[23] 季松.消费与当代城市空间发展——以欧美城市为例[J].规划师,2009(5)

［24］家玉.电子商务—虚拟商场—商业新业态[J].商业研究,2003(8)

［25］贾晓元.浅议消费文化与国外新建筑[J].华中科技大学学报,2004(3)

［26］姜继红,郑红娥.消费社会研究述评[J].学术研究,2005(11)

［27］荆哲璐.城市消费空间的生与死——《哈佛设计学院购物指南》评述[J].时代建筑,
　　　2005(02)

［28］【德】克劳兹·昆斯曼.创新性、文化与空间规划(之二)[J].王纺译.北京规划建
　　　设,2006(4)

［29］【德】克劳兹·昆斯曼.创新性、文化与空间规划(之一)[J].王纺译.北京规划建
　　　设,2006(3)

［30］【英】克里夫·盖伊.英国零售业规划政策[J].黄勇,张播译.国际城市规划,2008
　　　(6)

［31］【英】克里斯·韦伯斯特.产权、公共空间和城市设计[J].张播,李晶晶译.国际城
　　　市规划,2008(6)

［32］李程骅.论商业新业态的隐性功能[J].江海学刊,2006(3)

［33］李程骅.新业态与南京都市圈消费的"中心地化"[J].地方经济社会发展研究,2005
　　　(7)

［34］李春玲.当代中国社会的消费分层[J].湖南社会科学,2005(2)

［35］李洁,路秉杰.世博会与主题公园发展的互动影响分析[J].旅游学刊,2006(11)

［36］李琳.欧盟国家的"紧凑"策略:以英国和荷兰为例[J].国际城市规划,2008(6)

［37］李凌.关注表皮——浅析赫佐格与德默隆建筑创作中表皮的处理手法[J].城市问
　　　题,2006(3)

［38］李姝,张玉坤.中国建筑中的波普倾向[J].新建筑,2003(6)

［39］李宪堂.中国传统时空观及其文化意蕴[J].东方论坛,2001(3)

［40］李翔宁.图像、消费与建筑[J].建筑师,2004(4)

［41］廉毅锐.生活在别处——浅谈2003年消费文化对中国建筑的影响[J].建筑师,
　　　2005(4)

［42］梁威.后现代消费部落及其消费特征初探[J].商业经济,2006(29)

［43］刘涤宇.表皮作为方法——从四维分解到四维连续[J].建筑师,2004(4)

［44］刘士林.城市化进程与都市文化研究在中国的发生[J].人文杂志,2006(2)

［45］刘廷杰.后现代的商业空间——体验一种非"短暂"的时尚[J].时代建筑,2005(2)

［46］柳英华,白光润.城市娱乐休闲设施的空间结构特征——以上海市为例[J].人文
　　　地理,2006(5)

［47］卢源.论社会结构变化对城市规划价值取向的影响[J].城市规划汇刊,2003(2)

［48］鲁安东.拟表——空间现象与策略设计[J].建筑师,2004(4)

［49］鲁政.体验式消费与当代都市商业空间[J].山西建筑,2006(3)

［50］陆扬.析索亚"第三空间"理论[J].天津社会科学,2005(2)

［51］【意】伦佐·勒卡达内,卓健.大事件——作为都市发展的新战略工具——从世博会
　　　对城市与社会的影响谈起[J].时代建筑,2003(4)

［52］罗宏.当代中国文化转型中的主流文化意志[J].广州大学学报(社会科学版),2005(5)

［53］马建业.北京市城市日常闲暇行为及其环境研究[J].华中建筑,2000(4)

［54］马建业.库哈斯和他的普通城市[J].世界建筑,1998(3)

［55］马清运,卜冰.都市巨构——宁波中心商业广场[J].时代建筑,2002(05)

［56］马武定.对城市文化的历史启迪与现代发展的思考[J].建筑师,2004(12)

［57］任冬丽.由"Dead Mall"看中国郊区购物中心的发展[J].建筑创作,2004(9)

［58］孙立平.改革前后中国大陆国家、民间统治精英及民众间互动关系的演变[J].中国社会科学季刊,1993春季号

［59］孙喆.关注建筑表皮——托马斯·赫佐格与赫佐格＆德穆隆的建筑表皮设计手法之比较[J].建筑师,2004(4)

［60］唐克扬.私人身体的公共边界——由非常建筑谈表皮理论的中国接受情境[J].建筑师,2004(4)

［61］唐子来,付磊.世博会的经典案例研究之一:1970年大阪世博会[J].城市规划汇刊,2004(1)

［62］汪民安.空间生产的政治经济学[J].国外理论动态,2006(1)

［63］汪原.福柯及其"异托帮"对建筑学的启示[J].建筑学报,2002(11)

［64］汪原.关于《空间的生产》和空间认识范式转换[J].新建筑,2005(2)

［65］汪原.亨利·列斐伏尔研究[J].建筑师,2005(5)

［66］王德,张晋庆.上海市消费者出行特征与商业空间结构分析[J].城市规划,2001(10)

［67］王惠.迎接休闲时代你做好准备了吗——北京市民休闲消费状况调查[J].数据,2006(7)

［68］王莉莉,张京祥.全球化语境中的城市巨型工程及其效应透视[J].国际城市规划,2008(6)

［69］王鲁民,姬向华.消费社会下的综合性商业建筑特征研究[J].华中建筑,2004(4)

［70］王薇,顾琛.现代消费文化与室内设计[J].室内设计,2004(1)

［71］王勇,李广斌,钱新强.国内城市经营研究综述[J].城市问题,2004(1)

［72］王又佳.我国当前建筑语境中的流行现象的思考[J].建筑学报,2005(1)

［73］吴启焰,崔功豪.南京市居住空间分异特征及其形成机制[J].城市规划,1999(12)

［74］武扬.购物者心理与行为在商业建筑设计中的体现[J].建筑学报,2007(1)

［75］谢天.零度的建筑制造和消费体验——一种批判性分析[J].建筑学报,2005(1)

［76］薛恩伦.盖里的建筑构成与艺术包装[J].世界建筑,1996(1)

［77］薛恩伦.圣莫尼卡学派与建筑艺术包装[J].世界建筑,2001(4)

［78］严广超,严广乐,赵婕.浅析消费社会背景下的商业购物中心设计[J].新建筑,2005(2)

［79］杨峰.表皮 媒介 科技——解读德国慕尼黑安联大球场[J].世界建筑,2005(04)

［80］杨晓光.关于文化消费的理论探讨[J].山东社会科学,2006(3)

［81］杨宇振.疯狂消费城市中的脉脉温情——美国捷得国际建筑师事务所大型商业项目解读[J].城市建筑,2005(8)

［82］曾军.都市文化研究:范式及其问题[J].人文杂志,2006(2)

［83］张斐.论信息技术影响下的时空观[J].江苏城市规划,2006(5)

［84］张鸿雁,李程骅.商业业态变迁与消费行为互动关系论——新型商业业态本土化的社会学视角[J].江海学刊,2004(3)

［85］张鸿雁.城市空间的社会与"城市文化资本"论——城市公共空间市民属性研究[J].城市问题,2005(5)

［86］张京祥,邓化媛.解读城市近现代风貌型消费空间的塑造——基于空间生产理论的分析视角[J].国际城市规划,2009(1)

［87］张浪,[荷兰]尼克·诺森,戴军,等.创造 展示和谐城市——上海世博公园实施方案解析[J].城市规划,2007(1)

［88］张妍.消费主义时代的建筑行为[J].山西建筑,2004(16)

［89］郑红娥.消费社会研究述评[J].哲学动态,2006(4)

［90］郑红娥.消费社会:人类千禧王国的到来还是新一轮困厄的开始[J].江西社会科学,2006(10)

［91］周常春,戴光全.大型活动的形象影响研究——以'99昆明世博会为例[J].人文地理,2005(2)

［92］周琼宇.消费主义与国外新建筑的消费化[J].山西建筑,2005(10)

［93］周宪.视觉文化与消费社会[J].福建论坛,2001(2)

［94］周晓虹.中产阶级:何以可能与何以可为[J].江苏社会科学,2002(6)

［95］朱涛.信息消费时代的都市奇观——世纪之交的当代西方建筑思潮[J].建筑学报,2000(10)

［96］邹晓霞.建筑师与消费社会[J].世界建筑,2006(3)

3. 学位论文

［1］卜骁骏.视觉文化介入当代建筑的阐述——视觉技术、大众与消费[D]:[硕士学位论文].北京:清华大学建筑学院,2005

［2］管驰明.中国城市新商业空间研究[D]:[博士学位论文].南京:南京大学人文地理系,2004

［3］华霞虹.消融与转变——消费文化中的建筑[D]:[博士学位论文].同济大学建筑与城市规划学院,2007

［4］姬向华.消费社会下的综合性商业建筑研究[D]:[硕士学位论文].郑州:郑州大学建筑系,2004

［5］荆哲璐.消费时代的都市空间图景——上海消费空间的评析[D]:[硕士学位论文].上海:同济大学建筑与城市规划学院,2005

［6］刘春友.消费主义的伦理批判[D]:[硕士学位论文].上海:上海师范大学法政学院,2005

［7］刘集成.消费改造空间——以杭州湖滨、宁波老外滩街区改造为例[D]:[硕士学位论文].昆明:昆明理工大学建筑工程学院,2008

［8］邵强.基于空间结构理论的城市发展理论研究[D]:[博士学位论文].南京:河海大学商学院,2004

［ 9 ］唐卉.以广州酒吧为代表的休闲消费空间研究［D］:［硕士学位论文］.广州:中山大学人文地理系,2005

［10］唐雪静.消费文化的建筑美景——麦当劳及其他［D］:［硕士学位论文］.天津:天津大学建筑学院,2007

［11］汪原.迈向过程与差异性——多维视野下的城市空间研究［D］:［博士学位论文］.南京:东南大学建筑学院,2002

［12］王又佳.建筑形式的符号消费［D］:［博士学位论文］.北京:清华大学建筑学院,2006

［13］徐健.作为消费品的建筑——消费时代的当代时尚品牌专卖店研究［D］:［硕士学位论文］.上海:同济大学建筑与城市规划学院,2006

［14］杨斌.消费文化与中国 20 世纪 90 年代美术［D］:［博士学位论文］.北京:首都师范大学美术系,2004

［15］张似韵.消费实践与社会地位认同——有关以白领雇员为代表的上海中间阶层研究［D］:［硕士学位论文］.上海:复旦大学社会学系,2002

［16］郑念东.全球化背景下中国大众传媒的消费主义倾向［D］:［硕士学位论文］.武汉:华中师范大学文学院,2004

4. 网络资料

［ 1 ］北京文艺网,http://www.artsbj.com

［ 2 ］迪拜塔网,http://www.burjdubai.com

［ 3 ］谷歌图片搜索,http://images.google.cn/imghp? hl＝zh-CN＆tab＝wi

［ 4 ］黄石松,陈红梅.居民住房消费模式的转变决定房价的未来.中国经济时报.中国共产党新闻网,http://theory.people.com.cn/GB/49154/49155/6758228.html

［ 5 ］南京市统计局网站,http://www.njtj.gov.cn

［ 6 ］南京水游城网站,http://www.aquacity-nj.com

［ 7 ］上海市统计局网站,http://www.stats-sh.gov.cn

［ 8 ］苏果超市有限公司网站,http://www.suguo.com.cn/

［ 9 ］亚洲会展节事财富论坛网站,http://www.ceff-asia.com

［10］中国新闻网,http://www.chinanews.com.cn

［11］中国驻迪拜总使馆经济商务参赞处.迪拜 2003 年国民经济及对外贸易形势分析.中国贸易促进网,http://www.tdb.org.cn/inter Market/22934.html

［12］中华人民共和国国家统计局网站,http://www.stats.gov.cn

图表来源说明

第 1 章

图 1-1　源自：2007 年 3 月 5 日出版的中国新闻周刊（总第 313 期）的封面

图 1-2 至图 1-4　源自：作者自摄

图 1-5　源自：左上图和左下图源自 http：// images. google. cn/imghp？ hl＝zh－CN＆tab＝wi；右图源自【意】毛里齐奥·维塔，捷得国际建筑师事务所［M］.曹羽译. 北京：中国建筑工业出版社，2004：65

图 1-6 至图 1-7　源自：http：// images. google. cn/imghp？ hl＝zh－CN＆tab＝wi，有所整理

图 1-8　源自：http：//bbs. soufun. com/villa～－1～7709/9055593_9055593. htm

图 1-9　源自：Chuihua Judy Chung，Jeffrey Inaba，Rem Koolhaas，et al. The Harvard Design School Guide to Shopping［C］. Köln：TASCHEN GmbH，2001：384－385

图 1-10 至图 1-11　源自：作者自绘

表 1-1 至表 1-3　源自：作者自绘

第 2 章

图 2-1　源自：作者自绘

图 2-2　源自：根据 郑也夫. 后物欲时代的来临［M］. 上海：上海人民出版社，2007：37 改编并整理

图 2-3　源自：李春玲. 当代中国社会的消费分层［J］. 湖南社会科学，2005（2）：73－76，有所整理并绘制图表

表 2-1 至表 2-2　源自：作者自绘

表 2-3　源自：杨魁，董雅丽. 消费文化——从现代到后现代［M］. 北京：中国社会科学出版社，2003：37

表 2-4　源自：作者自绘

表 2-5　源自：国家统计局网站，http：//www. stats. gov. cn/tjsj/ndsj/2006/indexch. htm

表 2-6　源自：中华人民共和国国家统计局网站，http：//www. stats. gov. cn/tjsj

表 2-7　源自：根据中华人民共和国国家统计局网站，http：//www. stats. gov. cn/tjsj 相关数据资料整理

表 2-8　源自：中华人民共和国国家统计局网站，http：//www. stats. gov. cn/tjsj

表 2-9　源自：根据零点调查的消费行为分类调查数据整理。参见零点调查. 中国消费文化调查报告［M］. 北京：光明日报出版社，2006：16－17

表 2-10　源自：根据中华人民共和国国家统计局网站，http：//www. stats. gov. cn/tjsj 相关数据资料整理

第 3 章

图 3-1　源自:根据 Edited by Chuihua Judy Chung,Jeffrey Inaba,Rem Koolhaas,Sze Tsung Leong. The Harvard Design School Guide to Shopping[C]. Köln:TASCHEN GmbH,2001:52-53 整理并绘制图表

图 3-2　源自:根据 Chuihua Judy Chung,Jeffrey Inaba,Rem Koolhaas,et al. The Harvard Design School Guide to Shopping[C]. Köln:TASCHEN GmbH,2001:54-55 整理并绘制图表

图 3-3　源自:http://www.doverpanel.com,有所整理

图 3-4　源自:http://www.linkshop.com.cn/web/archives/2007/79274.shtml,有所整理

图 3-5　源自:Chuihua Judy Chung,Jeffrey Inaba,Rem Koolhaas,et al. The Harvard Design School Guide to Shopping[C]. Köln:TASCHEN GmbH,2001:384

图 3-6　源自:上图为 http://upload.wikimedia.org;下图为 http://tw.traveleredge.com,有所整理

图 3-7　源自:左图为 http://images.google.cn/imghp? hl=zh-CN&tab=wi;右图为 http://www.webbaviation.co.uk

图 3-8　源自:Chuihua Judy Chung,Jeffrey Inaba,Rem Koolhaas, et al. The Harvard Design School Guide to Shopping[C]. Köln:TASCHEN GmbH,2001:653

图 3-9　源自:左图为 http://glasgowexplorer.com;右图为 http://en.wikipedia.org

图 3-10　源自:根据陈晓东提供的资料整理

图 3-11　源自:http://www.williamlong.info,有所整理

图 3-12 至图 3-14　源自:http://images.google.cn/imghp? hl=zh-CN&tab=wi,有所整理

图 3-15　源自:左图为 http://www.tcvb.or.jp;右图为 http://upload.wikimedia.org

图 3-16　源自:左图为 Edited by Chuihua Judy Chung,Jeffrey Inaba,Rem Koolhaas,Sze Tsung Leong. The Harvard Design School Guide to Shopping[C]. Köln:TASCHEN GmbH,2001:252,有所整理;右图为 http://japanstyle.forumfree.net

图 3-17　源自:上图为 http://www.panoramio.com;下图为 Chuihua Judy Chung,Jeffrey Inaba,Rem Koolhaas,et al. The Harvard Design School Guide to Shopping[C]. Köln:TASCHEN GmbH,2001:259

图 3-18　源自:作者自绘

表 3-1　源自:根据 Chuihua Judy Chung,Jeffrey Inaba,Rem Koolhaas,et al. The Harvard Design School Guide to Shopping[C]. Köln:TASCHEN GmbH,2001:8 整理并绘制图表

表 3-2　源自:作者自绘

表 3-3　源自:中国贸易促进网,http://www.tdb.org.cn/interMarket/22934.html

第 4 章

图 4-1　源自:作者自绘

图 4-2　源自:南京水游城网站,http://www.aquacity-nj.com,有所整理

图 4-3　源自:作者自摄

图 4-4　源自:http://food.zjol.com.cn

图 4-5 至图 4-7　源自:作者自摄或自绘

图 4-8　源自:左图为南京水游城网站,http://www.aquacity-nj.com;中;右图为作者自摄

图 4-9　源自:作者自摄

图 4-10　源自:http://images.google.cn/imghp? hl=zh-CN&tab=wi,有所整理

图 4-11 至图 4-12　源自:作者自摄

图 4-13　源自:左上、左下图为作者自摄;右上、右下图为 http://images.google.cn/imghp? hl=zh-CN&tab=wi

图 4-14　源自:左图为 http://www.earthol.com;右图为作者自摄

图 4-15　源自:作者自摄

图 4-16　源自:左图源自 http://www.cnci.gov.cn;右图源自 http://www.mjjq.com

图 4-17　源自:http://www.chinareviewnews.com

图 4-18 至图 4-19　源自:作者自摄

图 4-20　源自:左图为 Chuihua Judy Chung, Jeffrey Inaba, Rem Koolhaas, et al. The Harvard Design School Guide to Shopping[C]. Köln:TASCHEN GmbH, 2001:186;右图为 http://www.expertcruiser.com

图 4-21 至图 4-22　源自:作者自摄或自绘

图 4-23　源自:http://yokanavi.com,有所整理

图 4-24　源自:作者自摄

图 4-25　源自:http://www.eemap.org/map/2975

图 4-26　源自:上图为 http://carol.waywaycn.com;下图为 http://jk.pzh.gov.cn

图 4-27　源自:淘宝网,http://www.taobao.com.cn

图 4-28　源自:根据南京市统计年鉴相关数据整理

图 4-29　源自:作者自摄并绘制

图 4-30　源自:作者自绘

图 4-31　源自:右图为 http://www.earthol.com

图 4-32　源自:《南京市总体规划》2001 年

图 4-33　源自:作者自绘

图 4-34 至图 4-37　源自:http://images.google.cn/imghp? hl=zh-CN&tab=wi,有所整理

图 4-38　源自:左图为 Chuihua Judy Chung, Jeffrey Inaba, Rem Koolhaas, et al. The Harvard Design School Guide to Shopping[C]. Köln:TASCHEN GmbH, 2001:397;中图为 王其钧,后现代建筑语言[M].北京:机械工业出版社,2007:172;右图为李妹,张玉坤.中国建筑中的波普倾向[J].新建筑,2003(6):25

图 4-39　源自:右下图作者自摄;其他图片源自 http://images. google. cn/imghp? hl＝zh-CN＆tab＝wi,有所整理

图 4-40　源自:http://blog. sina. com. cn,有所整理

图 4-41 至图 4-43　源自:下方四图作者自摄;其他图片源自 http://images. google. cn/imghp? hl＝zh-CN＆tab＝wi,有所整理

图 4-44　源自:作者自绘

图 4-45　源自:根据南京市 2007 年度统计年鉴相关数据(http://www. njtj. gov. cn /2004/2007/zonghe/1-8. htm)整理并绘制图表

图 4-46 至图 4-48　源自:作者自绘

表 4-1　源自:王惠.迎接休闲时代你做好准备了吗——北京市民休闲消费状况调查[J].数据,2006(7):34

表 4-2　源自:王惠.迎接休闲时代你做好准备了吗——北京市民休闲消费状况调查[J].数据,2006(7):35

表 4-3　源自:戴光全.重大事件对城市发展及城市旅游的影响研究[M].北京:中国旅游出版社,2005:7

表 4-4　源自:作者自绘

表 4-5　源自:根据 段兆雯,王兴中.城市营业性文化娱乐场所的空间结构研究[J].世界地理研究,2006(9):90 整理和修改

表 4-6　源自:作者自绘

表 4-7　源自:http://www. suguo. com. cn/,整理并绘制图表

表 4-8　源自:根据李程骅对南京家庭消费选择的相关调查统计表整理。参见:李程骅.商业新业态:城市消费大革命[M].南京:东南大学出版社,2004:141

表 4-9　源自:作者自绘

表 4-10　源自:彭高峰.城市节庆空间与城市形象设计[M].北京:中国建筑工业出版社,2006:62-63

表 4-11 至表 4-14　源自:作者自绘

表 4-15　源自:以《南京市商业网点规划》(2004－2010)为基础,并结合作者调研整理

表 4-16　源自:柳英华,白光润.城市娱乐休闲设施的空间结构特征——以上海市为例[J].人文地理,2006(5):8

表 4-17　源自:作者自绘

表 4-18　源自:南京市 2007 年度统计年鉴,http://www. njtj. gov. cn/2004/2007/dui-waimaoyi/9-3. htm

表 4-19　源自:根据上海市 2007 年度统计年鉴相关数据整理

第 5 章

图 5-1　源自:作者自绘

图 5-2　源自:http://images. google. cn/imghp? hl ＝zh-CN＆tab＝wi,有所整理

图 5-3 至图 5-6　源自:作者自摄或自绘

图 5-7　源自:http:// www. williamlong. info,有所整理

图 5-8　源自:http:// office. sh. soufun. com

图 5-9　源自:左图为 http:// themowbrays. com　右图为作者自摄

图 5-10　源自:作者自绘

表 5-1　源自:作者自绘

第 6 章

图 6-1 至图 6-2　源自:作者自绘

图 6-3　源自:左图为 http://images. google. cn/imghp? hl=zh-CN&tab=wi　右图为作者自摄

图 6-4　源自:左图为 http://www. williamlong. info;右图为 http://she. zjol. com. cn

图 6-5 至图 6-6　源自:作者自摄或自绘

图 6-7　源自:http://images. google. cn/imghp? hl=zh-CN&tab=wi,有所整理

图 6-8　源自:作者自绘

图 6-9 至图 6-11　源自:http://images. google. cn/imghp? hl=zh-CN&tab=wi,有所整理

图 6-12　源自:作者自摄

图 6-13　源自:http://www. letsgomobile. org

图 6-14　源自:http://images. google. cn/imghp? hl=zh-CN&tab=wi,有所整理

图 6-15　源自:作者自绘

图 6-16　源自:【美】阿摩斯·拉普卜特. 文化特性与建筑设计[M]. 常青,等译. 北京:中国建筑工业出版社,2004:23

图 6-17　源自:【美】戴维·哈维. 后现代的状况——对文化变迁之缘起的探究[M]. 阎嘉译. 北京:商务印书馆,2004:271

图 6-18　源自:【美】戴维·哈维. 后现代的状况——对文化变迁之缘起的探究[M]. 阎嘉译. 北京:商务印书馆,2004:301-302

图 6-19　源自:作者自摄

图 6-20 至图 6-21　源自:http:// images. google. cn/imghp? hl=zh-CN&tab=wi,有所整理

图 6-22　源自:作者自摄

图 6-23　源自:上方三张图为 http://images. google. cn/imghp? hl=zh-CN&tab=wi,有所整理;下方三张图为作者自摄

图 6-24　源自:http://images. google. cn/imghp? hl=zh-CN&tab=wi,有所整理

图 6-25 至图 6-27　源自:作者自摄或自绘

图 6-28　源自:吴启焰,崔功豪. 南京市居住空间分异特征及其形成机制[J]. 城市规划,1999(12):24

图 6-29　源自:张似韵. 消费实践与社会地位认同——有关以白领雇员为代表的上海中间阶层研究[D]:[硕士学位论文]. 上海:复旦大学社会学系,2002:16

图 6-30 至图 6-31　源自:作者自摄或自绘

表 6-1 至表 6-2　源自:作者自绘

表 6-3　源自:梁威.后现代消费部落及其消费特征初探[J].商业经济,2006(29):22

第 7 章

图 7-1　源自:作者自绘

图 7-2　源自:http://images.google.cn/imghp? hl =zh－CN&tab=wi,有所整理

图 7-3　源自:作者自绘

图 7-4　源自:【意】毛里齐奥·维塔.捷得国际建筑师事务所[M].曹羽,译.北京:中国建
　　　　筑工业出版社,2004:40-43

图 7-5 至图 7-8　源自:作者自绘或自摄

图 7-9　源自:左图为 http://pangguanfan.blog.163.com;右图由宁波市鄞州区规划局
　　　　提供(某办公楼设计方案)

图 7-10 至图 7-11　源自:作者自绘

表 7-1 至表 7-2　源自:作者自绘

表 7-3　源自:【美】B.约瑟夫·派恩　詹姆斯·H.吉尔摩.体验经济[M].夏业良,等译.
　　　　北京:机械工业出版社,2002:13

表 7-4　源自:作者自绘

第 8 章

图 8-1　源自:作者自绘

图 8-2　源自:作者自绘

图 8-3　源自:http://tongkuai.blog.sohu.com

图 8-4　源自:左图和中图源【意】毛里齐奥·维塔.捷得国际建筑师事务所[M].曹羽译.
　　　　北京:中国建筑工业出版社,2004:16－18;右图源 http://www.dlgallery.
　　　　com.cn

图 8-5　源自:作者自摄

图 8-6　源自:http://images.google.cn/imghp? hl =zh－CN&tab=wi,有所整理

图 8-7　源自:作者自摄

图 8-8　源自:布赖恩特公园商业发展区网站,http://www.bryantpark.org

图 8-9　源自:作者自摄

图 8-10　源自:左图自王澍,等.中国美术学院象山校园山南二期工程设计[J].时代建
　　　　筑,2008(3):75;中图和右图为 http://images.google.cn/imghp? hl =zh－
　　　　CN&tab=wi

图 8-11　源自:作者自摄

表 8-1　源自:作者自绘

后记

　　由于消费文化是一个涉及多领域、多学科而且争论较多的热点论题,而本书是基于消费文化的跨学科研究,国内的相关研究也处在刚起步的阶段,因此笔者在研究与写作中面临了相当大的困难,再加上认识水平的限制,该书难免存在一些不足。在欢迎业界人士批评指正的同时,笔者今后将进一步探索下去,并逐步解决尚存的各种难题和不足。

　　此外,本书的出版离不开许多人的关心与帮助。首先,感谢东南大学的王海宁、邵润青、张麒、陈晓东、李亮等师兄弟,他们在本书的写作过程中,对论题的范围、内容与结构提出了许多有益的建议,并提供了一些相关资料,在此对他们表示由衷的感谢。其次,感谢徐步政、孙惠玉编辑,他们对本书的修改与出版花费了大量的心血,并提出了许多有益的建议。最后,还要特别感谢我的家人,本书的顺利完成离不开他们的鼓励和帮助。

季　松

2011 年 9 月于南京东南大学